如何使用本书

当你得到本书时：

请先阅读目录标题，这会让你了解每一章节的概要，以及所讨论不同主题的页码所在。

当要查询一种疾病或其他有关动物健康的主题时：

- 查询**索引**是从第 393 页开始，是按汉语拼音字母先后顺序排列，这包含了本书里所有的主题。同时，如果你在本书里看到一个特殊的问题时，通常会看到"请看第 **x** 页"，这表示你应该翻到那页，以获得更多关于这个特殊问题的信息与说明。

- 检查目录标题，然后翻到所需要内容的页面。本书的编排方式是以动物身体的系统来做归类；所以，如果你的问题是关于消化系统(例如：腹泻)，那这个主题就会包含在消化系统的章节里。

如果你对本书中某些字的意义不了解：

请在第 385 页开始的**关键词**区查询。

投用药物之前：

需要查看第 352 页开始的**常用药物及其剂量**，查找药剂的使用方法，用量，注意事项和停药期。

为紧急状况的准备：

在需要使用之前就先研读本书，特别是第五章节的"急救"部分。这一章的头一页(77 页)，列出了一般家畜紧急情况并对应本书的页数，在这里你可以知道更多你所面临的紧急情况处理信息.

如何使你的家畜保持健康:

特别研读第六章，学习如何有效的预防和控制传染病；第七章有关营养的部分，以及第二十五章营养附录里，给予更多有关营养与健康的信息。

动物健康手册

作者

Dr. Peter Quesenberry and Dr. Maureen Birmingham

奎森伯磊兽医师和伯明翰兽医师合著

International Animal Health Consultants

国际动物健康咨询

西雅图，华盛顿州,美国

Email – vetbooksusa@gmail.com

动物健康手册

INTERNATIONAL ANIMAL HEALTH CONSULTANTS

国际动物健康咨询

这是 动物健康手册 的第一版，早先所发行的名称为"在没有兽医的地方"。我们认为，这本手册在许多的国家仍然有其效益。直到目前的经验显示出，这是一本针对主要家畜所写的广泛而周详的手册。我们也相信本书内容的正确性，以及接近实际的情况。我们希望这手册能帮助这些无法进行现代兽医护理的畜牧生产者，找到你们所需要的。
如果您对本手册的内容有任何建议或问题，请联络本书的作者," Dr. Peter Quesenberry"，他的电子邮件地址如下：vetbooksusa@gmail.com

第一次出版年份：公元 2000 年

名称为：在没有兽医的地方

美国国会图书馆编入发行目录数据

在没有兽医的地方 / 作者: Maureen Birmingham and Peter Quesenberry.
p. cm.

"本书第一版本的第二次印刷"

ISBN Handbook of Animal Health, in Mandarin, 978-1-947149-00-7 (2018)

ISBN Handbook of Animal Health, in English, 978-1-947149-02-1 (2018)

献　　词　　DEDICATION

将本书献给两类人：
全世界的农民和我们的家庭.

1．献给全世界农户中的妇女、男人和家庭成员。我们向你们说声"谢谢！"，是你们长年地在教育着我们，是你们在每天劳动，向你们的家庭和那些不生产自己食物的我们，提供生活所需。你们生活在多变的自然环境中，有时即使你们的生产正常，还要受到日益加剧的世界市场不稳定因素的影响，然而你们仍然勤劳地奉献着。谢谢你们，并希望本书对你们中的许多人有用。

2．我们还要向我们家庭的成员们说声"谢谢！"，谨把这本书献给你们！

作者　Pete 向 Mary，Nat，Cheri 以及 Wynn: 谢谢你们！你们的鼓励、希望和多年的默默奉献，不仅对这本书作了奉献，还为其他书和其他培训教材作了奉献——这些教材正在各地使用着。

作者 Maureen 向 Dan, Erika, Evelyn 以及 Zoe: 你们给了我鼓励和灵感，在我从事这本书工作的时候，你们承担和弥补了我在时间和精力上的缺欠。

致　　谢　　THANKS

首先，我们要感谢我们的两位主要编辑：

David Ramse 博士（农学士，昆虫学硕士，教育学博士）：他从事国际开发已经 24 年了，他曾在东非的坦桑尼亚和英属圭亚那作为农学家，在尼泊尔从事项目管理和职业培训工作。他不仅帮助了编辑工作，还多年来一直鼓舞着我们的工作。现在他在 Wartburg 神学院供职，在那里教毕业生的开发原理课。

兽医师 Paul Coe：他从兽医学院毕业后，从事了 8 年的食品家畜的实践。1981 年 Paul Coe 医生在密歇根州立大学兽医学院大型动物临床科学系执教，教兽医理论和临床课程，兼职做推广工作，主要是肉牛场的技术指导工作。Paul Coe 医生还为几家杂志做审稿工作，包括美国兽医年报（J.A.V.M.A.）的概论和兽医产科部分。他全面参与了该部分稿件的编辑工作。

此外，我们还要感谢兽医师 Leroy Dorminy 和 Paul Kennel 先生，感谢他们在该项目全过程中所给予的不懈支持与鼓励。

还要特别感谢兽医师 David Hadrill，他在本书的编排、设计中，做了许多具体工作。兽医师 Rupert Holmes 参加了本书兽医内科部分的工作；兽医师 Will Grimley，Randy Lynn，Beth Myhre Blevins 以及 Beth Robinson 等参加了本书药物及其使用部分的工作。参加本书家禽部分工作的是兽医师 Marion Hammerland；兽医师 Edward L. Roberson（佐治亚大学退休教授）编审了外寄生虫部分。

为本书作图的有：尼泊尔 DCP 的 Ashta Uprety 女士，兽医师 Todd Cooney（也是本书的封面设计），兽医师 Wade Bradshaw，Margreet Korstanje 女士，Harish Chand Sapkota 先生，Chaiyun Panthsen 先生等尼泊尔 RDC 的一些艺术工作者们和 Max Arratia 先生。此外，还要感谢 Sunida Sorwiset 女士帮助打字。在此，一并致谢！

最后，尤其我们要感谢 Mary Quesenberry 女士，Nat Quesenberry 先生和 Cheri Quesenberry 女士，谢谢他们为本书编排、打字和装插图，以及协助完成索引部分。没有他们的帮助，本书是难于完成的。

Cover design: Kelly C. Ward, DVM, with Rebekah Becker.

为本版中文译本的特别感谢
Special Thanks for New Chinese Edition

为了这部中文译本，我们要对以下三组参与人员表达由衷的感谢：

首先，我们要衷心感谢孟天佑（Montgomery B. Mowery）和云南耕欣农业有限公司 （Yunnan Grow Consultancy Co. Ltd.）的小组。云南耕欣农业有限公司 （Yunnan Grow Consultancy Co. Ltd.）小组负责的是本书原稿的重新打字，从新排组与加入高质量的插图，并修改原稿的一些翻译。这些需要许多小时的工作，尤其感谢"云南耕欣农业有限公司 （Yunnan Grow Consultancy Co. Ltd.）作新版排组监督的林舢。

另外我们也衷心感谢*田彤砚*和*贾丽杰*的最后仔细修改。

最后，我要感谢在泰国清莱的汪俊贤先生，他花费了许多时间修改总索引的对应页数。

此外我们也衷心感谢原稿编译委员会和小母牛国际组织（Heifer）对这本书从英文到中文的原稿翻译，修改和校对。

原书的编辑和翻译委员会
Editing ＆ Translation Committee for the original book

主编　　　　　陈太勇
Chief Editor　　**Chen　Taiyong**

副主编　　　　丁国均 ，　邓泽高，　　甘继云
Associated Editors　　**Ding Guo jun，**　　**Deng Zegao，**　　**Gan jiyun**

编委委员　　　陈太勇，　丁国均，　邓泽高，　甘继云，　李千石，　彭彬 ，
张勇
Editing Members　　**Chen Taiyong，**　**Ding Guojun，**　　**Deng Zegao，**
Gan Jiyun，　**Li Qianshi，**　**Peng Bin，**　**ZhangYong**

翻译　　　丁国均，　　陶青燕，　　丁玉春
Translators　　**Ding　Guojun，**　　**Tao Qingyan，**　　**Ding Yuchun**

图文输入与编排　　　　　丁国均，　何剑泖
Input & Editing of Pictures and Literature　　**Ding Guojun，**　**He Jianfeng**

图片扫描　　　　蒋泉，　　何剑泖
Scanning of Pictures　　　**Jiang Quan，**　　**He Jianfeng**

DISCLAIMER
免责声明：

本书是由兽医工作者以当代现有兽医文献为素材编写的。在许多地方，家畜仍然对当地乡村生活起着重要作用，此书的服务对象是在那些地方的农民、技术员和兽医工作者们。本书的编辑、作者、合作者、参与者和国际动物健康咨询 (IAHC)，不保证使用本书的结果，也不意味着赞同治疗过程、停药期以及书中所列药物剂量，对于所引起的结果皆不承担赔偿责任。

本书的编辑、作者、合作者、参与者和国际动物健康咨询(IAHC)也没有责任来承担使用本书刊载的资料、兽医措施所引起的有害结果。这项申明也适用于本书所列药物，用药方法和所描述的兽医操作措施。

因为本书是世界范围内发行，它所列的兽医措施、药品、剂量、适应症以及所阐述的停药期不可能完全符合各该主权国家的兽医法规。读者在施行兽医措施、作出兽医咨询或使用何种药物前，都必须熟悉当地兽医实践和使用兽药的相关法规。同样，本书也无意取代各个药厂的药物方剂说明。在处方或投药前，都应仔细阅读、清楚所用药物包装内的插页及其使用说明，且按说明书投药。

目录　　TABLE OF CONTENTS

前言 为什么要写本书？
Introduction – WHY THIS BOOK?

《动物健康手册》一书，其构思已有多年。早在 1985 年，已故的比利.贝克博士就正式开始了此项工作。那时，作为一名兽医工作者，贝克博士在拉丁美洲的海地已工作 8 年了，他深刻认识到家畜在当今世界的绝大多数农村人口中所起的重要作用。于是，他设想写一本实用的书，对生活在"没有兽医的地方"的人民有用。本书扩大了原来的想法，并明确地提出读者对象是*对家畜卫生与保健有兴趣的人们，不管他们是否自己拥有家畜*。在本书里，我们称这些工作者为"*兽防员*"。

从事恰当和有效益的畜牧业生产，必须具备许多重要条件，这些条件含：

好的卫生条件（清洁卫生）

适当的圈舍与环境

足够的良好饮水

恰当的营养

恰当的选择种畜

预防、控制与治疗疾病

保持完整的记录，如配种日期等

做好日常观察、管理和决策

销售家畜与畜产品的方式与途径

本书涉及的问题主要是动物保健或"兽医学。"

> **我们对兽医学的定义是:**
>
> 兽医学是:
>
> 动物的**疾病预防、控制与治疗**,以及
>
> **促进**家畜良好的营养状况和畜体健康的科学与实践。

谁是兽防员?

本书为男女**兽防员**而写,**兽防员**是为提高家畜健康水平而工作的人们,他们通常包括以下三部分人:

1. **受过培训的农民**:接受过正规或非正规的培训,并在社区内积极从事治疗家畜常见病。更重要的是,他们也参与着疾病预防活动,如疫苗免疫和寄生虫防制等活动。

2. **技术人员**:这些人员一般受过中等学校教育,且受过 1 至 2 年在农业或畜牧业生产方面的专门培训。动物保健技术员可以是自谋职业者,或政府部门、非政府部门或畜牧生产集团的雇员。

3. **社区领导者或开发工作者**:他们是为社区工作的开发者或领导者,且对畜牧业有着浓厚的兴趣。

使用本书你需要做到的是什么？
What You Need to Use This Book

提高家畜的健康水平，并不需要特殊的设备和特殊的语言。因为牲畜不会说话，不能说出它们在何时、何地患病，也不能说出已病了多久，我们必须用自己的感觉和可利用的信息来判断与处理问题。这就用到以下的"设备"能力了。

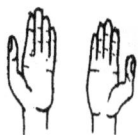

用**手、眼、耳、鼻**来检视动物与环境；

尊重农民和**虚心听取**他们对自己牲畜的观察和想法。

有**常识、耐心**和**重视**家畜及畜产品。

要具有虚心**学习**和**提高社区生活质量**的真诚愿望。

具体地说，本书将针对以下问题进行论述：

* **病　　史：**　围绕诊断，恰当提问。
* **畜体检查：**　视、听、触、嗅来检查患畜。
* **诊　　断：**　判断动物所患疾病。
* **治　　疗：**　治疗疾病尽可能使用现有设备和药物。
* **预防/控制：**　预防有可能发生的疾病。

3

如何使用本书　HOW TO USE THIS BOOK

本书的编排次序是根据兽防员处理患畜的过程进行的：

- · 了解基本病情（即传染病/非传染病，慢性病/急性病）；
- · 了解身体各系统的基本情况；
- · 适当地保定或控制牲畜；
- · 记录病历、检查畜体及其周围环境；
- · 判断动物是否生病；
- · 判定患病是畜体的哪个系统；
- · 判断该系统患何种病；
- · 该病的治疗、控制与预防。

因此，本书的编排主要是按系统，所列疾病也是该系统的常见病。从书前面的目录里，可以查到患病系统或在某系统的疾病。

在书的末尾部分的索引里，可查到全书所涉及的主要题词。

本书的最后一章描述了具体药品及其剂量，药品的商标名用斜体字。

本书尽量用简明的语言编写（但绝非儿童语言）。然而本书用的技术性词汇，其定义可参见书末索引前列出的词汇定义。此外，"他"与"她"分别指"公畜"与"母畜"的情况，常见于此书。

写一本将世界上各种家畜都包括进去，且提供有用的信息，想必十分困难！但重要的是把本书的内容结合当地情况，为那些熟悉当地习惯、语言、信念和所需的人们所用，并能结合当地的知识、实践和药物用于家畜保健事业。

我们很乐意向你们学习，并热忱地欢迎对提高本书质量的任何建议。

保持家畜的健康和具有生产力—是谁的责任？
HEALTHY, PRODUCTIVE ANIMALS – WHOSE RESPONSIBILITY ARE THEY?

首先畜主和乡村本地的兽防员必需对自己家畜的健康负责。政府做不了这类具体工作。然而，要处理家畜的所有卫生和疾病问题，畜主和兽防员也力所不及。有些问题还要向受过特殊培训的人们，如政府的技术推广人员、兽医技术人员和兽医求助。成功的农民或兽防员都能懂得何种疾病可自行处理，何种疾病应及时请求帮助。

认识自己的局限性！
以家畜为工作对象的人们，特别在边远地区，应该学会何时自行处理患畜，何时请求帮助。

现有的家畜健康服务

在有些地方，畜主不易得到充分的兽医服务，致畜牧生产出现困难和风险。影响畜牧生产的其他因素还包括政治的和环境的不稳定，以及不具备基本设施。这些因素往往不是本地农户所能驾驭的。

影响畜牧生产的因素	
供应不足	**基础设施差**
• ·饲料	• ·道路与运输
• ·草地	• ·屠宰设施
• 设备、医药与疫苗	• 肉品加工设施
• 优质饮水	• 储存设施
• 种子	• 销售渠道
不稳定/不可预测的因素	**不充分的技术支持**
• 政治的	• ·动物营养专家
• 有关放牧/水源的法律与权利	• 牧养专家
• 环境的	• ·动物专家
• 市场价格	• 兽医师

不过，多数国家还是在家畜卫生方面给农民以某种程度的服务。
国家还应该有强制性法规来管理畜牧生产、疾病控制、畜产品安全，如乳、肉。

对家畜要有两类健康管理：
1. **治疗管理**，这是针对病畜的治疗措施。这往往由当地实施。 2. **预防管理**，包括疾病控制与预防活动，如免疫、驱虫、浸浴、维生素和矿物质的补充。这通常在地方和全国同时进行。

兽防员和农户必须弄清所在国家的卫生防疫系统，并了解<u>如何得到这些服务</u>。

治疗管理指治疗病畜，预防指疾病的预防与控制。预防包括疫苗注射、寄生虫防制，以及维生素和矿物质的补饲。

服务可以由私人或社会（即政府）来提供。有时农民集资组织自己的合作机构使政府和市场重视他们的意见。即使在边远的乡村，也可以开展对常见病的服务，尤其这种服务能结合到社区活动和开发项目中去。**真正的挑战是使<u>所有</u>农户都可以得到兽医服务。**

规模小且地处边远地区的农民往往被忽视

即使有好的资源、好的规划和敬业的兽防员，边远地区的农户因种种原因难于得到必要帮助：

1. 受资金限制，无力购买医药用品和支持兽防员的工作。

2. 交通、通讯不便，畜群在移牧中，政治/经济不稳定以及自然灾害。

3. 懂专业的人员乐于住在人口稠密地区，在那里挣钱容易，生活方便。

4. 富裕的或规模大的农场主控制畜牧业的方方面面，如饲料、医药、销售渠道和价格，使小规模的农户难于与之竞争。

5. 大量进口粮食、畜牧食品或副食品，可严重地或突然地改变当地市场价格。

6. 社区或社区关键领导人在规划发展畜牧业过程中没有充分参与。相反，多是上级作出规划，没有地方参与，形成地方和小规模农户的积极性和参与性都差。

第一章 健康与疾病 1.0 HEALTH & DISEASE

1.1 健康与疾病的定义 HEALTH AND DISEASE DEFINED

哪一种选择好？

一头母牛既能产乳、产仔和产肥料，而另一头仅产肥料，两者谁优谁劣？

当然人们都喜欢前者！牛粪可用作燃料或施于田间沃土，牛奶供家庭饮用或出售。犊牛可以出售或养大用于犁地、驮运、积聚财富或在需要现金时出售。强壮的牲畜可多干活，售价也高。

人们大都希望自己的家畜能带来最大的效益！

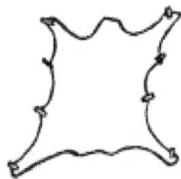

皮革

毛线

作燃料与肥料

肉

牛奶与奶酪

羔羊与犊牛

役用

什么是健康家畜？？？ **What is a healthy animal?**

健康家畜是无病的并能给畜主带来高效益的家畜。

什么是病畜？？？ **What is a diseased animal?**

病畜是那些不能给畜主带来像正常家畜那样多效益的家畜。

兽防员的工作是：

诊疗病畜

推广有利于家畜健康的措施

预防畜病

1.2 防重于治! PREVENTION IS BETTER THAN CURE!

为什么？

病畜不能正常地产肉、奶、肥料或畜力。丧失生产力加上治疗费用，损失往往远远超出防疾病的支出。

> 生病的家畜往往生长缓慢，减少产奶量。有时即使治愈后，也不能达到完全正常；
>
> 疾病可能对家畜造成永久性的损害；
>
> 疾病也可致死家畜，造成全部损失；
>
> 家畜的某些疾病可以传染给人。

然而，即使有极好的预防措施，**仍然会有病畜出现**。正因为如此，对最常见的疾病进行<u>防与治</u>仍属必要。

首先是从治疗入手： 在启动家畜卫生项目时，社区一般对治疗的兴趣高于预防。在兽防员有治疗病畜能力并建立起信誉的情况下，社区就比较容易接受防病措施！这需要一个时间过程。随着对家畜卫生认识的深入，人们会最终认识防重于治的意义。

适时推广预防工作： 优秀的兽防员应该知道适时地治疗病畜并适时地利用时机提出预防问题。例如，在治疗水牛犊的寄生虫病时，是向畜主提出控制其他动物寄生虫的好时机。同样，治疗马的破伤风时，也是提出给其他马通过注射疫苗来防止破伤风的好时机。用同样道理，好的兽防员甚至能够向农民解释儿童接受驱虫和免疫的必要性，甚至陪同他们去看保健医护人员。

1.3 致病的原因 CAUSES OF DISEASE

引起家畜不能发挥正常生产力的因素就是疾病。

什么是致病因素呢?

某一头犊牛开始是呼吸困难,后来卧地不起。为什么发生这样的事呢?

当地人们议论,有的说是畜主做错了事。而巫医说,必须驱除犊牛身上的邪魔。

畜牧人员会说,犊牛的圈舍阴暗、潮湿,呼吸的空气不新鲜。

兽医会说,因为犊牛有肺部感染。

社区开发人员会说,是因为缺少公共放牧场地,犊牛吃不饱所致。

人们因背景与知识的不同,会有不同的看法。

谁的看法正确? 犊牛致病,的确有多种因素。肺部感染是病因,致肺部感染的因素是圈舍阴暗、潮湿、通风不良以及营养不足。

记住:疾病通常是多种因素的综合结果所致。

要用好本书和安全使用本书建议的药物，本章会帮助您了解疾病及致病原因的一些基本原理。

疾病可根据以下情况进行分类：

病程：疾病的持续时间，

系统：受到牵扯的畜体系统，

致病原因。

1.3.1 按病程分类 Distinguising Deases Based on Their Duration
病程指出现症状的时间过程和疾病的持续过程。

急性病 Acute Disease
急性病，发病快速，持续的时间一般也不长。急性病应尽可能迅速治愈康复，否则有成为慢性病的可能。

急性病的例子：出血性败血症（出败）、猪丹毒以及口蹄疫（FMD）等。口蹄疫如治疗不及时，蹄部又受到感染，病程可延续一年多才能痊愈。

慢性病 Chronic Disease
慢性病持续的时间长，有慢性病的家畜不能正常生长发育，而且病症会逐渐恶化，甚至死亡。有时通过治疗或身体自身调节，病畜也可能慢慢康复。有慢性病的家畜通常表现瘦弱，而且容易患其他病。慢性病往往由于营养不良和体内寄生虫病引起。

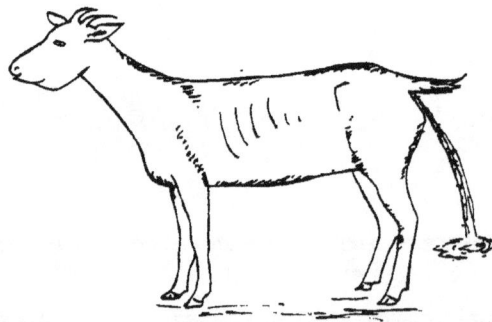

急性病造成的经济损失，主要是家畜死亡、流产以及乳、肉产量的损失。

慢性病造成的经济损失，主要是缓慢的、有时是无形的生产力降低过程。产乳量降低，生长缓慢，产肉量减少，部分病畜丧失繁殖能力。役畜因体弱而不能正常使役，其存活年限也比健康牲畜短。

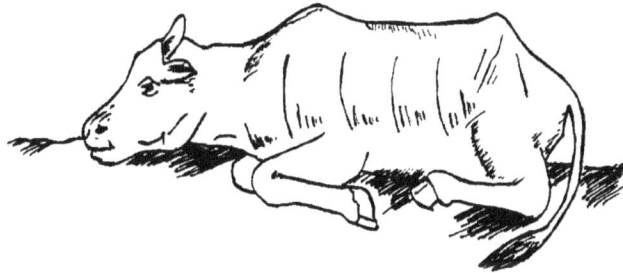

一般来说，从治疗开始起，慢性病的康复期比急性病的长。

12

1.3.2 按受影响的畜体系统来辨别病症

治疗患畜重要的第一步工作，是认定畜体的哪个系统患病。例如：

下面这一头牛腹泻，而腹泻往往是消化系统患病所致。因此，兽防员应该着重考虑那些侵害消化系统的疾病。

下面这头牛流鼻涕，且呼吸不正常。可能是呼吸系统疾病。兽防员就应该注意侵害呼吸系统的诸病

还必须记住：

> **一种病可能同时侵害多个身体系统！**
> **同样，家畜也可能同时患着多种疾病！**

例如，某头公牛消瘦，且有腹泻。它可能既患有营养不良，又患有内寄生虫病。因此，治疗时必须考虑到这两者。

> **检查患畜要彻底，查清所患疾病，再考虑治疗！**

1.3.3 根据致病原因辨别病症

根据致病原因可将疾病分为两大类，即传染病和非传染病。传染病又分为接触性传染病和非接触性传染病。

```
                                        接触性传染病
                          传染病
急性病与慢性病                          非接触性传染病
                非传染病
```

传染病 Infectious Diseases

传染病是由诸如细菌、病毒、寄生虫等生物有机体所致。生物有机体经由皮肤或身体自然开口，进入体内造成伤害，人们常把患传染病的家畜，说成是该畜受到**感染**。

一些传染病在家畜个体之间直接传播，这称之为"**接触性**"传染病。另一些传染病不在动物间直接传播，所以称之为"**非接触性**"传染病。

　　接触性传染病的实例：
　　牛瘟是通过唾液直接在牛群中传播。
　　出败是通过唾液和鼻腔分泌物传播。
　　疥螨是由畜体的直接接触传播。
　　非接触性传染病的实例：
破伤风的病原微生物存活在泥土与畜粪中，如果含有这种微生物的泥土和畜粪进入了伤口，就有可能发生破伤风。
肝片吸虫必须先通过中间宿主椎实螺体才能感染家畜。

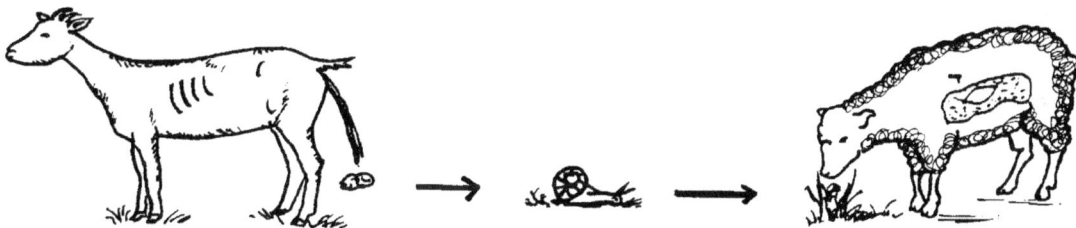

人畜共患病是一种传染病（有接触性的与非接触性的）既能感染人又能感染动物（例如，狂犬病）.

非传染病 Non-Infectious Diseases

非传染病不是由活体微生物所致，也不在家畜之间相互传播。

非传染病的实例：

营养不良，

身体局部功能失调（心脏病、癌症、溃疡、关节炎）

损伤或炎症（骨折、创伤、溃疡、关节炎），

过敏，

毒素（中毒）。

为什么要区分传染病与非传染病？

许多村民往往都要求给患畜打针而不辨其致病原因。但是，治疗非传染病如营养不良，使用针对传染病的注射药物，非但无用，还造成浪费。兽防员要耐心向村民解释说服，不要浪费来之不易的钱与药物。

> 兽防员必须弄清传染病与非传染病之间的区别，才能恰当地治疗患畜！！

本章小结
辨别病症

判断是慢性病或急性病

记住：

慢性病持续的时间长，往往康复所需的时间也长。

急性病发病急，康复也快；急性病往往会引起家畜死亡或转成为慢性病。

判断哪个身体系统患病

记住：

身体可能有多个系统同时患病，因此要作全面检查！

判断是传染病还是非传染病

记住：

急性病和慢性病既可能是传染病，也可能是非传染病。

传染病又分接触性传染病和非接触性传染病。

人畜共患病是传染病（含接触性和非接触性的传染病），这类病人和畜都可能得。

第二章　保定牲畜和操作，估算年龄与体重
2.0 Restraint & Handling, Aging and Weight

2.1　保定牲畜和操作 Restraint and Handling of Livestock

与家畜打交道往往有危险性，但若家畜从幼畜时就受到良好的调教并一直被使用，其性情往往较为温驯。

注意：
任何家畜在惊恐、兴奋、饥饿或疼痛情况下，都具有危险性。
接近带仔母畜与正在配种中的公畜时要特别小心。

　　各地都有当地常用的栓系和捆缚家畜的方法。本章只介绍几种最常用的方法。

怎样打固定结：

用绳绕着牲畜的颈子打结具有危险性。如果这种结随着动物的挣扎逐渐收紧，且又不能立即松开，会造成牲畜窒息。下面的这种结称为单套结，能便捷地打好，且是一种固定结，拉紧时不会滑松。

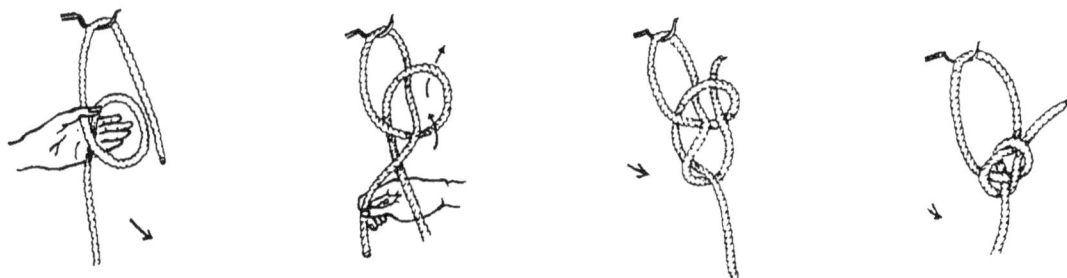

怎样打速解结：

打好之后，你能迅速松开这种结。假如动物挣扎或被绳子拌住时，你能迅速地解开迅解结。

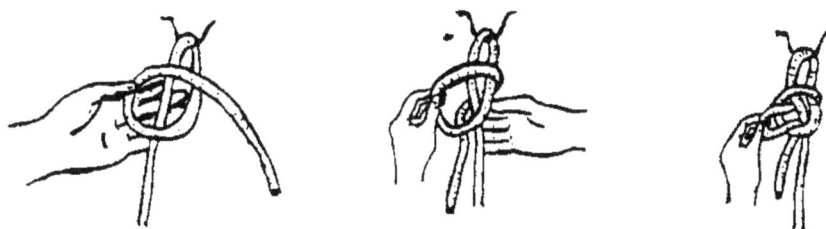

黄牛与水牛

治疗骠悍的大动物时，如果场地太小比较容易发生伤人事故。最好选择场地空旷且光线充足的地方进行治疗，以防止被踢或被动物顶撞导致伤害。

栓住牛头
- 用绳绕动物颈部打一固定结。
- 在游离端作一绳圈，将绳圈再穿过颈部绳圈套在牛鼻梁上。

固定牛尾
固定牛尾非常便利于操作，尤其是一个人单独工作。这样臀部会充分暴露，使工作不被尾巴影响。

通过牛鼻控制牛

黄牛和水牛的鼻子都十分敏感，可以用控制牛鼻子的方法来控制它们。

鼻环

刺穿鼻子中隔后，可以通过穿孔装上一个金属圈或绳索圈，当用手抓住鼻圈或在圈上系上绳索、铁链甚至棍棒即可控制牲畜。

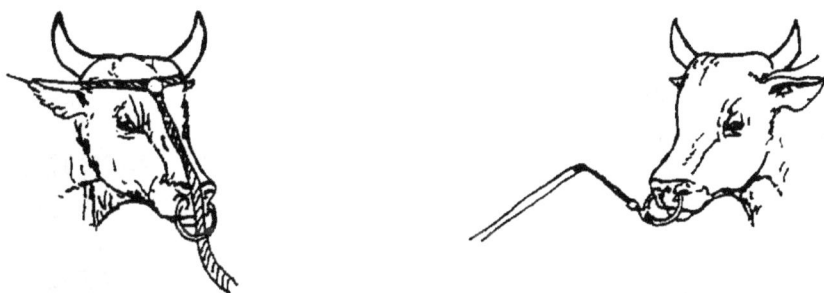

以手指或鼻钳抓住牛鼻

以手或一种特制的鼻钳控制牛体。此外，还可将牛尾抬起，来更好的控制牛。

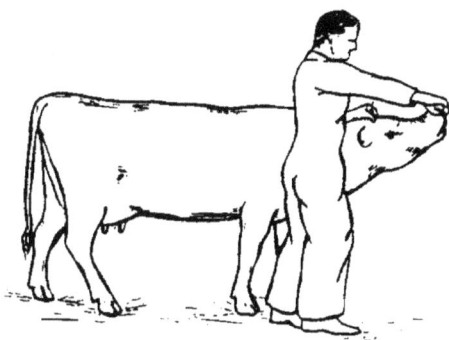

做保定架

如果经常在同一地方检查、治疗和给牲畜疫苗，建一个保定架是值得的。保定架应建在干燥、平坦的地方，就地取材制作，如用竹子、树干即可。如地面有坡度，应以牲畜头部高于尾部为佳。同时，周围还要有一定空间便于检查动物的各个部位。

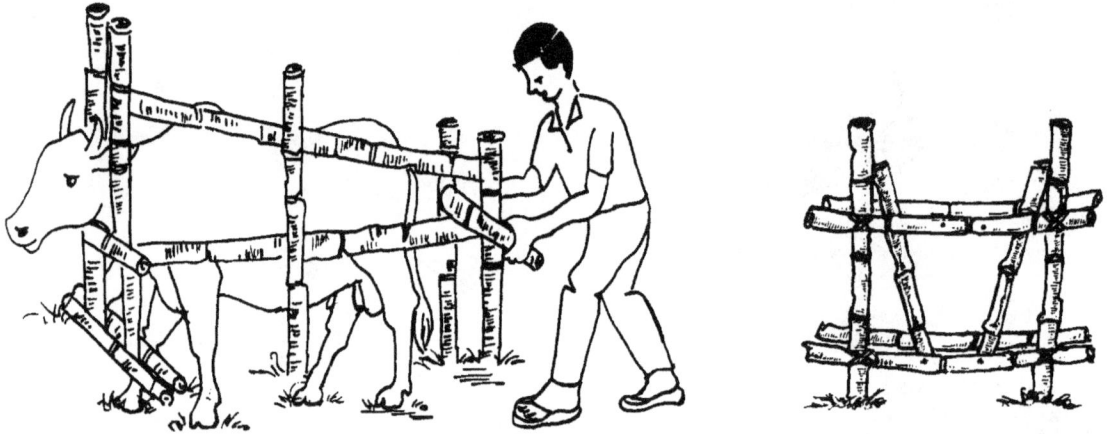

注意：柱体埋在地下的部分，至少要 60 公分，最好 1 公尺。这样才能控制住体形大、体力强的动物。如果保定架仅用于控制奶牛和肉牛，则可制作得小一些。用以控制水牛的，则要大一些。

如果没有现成的保定架可用，也可将黄牛和水牛拴系在两棵相距约 90 公分的树干或结实的木桩之间，系绳要靠近地面一些。

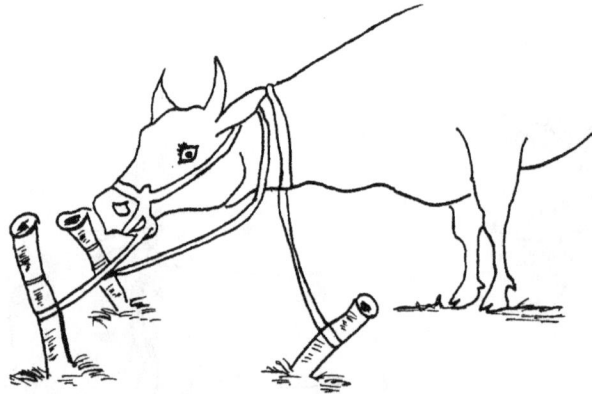

防止踢伤

黄牛以头攻击人，也踢人，主要是从侧面踢人。而水牛则仅以其头部攻击。防止踢伤的方法有多种，多以控制牛腿部和蹄部为主。如下图：

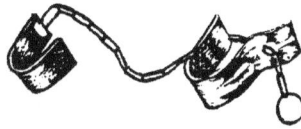

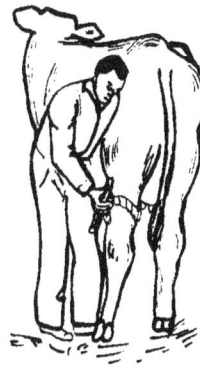

将一条腿提起

还有一些防踢的巧妙方法，如将牲畜的一条前腿或一后腿提起。

放倒牛

如果没有现成的保定架或者牲畜很难被控制，只好借助绳索强制"放倒"了。这个操作叫"倒牛"。不管用何种方法放倒牛，都需要注意以下各要点：

● 选择一块地表平整、松软的地方，地面不可有石块、树枝，以免牛倒下时刺伤牛体。

● 需要一根短绳或笼头来控制牛的头。

● 需要一根至少手指那样粗的、长约 12～15 米的软绳。不要用尼龙质的，这种绳尽管结实但容易伤及牛的皮肤。用棉质的绳较理想。

● 至少要有 2～3 人。一人在牛倒地瞬间，迅速按住牛头。另一个强壮的人（最好 2～3 人）负责拉绳索。

成年黄牛与水牛双环倒牛法

1. 用一根短绳，打一个死结（不活动的固定结），将牛头或两角拴系在树桩或木柱上，将短绳拴得靠近地面一些。以免"吊伤"动物。

2. 用一根长绳绕过牲畜的脖子打一个单套结。这种结一旦打好后就不会松动造成绳子过紧。

3. 打好结后，站在牲畜左侧的人要将长绳的另一端绕过背脊递给站在右侧的助手，助手又由腹下将绳递给左侧者，绳圈恰好绕过胸部，在前腿的后缘。

4. 再次将绳子绕过背部作第二个绳圈。使这个绳圈恰好在髋骨前缘。

5. 由 1—2 人用力拉绳子的游离端，则牲畜必然倒向左侧。

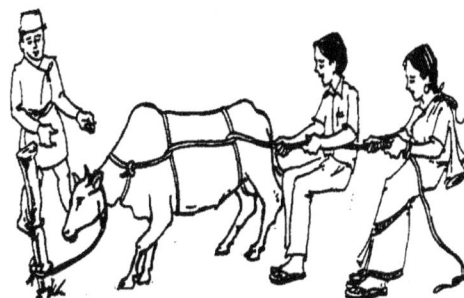

6. 动物倒地后，必须按住其头颈部，使其紧贴地面。这样牲畜就无法站立了，且通常会停止挣扎。

7. 动物倒地后，有多种方法可用来将其四脚捆缚在一起。这样就可以避免被踢伤，进而方便作去势或作乳房的检查了。

捆缚大牛的方法

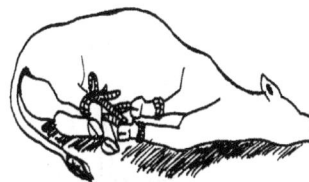

捆缚犊牛的方法

用十字形方法拉倒成年黄牛或水牛

因为这种方法不伤及乳房或阴茎，所以对于某些牛更适用。拴系牛头的短绳和方法如前所述。

1. 将长绳摺成等长。

2. 将绳的中点放在颈子上方。

3. 在颈子下方交叉两绳端。

4. 将已在前腿内侧交叉了的绳子绕过背部再次交叉。

5. 将两绳端由后腿内侧拉出。

6. 用力拉两绳端，迫使动物卧下。

7. 同样，必须捆缚牛腿，才能防踢和防牛挣扎站立。

放倒牛犊的方法

对体重较轻的牛犊，可将其抱住抬离地面，这样就容易从任何一侧将它放倒。如要牛倒向左侧：

1. 站在犊牛左侧；
2. 用左手从其咽喉下方控制它；
3. 右手抓住右后腿前的牛皮；
4. 用右膝和右臂举起牛犊；
5. 使牛犊顺着右腿滑向地面。
6. 左膝紧靠牛犊的耳后颈部，用跪式将牛控制住。

马、骡与驴

如果没有经验或粗心的话，接触马、骡和驴很容易受到严重伤害。与牛不同的是，马、骡和驴的前后腿都能踢人。而牛，只能用后腿侧踢，马则通常用其两后蹄直向后踢。

接触马、骡和驴，以在空旷场地为好。因这些动物在保定架内容易受惊或挣扎。控制马的关键是在它的周围要动作缓慢，走动时要刻意让马知道，避免用突然的声音或异常举动惊动它。不要突然接近马，或用棍棒刺戳，这样会使它受到惊吓。马的视力，特别是正面视力不是很好，应由侧面去接近它；接近时还要平静地说话，随时让它知道你所在的位置。

笼头
性情温和的马、骡和驴，用带一根短绳的笼头，控制其头部，这样就可以控制它了。
如下图：

鼻捻子

有一些马、骡和驴神经比较紧张，易惊恐。它们在一些处理或治疗过程中，不会安静，甚至可能挣扎。遇到这种情况，可以用"鼻捻子"来控制。鼻捻子是由绳子或链子作成的一个圈，圈子是固定在木棒的末端。放鼻捻子时，一定要站在马、骡、驴头部的一侧，千万不能直接面对其头部，以防被其前肢踢伤。把绳圈置于牲畜上唇，捻转木棍直到绳圈捻紧。应缓慢稳步地进行捻转，以减少惊吓。一旦捻紧，马、骡和驴通常都能很好地被控制。在整个使用鼻捻子过程中，人一定要始终站立于动物的侧面。

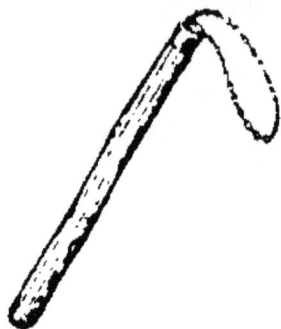

另一方种捻转方法是绳圈绕过动物的耳后和上牙龈。

放倒马

进行某些手术，如去势，必须要将马放倒，并捆绑其四肢。用一根长 15 米、一指头粗的绳索，假如可能应选择用棉质绳。

1. 先用一根短绳系在笼头上，或把短绳绕过马的颈项打一个单套结（即不滑动的结）。将马栓在一个结实的木桩上，栓的位置要接近地面。

2. 之后，用那根长绳的中段绕着马的颈项系一个单套结，单套结的位置应该在颈项的下部接近马的前胸。

3. 让这根绳的两端沿马身体的两侧向后伸开。

4. 将绳绕在后腿上，使每一端的绳子恰好绕在后蹄上方。有些畜主喜欢把马的后腿裹上旧布、毛巾甚至皮子，以免在倒马时绳子磨伤后腿。

5. 再将绳子沿马身体两侧向前拉，让绳的两端各从颈绳下面穿过。

6. 然后将绳沿身体两侧向后拉，保持两绳末端方向与马头方向相反。

7. 至少找 2 人把绳向后拉，直到马"坐地"。然后翻动马体，使之侧卧。

8. 另一个强壮的人要马上牢牢地按住马头，使之触地。这样，马就无法站立了。

9. 将马的两后腿环绕飞节（膝）和球节（踝）间用绳子牢牢地捆在一起。也可将后腿向前拉，与前腿绑在一起。

绵羊与山羊

绵羊与山羊，因它们的身体相对较小，所以比较容易控制。同处理其它动物一样，在控制过程中，应尽量柔和。如过于急躁或用力过猛会使羊惊恐并造成身体的损伤，并可导致羊的死亡。

给绵羊、山羊和小牛犊喂药

1. 抓住牲畜的头部，向后推使其背靠在一个角落。

2. 手还是抓着头部，骑跨在牲畜的颈项，两膝的背侧要正好在羊双肩的前部。一旦锁定肩部，羊就不能前移，这样可以腾出两手进行操作了。

控制绵羊和小体型山羊的另一种方法

（此法不能用于大体型山羊）

1. 站在绵羊的左侧，左手置于其下颌，右手置于其后背，使羊不能后退。

2. 右手抓住羊紧靠后腿前缘松弛的羊皮。

3. 主要靠左臂抬起羊的前体离地，用右臂辅助，将绵羊的臀部着地，成坐式保持固定。

4. 在坐式状态下，以两腿控制羊的身体。只要保持其四蹄不完全着地，羊就无法站立，通常也不会挣扎起来站立。

注意：对于肥尾绵羊，最好使其侧卧来保持固定。

性情温和的大型山羊

大型山羊，尤其是奶山羊，一般都习惯人的触摸，只要牢牢地控制其头部，就可以保持固定。有时，将其一只前腿提起也有助于羊的控制。

猪

母猪（带仔母猪）和成年公猪（种公猪）一般性情暴躁，危险。当发怒或保护其仔时，会出现攻击和咬人行为。

接触猪时，应尽量保持柔和，尤其在天气炎热的季节。各年龄段的猪都会因挣扎而身体过热，甚至会因热刺激而导致死亡。公猪受热过度，其不育后果可持续数月。产仔期的母猪特别容易受热刺激。在天气炎热的季节，应选择相对凉爽的时候，如早晨或傍晚来处理猪。

控制小猪或中等大的猪：（如去势）

1. 站在猪的身后，抓住猪的一条后腿或两条后腿，或用两手抓住猪肩的后部。

2. 抓住两后腿，使其腹部向外、背向自己，呈倒挂状。

3. 用双膝夹住猪的肩来控制猪使其保持固定（见去势节，173 页）。

用粗绳或套圈来控制固定大体型猪

控制固定大体型猪，一般需要用粗绳或带把手的套圈。用带把手的套圈能使在人与猪之间保持一定距离。选粗绳应至少 3 米长，手指般粗。绳的一端要有一个"绳眼"，将绳的另一端穿过绳眼，作成一个圈。从猪身后面接近猪，将绳圈套在猪鼻梁与口内，将套圈移到猪的大犬齿后面，然后紧缩绳圈。将粗绳牢牢地系在树或木桩上。为了将猪控制得好，要把绳栓在树的粗根上，或低一点，使猪的鼻部触地。可用同样方法使用带把手的套圈，只是不能栓在树或木桩上。

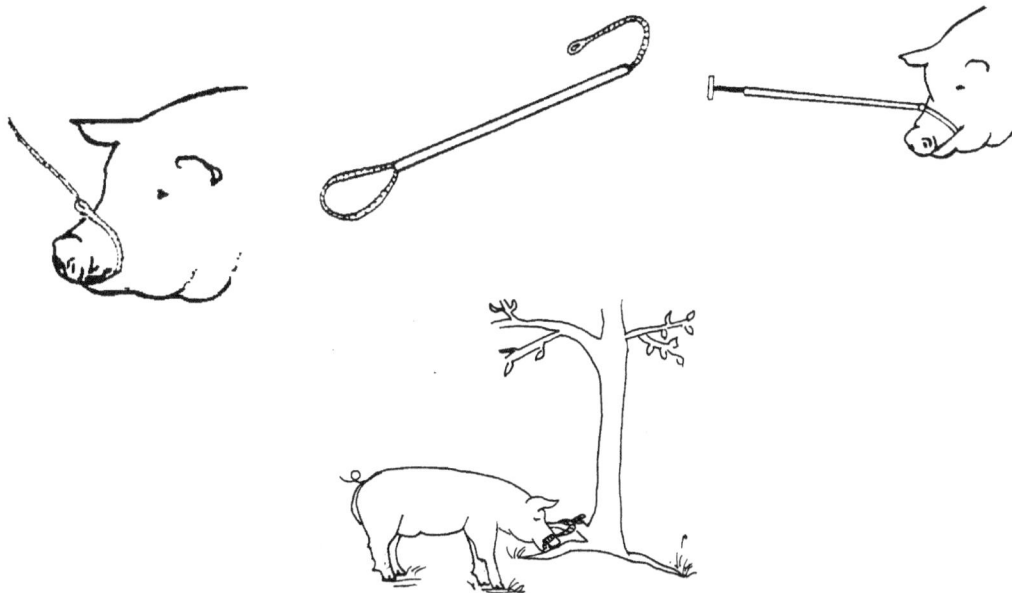

用桶来移动大型猪

在不能看到前面时，猪通常会向后退。放一只桶罩住其头部，拉着猪尾巴引它后退。

三种安全拴猪的方法，使其既不能滑脱，也不致因绑紧而窒息。

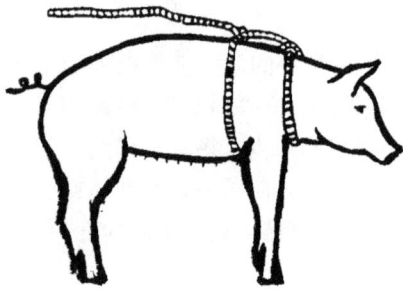

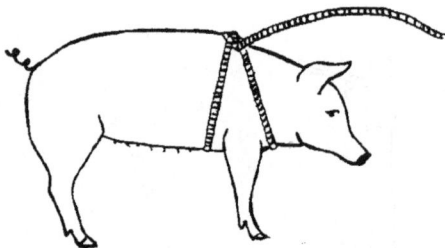

兔

● 轻轻地抓住兔颈部背侧松弛的皮毛。

● 提起后,立即用另一支手抓住后腿(以免被兔子抓伤),托住其臀部,这样会使其安静下来。

● 抓住兔后,轻轻地将它塞进自己的腋下来控制它。这是鉴别性别时常用的方法。

不能用手抓住兔子耳朵将它提起,因为它必挣扎,并可能使其后背受损。

鸡

若处理鸡的头部，可将鸡的胸部置于手掌之上，将鸡的腿置于手指之间。

若注射鸡的胸部肌肉，可将鸡体翻转，将两翅放于手指间，用手指抓住鸡的双翅。

2.2 估算年龄 AGE ESTIMATION

何时需要估算年龄？

诊断疾病： 某些病的发生与年龄有关。

购买家畜： 不会估计动物年龄的畜主，购买家畜时可能买到老龄的或丧失工作能力的家畜。

预测病畜对治疗的反应： 幼龄动物对创伤恢复得快些，尤其是骨折，要比老龄动物快得多；而老龄动物对某些传染病的抵抗力大于年幼动物。

马、骡、驴年龄的估计

8 日龄：下颌出现第一对乳齿。

8 周龄：下颌出现第二对乳齿。

8 月龄：下颌出现第三对乳齿。

2 岁半：下颌第一对乳齿换成永久齿。

3 岁半：下颌第二对乳齿换成永久齿。

4 岁半：下颌第三对乳齿换成永久齿。

5 岁：出现犬齿（不是所有马，骡、驴都会长犬齿）。

注意：5 岁后年龄的估计就不是那样准确了。

32

6 岁：下颌第一对永久齿的齿面磨平，即齿窝消失。

7 岁：下颌第二对永久齿的齿面磨平。
有些马在第三对上齿上出现一钩状体。

8 岁：第三对下齿齿面磨平。

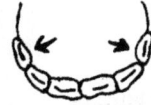

10 岁：部分马在第三对上齿顶部出现线条。

15 岁：部分马第三对上齿顶部出现的线条达到齿长的一半，
同时，齿形由卵圆形向三角形转化。

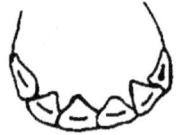

20 岁：齿有线条的马，线纹从齿冠贯穿到齿根。

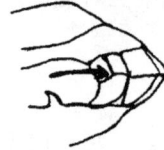

25 岁：齿顶部的线纹消失。

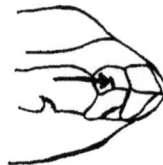

一般来说：
马、骡、驴在<u>年轻时</u>，齿形上下平直，并呈卵圆形。

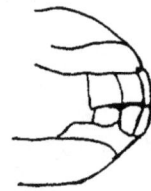

马、骡、驴在<u>中年时</u>，齿形开始出现倾斜，并变形。

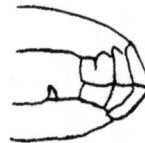

马、骡、驴在<u>老年时</u>，齿形十分倾斜，并呈三角形。

33

牛年龄的估计

30 日龄：四对乳齿出现。

1 岁半：第一对永久齿长出，并取代第一对乳齿。
2 岁：第一对永久齿长成。

2 岁半：第二对永久齿长出，并取代乳齿。
3 岁：第二对永久齿长成。

3 岁半：第三对永久齿长出，并取代乳齿。
4 岁：第三对永久齿长成。

4 岁半：第四对永久齿长出，并取代乳齿。
5 岁：第四对永久齿长成。

注意：5 岁后年龄的估计就不是那样准确了。

8 岁左右：第一对永久齿的齿面磨平。

9 岁左右：第二对和第三对永久齿的齿面磨平。

10 岁左右：第四对永久齿的齿面磨平。

一般来说：
牛在年轻时，牙齿呈卵圆形。

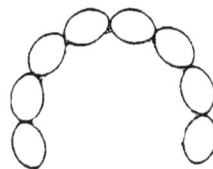

随年龄增长，牙齿逐渐呈三角形。

绵羊、山羊年龄的估计

不足 1 岁：四对皆是乳齿。

1 岁时：第一对永久齿取代乳齿。

2 岁时：第二对永久齿取代乳齿。

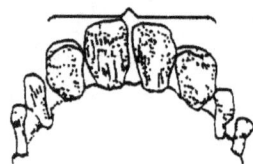

3 岁时：第三对永久齿取代乳齿。

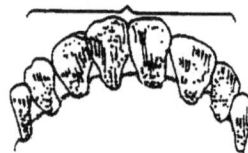

4 岁时：第四对永久齿取代乳齿。

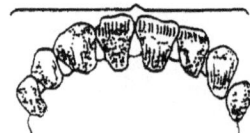

记住：当一只绵羊或山羊有 4 对永久齿，它的年龄一定是 4 岁或 4 岁以上。

老龄的绵羊与山羊， 齿与齿之间开始分开，牙齿变稀疏。

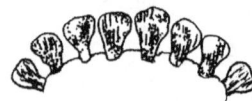

2.3 体重的估算 WEIGHT ESTIMATION

何时需要估算体重？

计算投药剂量时：剂量通常是根据动物体重计算的。

出售动物时：在一些地方动物的出售，是依据体重的。

监测动物增重时：畜主一般要监测自己家畜体重的增加或减少，

计量动物体重的方法

使用秤：如果秤的刻度准确、质量好，是最准确的测重方法。

使用卷尺：此法仅需要一个卷尺，在任何地方都可使用。测出了动物的尺寸后，可用以下两种方法的任何一种计量动物体重：

● 查表找出对应的体重，或

● 根据测得的数据计算体重。

厘米与英寸

有些卷尺用英寸而无厘米刻度，这就要将英寸换算成厘米。换算方法很简单，只需用这个公式： ＿＿＿英寸×2.54=厘米。

例如：12 英寸=多少厘米？----->12 英寸×2.54 = 30.5 厘米。

牛体重的估算——方法一：

估算牛的体重，可用软卷尺环绕牛的胸围一圈（*以厘米为单位计算*）。这种测量方法称之为"量胸围"。再用下表查出相对应的体重。

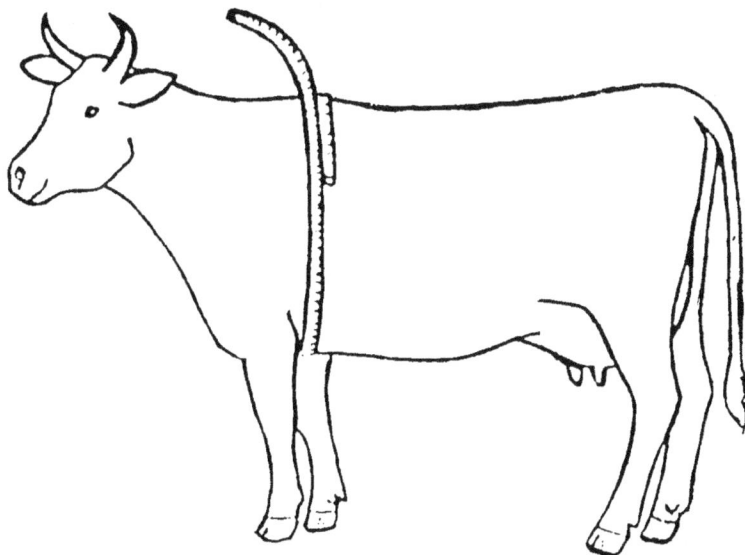

牛的体重估算表 [1]

胸围 厘米 （cm）	大型与 进口牛 体重 （公斤）	小型与 本地牛 体重 （公斤）	胸围 厘米 （cm）	大型与 进口牛 体重 （公斤）	小型与 本地牛 体重 （公斤）
66cm	37kg	27kg	130cm	189kg	179kg
69cm	38kg	30kg	132cm	197kg	189kg
71cm	41kg	33kg	135cm	207kg	200kg
74cm	44kg	37kg	137cm	217kg	210kg
76cm	46kg	40kg	140cm	227kg	222kg
79cm	49kg	44kg	142cm	239kg	234kg
81cm	54kg	47kg	145cm	251kg	246kg
84cm	58kg	52kg	147cm	263kg	258kg
86cm	63kg	57kg	150cm	276kg	271kg
89cm	67kg	62kg	152cm	289kg	284kg
91cm	72kg	67kg	155cm	303kg	298kg
94cm	77kg	72kg	157cm	318kg	312kg
96cm	82kg	78kg	160cm	332kg	327kg
99cm	87kg	84kg	163cm	348kg	341kg
102cm	95kg	91kg	165cm	363kg	357kg
104cm	102kg	97kg	168cm	379kg	372kg
107cm	109kg	103kg	170cm	395kg	389kg
109cm	117kg	110kg	173cm	412kg	405kg
112cm	125kg	118kg	175cm	430kg	421kg
114cm	134kg	125kg	180cm	466kg	457kg
117cm	143kg	134kg	183cm	485kg	476kg
119cm	152kg	143kg	185cm	504kg	496kg
122cm	161kg	152kg	191cm	543kg	535kg
124cm	170kg	160kg	193cm	563kg	555kg
127cm	179kg	170kg	196cm	583kg	576kg

牛的体重估算表 [1]

[1] 许多国家的本地牛，它们体型尽管小些，但能较好地适应当地气候。相反，进口牛因为体型大，需要的饲料也多。研究表明，这两种类型的牛，即使测得的尺寸相同，体重仍然是不同的。所以本表分别列出。

牛体重的计算—方法二：

用软卷尺（厘米为单位）环绕牛的胸围一周，取得胸围数据。软尺要紧靠前肢后缘围绕。

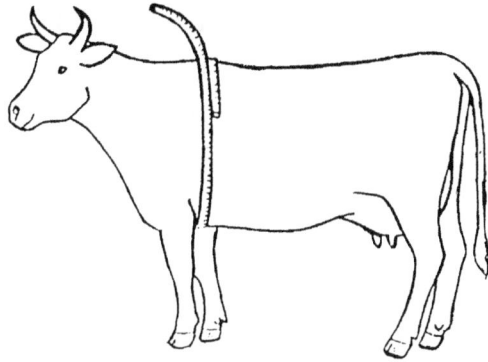

测量动物的体长，是从肩端到臀部的最后缘（臀端）。

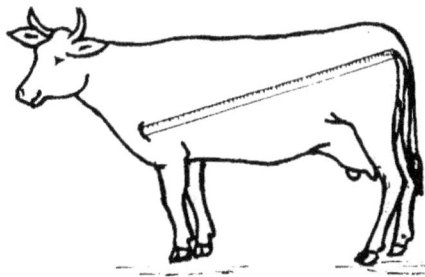

计算：（胸围×胸围×体长）/10,840 = 体重（公斤）

换算：（转换成磅）：体重（公斤）×2.2 = 体重（磅）。

例如，测得一牛的胸围和体长如下：
　　胸围：140cm　　　　体长= 124cm
　　计算：（140×140×124）/10840 = 224 公斤

换算：224×2.2 = 492 磅

猪体重的估算

估算猪的体重：量出猪的体长和胸围，然后从下表查出对应体重。

猪的体长是从两耳中点到尾根的距离。

量猪的胸围是用软尺沿猪的前肢后缘绕胸部一周。

计算：$\dfrac{\text{胸围}^2\,（\text{厘米}）\times \text{体长（厘米）}}{120^2}=\text{体重（公斤）}$

猪的体重表

在表的最上横行找出体长的接近数值，以右手一指标定位置，再从竖列最左侧内找出胸围的接近值，以一左手指标定位置。横行与竖列的交叉点即是估算的以公斤为单位猪的体重。

体长（厘米）

胸围（厘米）	80	90	100	110	120	130	140	150	160	170
80	36	42	50	58	69	80	93	107	121	137
90	40	47	54	65	74	86	98	111	126	143
100	48	55	63	72	82	94	106	120	135	151
110	60	67	75	84	94	105	118	132	146	162
120	75	82	90	99	109	120	133	147	161	177
130	94	101	108	117	120	139	161	165	180	196
140	118	123	130	139	150	161	173	187	202	218
150	141	148	156	165	175	186	189	212	227	243
160	170	177	184	193	203	215	227	241	256	272

公斤

马体重的估算

量马的胸围，也是将皮尺沿前肢后缘围绕胸部一周，用表来查找对应体重。

马的体重表

胸围（厘米）	体重（公斤）	胸围（厘米）	体重（公斤）
66cm	36kg	129cm	188kg
68cm	38kg	132cm	197kg
71cm	40kg	134cm	207kg
74cm	43kg	137cm	217kg
76cm	46kg	139cm	228kg
79cm	49kg	142cm	239kg
81cm	54kg	145cm	251kg
84cm	58kg	147cm	263kg
86cm	63kg	150cm	276kg
89cm	67kg	152cm	290kg
91cm	72kg	155cm	304kg
94cm	76kg	157cm	318kg
96cm	82kg	160cm	333kg
99cm	87kg	162cm	348kg
101cm	94kg	165cm	364kg
104cm	102kg	167cm	380kg
106cm	109kg	170cm	396kg
109cm	117kg	172cm	413kg
111cm	125kg	175cm	430kg
114cm	134kg	177cm	450kg
116cm	143kg	180cm	470kg
119cm	152kg	182cm	490kg
122cm	161kg	185cm	505kg
124cm	170kg	187cm	525kg
127cm	179kg	190cm	545kg

山羊和绵羊体重的估算

计量绵羊和山羊的胸围，还是将软尺绕过前腿后缘的胸部一周，用表来查找对应体重。

山羊和绵羊体重表

胸围（厘米）	体重（公斤）
25cm	2kg
28cm	2.5kg
30cm	3kg
33cm	4kg
36cm	5kg
38cm	6kg
41cm	7.5kg
43cm	9.5kg
46cm	11.5kg
48cm	13.5kg
51cm	15.5kg
53cm	17.5kg
56cm	19.5kg
58cm	22.5kg
61cm	25kg
63cm	28.5kg
66cm	31.5kg

胸围（厘米）	体重（公斤）
68cm	34.5kg
71cm	37.5kg
73cm	40.5kg
76cm	43.5kg
79cm	46.5kg
81cm	50.5kg
84cm	55kg
86cm	60kg
89cm	65kg
91cm	70kg
94cm	75kg
96cm	80kg
99cm	85kg
102cm	90kg
104cm	95kg
107cm	100kg

注意：用于消瘦的山羊和绵羊，本表可能有出现估重过高的情况。

第三章 临床检查与诊断
3.0 CLINICAL EXAMINATION AND DIAGNOSIS

对于一位称职的兽防员来说，基本功在于善于处理和检查动物。

充分的临床检查包括四个方面，然后才是诊断。

1) 询问病史（围绕发病情况恰当地提出问题）

2) 观察病畜

3) 检查病畜（畜体检查）

4) 环境检查（饲料、饮水与饲养区）

5) 诊断

特别提示：健康牲畜、病畜、濒死畜、死畜

应先检查健康牲畜，再查病畜、濒死的和死畜。以尽可能避免健康动物接触疾病。

病畜应尽快与健康家畜分开。病畜在隔离条件下，可以得到更良好的照料，不与健康家畜争食，会康复得快些。

检查死畜，亦称之为"死后检查"、"死后剖检"或"尸检"。尸检有助于判断由中毒、营养缺乏或传染病所致疾病。判断死畜的某些致病原因，需要培训和实践知识；而判断另一些疾病，如寄生虫病，通过病畜死后剖检，很容易确认。

3.1 病历记录 HISTORY TAKING

在检查牲畜前，要仔细询问牲畜饲养员。这是非常重要的一步，因为饲养员谙熟动物习性，并可能察出一些不易发现的症状。提问要求的答复，不仅是"是"或"不是"。为了弄清不确切的回答，要从多方面来询问同一问题。

一些重要的提问包括：

"你为什么请我来？是什么使你认为你的牲畜病了呢？"

"已病了多久？好转了还是恶化了？"

"请描述一下症状。"

"你做了治疗吗？用什么治疗的？治疗了多久？有无好转？"

"用了何种药物？过去是否注射过疫苗？"

病历记录（续）History Taking

"牲畜是在产奶期吗？什么时间产的仔？产乳量正常吗？"

"牲畜是否怀孕或已配种？何时配种与受孕？"

"有没有可能牲畜已经配种而你还不知道？你的牲畜是否在外散放而在外面配种？"

"是否是役畜？牲畜作何使用？现在是否还在使用？"

"病畜的年龄？"如果不清楚，可以这样提问：

问："用来犁地已经几年啦？"或

"已经产过几胎啦？"

（通常动物每产一胎，角上就增加一个角轮）

或：检查动物的牙齿。

"你有其他家畜吗？它们都健康吗？有无类似症状的家畜？本地区有没有牲畜发病的情况？如何治疗的？治疗有效吗？"

"今天牲畜吃了多少饲料？通常的食量是多少？牲畜吃食正常吗？何时停止进食？"

"你的牲畜一般喝多少水？在何处喝水？牲畜喝水正常吗？何时停止饮水？"

"你今天看到牲畜排尿了吗？是平常的尿量？尿的颜色？"

"排粪情况？硬？软？稀？带血？有无异常？"

"谁照管牲畜？最近有其他人照料吗？最近饲养方法有无改变？"

"在哪里饲养？圈饲？围场饲养？敞放？"

"这个牲畜你已饲养多久啦？还是刚买来？何处买来的？私人处，还是市场？其它牲畜在那个市场是否也生病了？"

"是否有长途运输的过程？途中是否拥挤？车上装了多少头牲畜？最近牲畜有没有遇到坏的天气或其他影响？"

3.2 观察 OBSERVATION

在稍远一点距离外观察，不要太接近或触摸动物，这样可以避免打扰惊吓牲畜。当牲畜兴奋或不安时，它的呼吸和脉搏会加快，行为也不正常。

3.2.1 身体情况
动物的身体情况如何？
瘦？弱？怀孕？产乳？
肚子臌胀？
正常发育还是生长缓慢？

此犊牛消瘦，皮毛不健康

3.2.2 行为
这头牲畜行为正常吗？它通常是否恐惧、发狂、易怒或兴奋？它通常是否行动缓慢或懒惰？它是否离群？它是否常常走路时撞在东西上？它通常是否抓挠？它是否好像是在疼痛中、常去看腹部、用脚踢、在地上打滚或造成自伤？它们是否因身体发冷而挤成一团（特别是仔猪或小鸡）？

此母牛表现出惊恐，后腿软弱，
吞咽困难。它患了狂犬病。

3.2.3 行走
牲畜能否走动？是否行动蹒跚、趔趄、不能负重？有否后腿弱于前腿？是否牲畜转着圈走？头向一侧倾斜？瘸腿？虚弱？它的行动是否异常或常常叫唤？它是否能跟上群里的其它牲畜？

牛不能站立

3.2.4 排泄物

畜体身上器官天然开口（眼、鼻、耳、外阴、肛门、阴茎）有无排泄物（如血或浓）？排泄物是否恶臭或脓样？粪尿看起来是否正常？

该马有鼻腔排出物

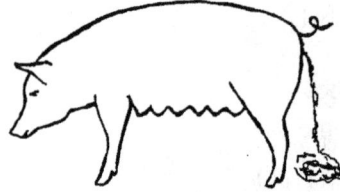

该母猪有外阴排出物

3.2.5 呼吸

呼吸指呼气和吸气。正常健康的动物呼吸时肋部起伏平稳，且不费力。什么是呼吸率？参见200页。出现下列症状是呼吸系统疾病的征兆：

- 呼吸节奏突然或身体抽动
- 咳嗽与喷嚏
- 呼吸急促
- 呼吸困难与费力
- 在休息状态下，呼吸时（尤其是马）鼻孔大开
- 张口呼吸

注意： 张口呼吸也可能是由于环境过热所引起。

此犊牛正在咳嗽，呼吸困难，鼻孔有排出物

此母猪因受热而张口呼吸

45

3.3 牲畜体检 PHYSICAL EXAMINATION

检查牲畜应该尽可能在**安静、温和**的状态下进行。如果牲畜还没有被驯服，应用柔和的方法把它**保定**起来。如果动物没有安静下来，体温、呼吸以及脉搏的频率都会增加。

检查从何处开始？尽可能在动物站立状态下进行检查。检查黄牛、水牛、绵羊、山羊和猪时，我们喜欢选择从动物的后躯开始，逐渐向前躯检查；而对于马，则最好从马的头部开始，再向后躯检查。从何处开始最能减少被检查动物的骚动，就是最佳开始检查的部位。

检查次序应保持一致：检查病畜尽可能按身体部位一定的次序进行，这样可以减少被漏检的部分。

3.3.1 体温
"**发烧**"指体温升高（高于正常体温）。发烧最常见的原因是感染，这是畜体抗感染的反应。
下列情况也可造成体温升高：
运动、恐惧与阳光直晒（尤其是黑色皮毛动物）。
母畜分娩以及初生仔畜控制自身体温机能不健全（母猪炎热条件下产仔往往体温升高）。
• 初生幼畜（幼畜正常情况下，体温略高）。

低于正常体温可能出现于下列情况：
• 患乳热症（产乳热、低血钙症）奶牛。
• 幼畜体重不足、孱弱、营养不足或腹泻的幼畜。
• 中毒病症。
• 濒死期。

如何测体温
• 抓牢体温计的高刻度端，将水银柱甩到低刻度温度端。
• 用水、唾液、油或肥皂水打湿温度计，轻轻地将温度计的低温度端插入肛门，使之紧贴直肠壁。

不可强插！且不要插入粪块内。

体温计在肛门里时，用手握住体温计的末端。也可在体温计的末端系一个带夹子的短线。当体温计在肛门里时，将夹子夹在牲畜尾巴上的一束毛上。不然动物会将体温表排出或折断。将体温计保留在直肠内约 2—3 分钟。

拔出体温计，以树叶、干草、布片等将体温计擦净。

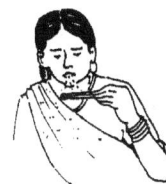

-读数：用手指拿住高刻度端，慢慢转动体温计直到能清楚地看清液柱为止，液柱终止处即为该动物的体温读数。

-用肥皂水清洗温度计，放回到盒里以防止折断。

表1：正常动物用体温计测出的直肠温度

动　　物	直肠温度 华氏（F）	直肠温度 摄氏（C）
人：男/女	98.6	37
不到1岁的黄牛	102.5	39.2
不到1岁的水牛	102.0	38.9
1岁以上的黄牛	101.5	38.6
1岁以上的水牛	100.5	38.1
马	100.5	38.1
成年山羊（随天气有所变化）	104	40
年轻绵羊/山羊	103.1	39.5
成年绵羊	103	39.5
年轻猪	103.6	39.8
成年猪	102.2	39.
兔	102.7	39.3
鸡	107.6	42
狗	102	39
猫	101.5	38.5

3.3.2 脉搏

"脉搏率"或"心跳率"指每分钟的心跳次数。"脉搏'，也是心跳质量的参考。心跳强或弱？规则或不规则？测心跳是将手指按压在牲畜的某一动脉，计数每分钟心脏搏动的次数。经过实习，你也可以诊断脉搏是否规则或强弱。**应在动物平静、休息状态下，测量它的脉搏率。**

脉搏加快可由恐惧、运动、疼痛、心脏疾病、过热以及体温升高而引起。

脉搏细弱、不规则是病弱的信号，表明心脏不能有效地输送血液，或动物处于休克或濒死期。

摸黄牛、水牛、牦牛脉搏的地方是在它们的尾巴下面靠近肛门内侧沟内的地方。

马、骡、驴、绵羊和山羊，是通过按压下颚内侧的面动脉进行计数。

表 2：凉爽天气条件下的平均脉搏率和呼吸率

动　物	呼吸率	脉搏率/分钟
人：男/女	12	70
犊牛（数日龄）	56	125
犊牛（6 月龄）	30	96
黄牛（未满周岁）	27	91
黄牛（成年牛）	16	50
水牛（6 月龄内）	28	—
水牛（成年水牛）	12	45
马	10—12	44
山羊/绵羊（成年）	15	75
山羊/绵羊（未成年）	20	110
仔猪（两周龄以上）	25	138
猪（12—14 周龄）	18	112
猪（成年）	15	65—85
兔	55	130
禽（变动幅度较大）	12—40	100—200

3.3.3　皮肤

如果动物的皮毛不够光滑、亮泽且平伏，它必有问题……

牲畜是否不停地擦痒？
它的皮肤是否发干、损伤、呈鳞状、或发红？是否有溃疡、脱毛？如有，诊断时就要考虑寄生物的问题。

此猪不停地擦痒　　*此绵羊由于疥癣有脱毛区*

皮肤上有无如蜱虫、虱或跳蚤？

蜱　　　　*跳蚤*

动物是否皮毛发干、发毛不平滑、无光泽、直立起来？
如有，这种情况应考虑内寄生虫或/和营养不良。

此犊牛被毛干燥，无光泽

乳房、口侧、蹄缘有无水泡？
如有则要考虑到是否是口蹄疫（FMD）？
如果是绵羊，则应怀疑是否是传染性脓疱皮炎。

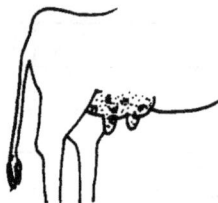

抓起皮肤，然后突然松开，皱褶是否立即消失？如不消失，表明畜体缺水。称之为"脱水"。

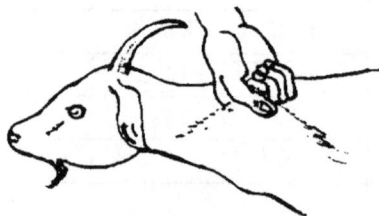

皮肤或伤口上是否有钻孔似的小洞？孔内有没有蠕动的白色虫体？这是螺旋蝇蛆病的症兆。

皮肤上是否有疣、包块、肿胀？有无皮肤损伤？日晒灼伤？（白猪和牛马的白毛部位常见）

3.3.4　眼

有无脓液或过多的眼泪？

眼下面脸上是否被染成深色？

是否不断眨眼，似有疼痛或畏光？

眼球表面有无浑浊（感染或创伤引起）？眼球是否凹陷？这可能由于严重脱水。眼球周围组织（称为眼结膜）的颜色？正常牲畜的眼结膜应为粉红色。

· 眼结膜发红说明有炎症，这可能是由于感染或刺激引起的，这也是动物正在发烧的症状。

· 眼结膜暗红、紫色或棕色是毒血症（血液中毒）症状，是非常严重的恶性征兆。

· 结膜苍白甚至白色是休克或贫血的症状，通常是由寄生虫病引起的。见 125 页。

· 黄色结膜表示肝脏问题（肝片吸虫）或血细胞正被破坏（如边虫病或焦虫病），并称为"黄胆病"。最容易观察黄色的地方是在眼球的白色部分，称叫"巩膜"。

50

3.3.5 耳

有没有因耳内寄生虫使动物不断擦挠耳朵的征兆？

例如，耳后有没有红色斑？耳内有无结痂、溃疡、排出物？动物是否频繁摇头？耳内有无壁虱？

此牛耳内有许多壁虱

3.3.6 鼻

健康动物的鼻镜一般是湿润且有凉感。如鼻子的排出物带浓，有可能是鼻、咽、肺有感染的征兆。

此犊牛鼻有脓性排出物

3.3.7 口腔与咽喉

牙齿是否正常、能否咀嚼饲料？牙齿的残缺或排列不齐都会影响牲畜采食，以致体质消瘦。下颌是否有水肿？（这是内寄生虫的体征）。

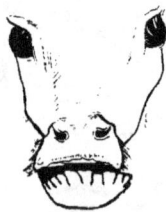

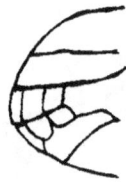

| *歪嘴牛* | *正常牙齿的马* | *下牙前突"猴嘴马"* | *上牙前突"鹦鹉嘴马"* |

能否估算出牲畜的年龄？见 32 — 35 页的年龄估计。
牙龈的颜色？牙龈的颜色可提供某些中毒病的线索。
牙龈或舌上有无溃疡或水泡？有几种病能引起溃疡和水泡，如口蹄疫（FMD）。

动物能否吞咽？不能吞咽的动物往往大量流涎。

警惕！！！ 不能吞咽的动物可能喉部有东西卡住，也可能是**狂犬病**。

如果有狂犬病的可能，未戴手套就不要检查其口腔。 狂犬病可通过接触患畜的唾液而传染给人。见 251-253，281 页。

此牛流涎不止，不能吞咽

下一步，检查下颚下方，患畜多因患内外寄生虫病而贫血，该部位会有积液性水肿。畜主称这种牛为"大头病"或"水嗉子。"

气管或食道的问题能引起咽喉的肿胀，如气管或食道发生脓肿（多见于马和猪）、炭疽（多见于猪）。

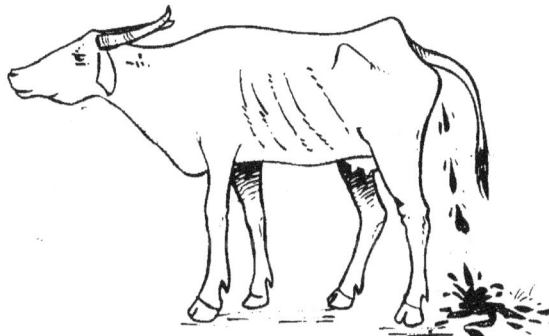

咽喉下方积液水牛

3.3.8 蹄与脚

患畜有无跛行？蹄表面或趾之间有无溃疡、伤口或肿胀（例如口蹄疫或腐蹄病）？

蹄是否过长或由于腐蹄病、先天或饲养管理不当造成畸形？

蹄部有无水平条纹（波纹）？水平条纹是由于过去发过烧、改变了饲料或经历过泌乳期造成的。

蹄表有无皲裂？皲裂可通过修蹄和挫平来处理。
有无溃疡或排出物（如血或脓）从蹄部流出？动物的脚有没有因肿胀引起的发热？这表明有炎症、损伤或感染，如脓肿。

3.3.9 腿

有无形态异常？形态异常有先天缺陷造成的，也有因损伤、饲养不当等引起。腿上有无损伤或疤痕？疤痕表示过去受过创伤。有无肿胀部位、肿块或有不正常的发热部位？这可能由于创伤或感染引起的。

此犊牛有关节与脐的感染

3.3.10 脐

幼畜的脐部有无发烧、肿胀或有渗出液？这往往与关节肿胀合并发生，这也可能是因脐部的感染所引起，这种症状常出现于未得到初乳的幼畜。见56，238页。

3.3.11 腹

咀嚼食团的动物称之为"反刍动物"，包括黄牛、水牛、牦牛、绵羊、山羊、马驼和驼羊。反刍动物有四个胃，其中有一个叫"瘤胃"。将耳紧贴在牛的左胁（健康温驯的牛）可以听到每分钟约有 1—3 次胃里食物蠕动的声音。**瘤胃蠕动是健康的征兆：而无蠕动是疾病的征兆。**在"非反刍动物"，如马，将耳贴近其任一侧胁部（性情驯良的马）可听到肠鸣声。健康动物静息时总是有这样的声音。

3.3.12 乳头/乳房
乳头与乳房应该柔软，大小正常、匀称。硬、热、痛、肿或乳内有血、乳呈水样，或有絮状都是有"乳腺炎"的症状。

3.3.13 外阴户

外阴户的大小与形状正常否？有无异常或带异味的分泌物？有分泌物，说明有子宫炎。但是在发情期或分娩后一周内，一些正常动物也有这样的分泌物。正常母牛在发情后 1-3 天会有带血的分泌物。

乳房、乳头
和外阴户正常的山羊

3.3.14 睾丸

公畜是否有两个正常的和大小相同的睾丸？若公畜的睾丸异常小或只有一个睾丸（隐睾）则不应作为种畜。肿胀或外形异常的睾丸表明受到感染，如"布氏杆菌病"。观察睾丸有无损伤或溃疡。

3.3. 15 阴茎

阴茎的大小与外形是否正常，有无损伤？有无异常排泄物？雄性动物中偶然会出现不能伸展阴茎的先天缺陷。

正常睾丸的山羊

3.3.16 直肠检查

直肠检查是将一只手臂（常戴上塑料套袖和手套）插入动物直肠。这可用来将膀胱中的尿液压出，检查妊娠、子宫感染。或检查肠套叠、梗阻，或肠管因积气而造成的膨大。

人工授精技术人员也能用到直肠检查技术。直肠检查需要在指导下多实践才能掌握。

警告：不恰当的直肠检查可导致肠穿孔和死亡，尤其在马属动物。因此，此项操作通常由兽医或经过培训的技术员操作。

直肠检查

3.4 环境检查 EXAMINING THE ENVIRONMENT

优秀的兽防员一般都要亲自查看动物的管理，以及畜舍、饲料、饮水，甚至土壤。有许多动物发病时，检查这些极为重要。

矿物质

热带国家的土壤里往往缺乏一些矿物质，比如磷。所以动物在这类地区采食草料也会缺乏这些矿物质。如果在动物的饲料里不补充矿物质，就会出现矿物质缺乏症。补充矿物质的方法可用"矿物质砖盐"，或用特殊的"饲料槽"、"饲料箱"来提供矿物质。见 101 页。当地土壤情况资料，往往可从农业部门查询。

```
仔细检查

· 饲料与饮水的来源
· 草地与牧草
· 荫棚与圈栏
· 产仔区
· 牲畜数量
· 可利用的空间
```

维生素

动物的饲料里也可能缺少某些维生素。有时，若在高温环境贮存饲料数月，可造成饲料中的维生素损失，尤其是维生素 A 与维生素 E。潮湿的饲料可能因腐败、变质而造成维生素损失，还可能使牲畜生病。

中毒

如果怀疑牲畜中毒，就应立即检查一切饲料、水源，以及动物所呆过的牧场、圈舍、饲栏。敞放的动物很容易接触到毒物，如毒鼠药。

· *霉菌*，潮湿的饲料很容易霉变。霉菌可产生毒素而引起动物中毒，甚至死亡。霉变也能使饲料失去适口性，因而动物会拒绝进食。

· *有毒植物*，也会引起中毒。在干旱季节，因一些植物里的亚硝酸盐含量高而具有毒性。有毒植物通常不具有适口性，但是在饲料缺乏时，动物就饥不择食了。

· *垃圾*，有些垃圾里有扔掉的废旧汽车电池、抗凝冷却剂、或废机油等，均是有毒物，应让动物远离这些垃圾。

· *动物饲料*，

· 饲料会偶然被有毒化学物质所污染。

· 也可能喂错了饲料，例如若喂给绵羊高铜猪饲料，会致使绵羊中毒。若马吃了含有"*莫能菌素*"（又名*莫能星*，一种常用牲畜饲料添加剂）的饲料，会引起马中毒死亡。

水

必须要检查水源。

污染：如果饮水是受到污染的、有异味的死水，且有死畜飘浮，或水温太高、太低，动物均可能拒饮。但干渴的动物会饮受污染的水而致病。

食盐中毒：猪从饲料中获得食盐，如果饮水不足，会引起脑水肿而中毒死亡。通常称之为''食盐中毒"，实际上是因缺水引起。见 254，269，313 页。

电流：如果饮水中有电流，动物会拒饮。

牧场与牧草

若牲畜过分拥挤,或长期在一个牧场放牧,会引起较多的寄生虫问题。牧场过分放牧就不能满足动物的营养需要。

荫棚与圈舍

动物需要遮避日晒(炎热气候条件下)和避风。幼小仔猪需要约 91°F(33℃)的温度环境,否则,会引起腹泻或肺炎。在无新鲜空气的密闭畜舍内,容易发生肺炎。在潮湿圈舍内容易发生蹄的感染和腹泻。

拥挤

将太多的动物挤于一个圈内是会带来麻烦!会引起多种疾病与伤害。猪和鸡过分拥挤会相互残食。

产仔区

肮脏环境下分娩会发生子宫感染,仔畜会发生脐部与关节感染以及腹泻。产仔区应该清洁、干燥,且要在其它牲畜未用过的"新鲜"区产仔。

3.5 诊断 THE DIAGNOSIS

哪一系统与什么病？

哪一个畜体系统？从病史、观察、检查得来的资料可用来判断哪一身体系统患病。下表或许有所帮助。

表3：身体系统

体系统	该系统所含器官	系统功能
生殖系统	母畜：卵巢、输卵管、子宫、阴道、乳腺。 公畜：睾丸、输精管、腺体、阴茎	繁殖后代，向幼仔提供乳汁
消化系统	口（齿、舌、牙龈、）、喉、食道、胃、肠、肝、胰	采食、咀嚼和消化饲料
呼吸系统	鼻、咽喉、会咽、气管、肺、支气管	空气进出体内的通道，从空气中吸取氧，过滤并温暖空气，凉爽身体
肌肉系统	肌肉、肌腱	使身体和器官能够运动
皮肤系统	皮、汗腺、毛发、指甲和蹄	保护身体，调节体温
骨骼系统	骨、软骨	软骨保护关节，骨骼支持与保护身体
泌尿系统	肾、输尿管、膀胱、尿道	清洁血液（制造尿液），运输废物，平衡水与盐类
神经系统	脑、脊髓、神经	负责感觉、运动、协调身体与思维
循环系统	心脏、血管（动脉、静脉、毛细血管）	通过血液流动，向全身各部位提供与调节养分
血液与淋巴系统	血细胞（红、白血球、血小板）、血浆、淋巴管和淋巴结、脾脏	输送氧与养分，排出废物，容纳抗感染的细胞和蛋白质
内分泌系统	体内的激素和各种腺体、制造激素（脑垂体、甲状腺、副甲状腺、肾上腺、胰腺以及生殖腺）	激素起着化学物质的信使作用，在血液中循环，起着身体绝大部分功能的调节作用
特殊系统	眼、耳、鼻、舌	探索刺激，起着身体与外界环境交互作用

是什么病？

判断畜体的哪一个系统受到影响后，下一步就是诊断患畜得的是什么病，怎样诊断？

1. **首先了解本地区最常见的是什么病**。和其他有经验的兽防员讨论，访问屠宰场，观察与在可能情况下进行尸检。出席兽防员、技术推广员、和兽医们的会议，讨论技术问题。

2. **向当地人民和有经验的兽防员学习**。向当地农民学习，学习他们是如何治疗和预防动物疾病的。与能干的和有经验的兽防员一起讨论与解决技术问题，往往是学会诊断与治疗当地常见病的最好途径。

3. **学习和虚心接受新的思路**。用本书和手边的其他书籍进一步学习。对新的治疗方法和技术持开放态度。本书是以身体的系统为基础编排的，一旦认定是哪个系统患病，就查阅本书的有关系统章节，就会知道影响该系统的最常见病。

如果是我不能诊断和治疗的疑难病怎么办？？

不要心慌也不要泄气！！即使是最好的兽防员，有时也会遇到不能诊断和治疗的病例，尤其是单独工作在边远地区的兽防员。

当不能作出诊断时，要把一切资料（病史、观察、检查）记录好，送到最近的兽医那里或农业部门的兽医那里，那里的专家们会帮助你诊断。即使病畜死亡，诊断仍对有同样症状的其他牲畜有用。兽医专家们比较乐意帮助能提供准确资料的兽防员们。有时还需要送死畜或病畜的标本去进行诊断。在这种情况下，一定要问明需要什么标本，如何采集和如何保存。

请求帮助

向区或上级兽医部门请求帮助，并提供下列资料：

病史方面的资料

- 动物的种类、性别、年龄。

- 何时发病。

- 如何发病，以后病症发展情况。

- 情况好转或恶化。

- 该地区其他动物有无类似症状。

观察和检查得来的资料

- 检查了动物和环境后所得的重要观察结果，包括动物的体温和其他异常情况。

- 根据病史和检查结果，列出所有病可能性的单子。（这个单子叫"鉴别诊断。"）

请求帮助的报告里要有充分的有关资料

- 根据发现，提出初步诊断。

关于治疗方面的资料

- 病畜用过何种方法治疗，包括药名和剂量，投药方法和治疗疗程。

- 病畜对治疗后的反应。

第四章 治疗的原则 4.0 PRINCIPLES OF TREATMENT

4.1 治疗提示！！ 急救治疗要及时迅速 EMERGENCY！！ （见急救，77 页）

4.2 疾病暴发怎么办？？ DISEASE OUTBREAK??

异常地出现大量病畜称某种疾病的"暴发"。大量发病通常称之为"兽疫"或"动物流行病"。发生兽疫时就必须采取"防制措施"来防止疫情扩大。

隔离病畜

首先，把健畜与病畜及其尿、粪、畜床分开。不要让与病畜接触过的人再去接触健畜。这称之为"隔离"。见 95 页。

调查疫区与检查动物

调查流行情况，何地何时开始？近期有无购进新畜？何地购进？病畜的起始症状、年龄、性别、畜种以及品种？有多少动物受到感染？如有可能，对几头病畜作具体检查，仔细做好记录。

报告兽医部门

将你的检查结果送给兽医部门。根据疫情，兽医部门也许会来人调查。如来了，兽防员应全力配合兽医部门的工作。如果该病威胁到人的健康，还要告知卫生部门。

确定诊断

尽可能确定诊断。确定诊断可能需要实验室标本或其他特殊材料。如果实验室或兽医部门要求标本，就要弄清何种标本与如何采集，也许还需要受过培训的人员来做这项工作。

适当处理病畜与健畜

做出决定如何来处理该地区的病畜与健畜。如果是大流行病，这种决定应由中央一级或中级农业部门提出。如果是小范围的流行病，中级的、高级的部门不插手，则兽防员要报告地方当局，求得支持来控制疫情。决定治疗方案，则要根据现有药品的用药方法容易程度和价格，以及感染动物的数量和价值来确定。如果药品不够，就必须做出选择来如何使用有限的药品。

4.3 选择治疗方法 CHOOSING A TREATMENT

根据以下因素选择治疗方法：

- 诊断
- 患病的动物数量
- 现有药品
- 治疗费用
- 动物本身价值
- 存活机率和恢复使用价值的可能性
- 畜主或兽防员恰当使用药品的能力
- 畜主的支付能力
- 畜主的意见

兽防员必须向畜主提供不同治疗选择方案，讲明费用、所需工作和牲畜康复的可能性。根据具体情况和动物本身价值，畜主可以作出最佳决策。有时，因受具体条件限制，最佳且最彻底的治疗方案却不可行。例如，某一最佳治疗方案需要每天给病畜注射，但因畜主住的较远而无法实行，除非附近有人能帮助注射。根据这种情况，也许另一药物可供选择。另外畜主也可能无法承担彻底治疗的费用，这时，兽防员就要针对具体情况作出决断了。

有时兽防员也会遇到某种压力。不管是否必要，畜主也许要求打针！**过多或滥用有些药品，如抗菌素，会使这类药品不再有效**。再说，滥用药品也会浪费药费并减少有限药品的储备。

另一方面，如果不注射，畜主也可能认为兽防员没有能力，从而使他（她）在社区内的信誉受损。在这种情况下，兽防员要做好解释，并根据具体情况作出决定。有时，这还是一个不容易解决的问题呢！

兽防员们要参加社区会议，花时间了解当地牲畜饲养员和畜主的知识、习惯和操作方法，在社区建立良好关系。通过问、看、听，能了解到许多当地人对家畜常见病的知识和治疗方法。为了建立信誉，参加会议和花些时间参与社区有关问题的讨论是值得的。一旦建立了信誉，兽防员就可向畜主们传授动物疾病的治疗、控制、预防等关键概念了（甚至包括打针知识!!）。

为了有效工作，
兽防员就必须与社区建立良好关系

4.4　对病畜的保养护理 SUPPORTIVE CARE FOR A SICK ANIMAL

不管选择如何诊断和何种治疗，对病畜都应该做好如下事项。这叫做"保养护理"。用好的保养护理来配合治疗，在大多数情况下，病畜会康复得快些、彻底些。

给病畜提供优质饲料和饮水，促使病畜进食与饮水。置病畜于清洁、干燥、防护良好的环境里，不要把它们放置在日晒、风吹或泥泞的地方，防止其受到其他动物的攻击。

保养护理包括：
- 好的饲料
- 充足清洁的饮水
- 好的圈舍
- 防护

病畜需要保养护理；
好的饲料、清洁、饮水和好的圈舍

4.5 治疗发高烧动物的一般疗法 GENERAL TREATMENT FOR A HIGH FEVER

如发现动物正在发高烧或身体过热，必须立即给予治疗。否则，会因高烧使动物死亡或引起流产。

彻底检查病畜，弄清高烧的原因，尽可能地针对具体病因进行治疗。

- 向动物身上泼凉水使其降温。
- 置动物于荫凉处。
- 给动物凉水饮用，将饮水置于动物口边或泼些水于其口内，促其饮水。在某些文化传统，人们认为喝水会促使发烧动物死亡。这是不正确的！

浇凉水会使发烧的动物降温

母猪在产仔过程中，往往不能调节自己的体温，所以在炎热气候条件下会体温过高。这种情况下，可给母猪身上浇凉水。若无效，应给母猪大肠灌冰水。这样可能会保住猪的性命。灌冰水的方法是：轻轻地将一根端部光滑的胶管插入猪直肠，沿软管注入冰水。如无冰水，用能找到的最凉的水，如泉水或深井里的水。

以下药物可以用来降低体温：

阿司匹林，如找到兽医用的，就按说明书用药。也可用人用的。将药片打碎，混入水中，灌入动物咽部。对于反刍动物和马，用不带针头的注射器，将药物注入口腔后方。或将混入阿司匹林的水装入细颈瓶，由动物口角注入（因该处无牙齿）。将动物头部抬高，将瓶倾斜投药。此法不适用于猪，因猪会咬破注射器、瓶，甚至伤人。阿司匹林不能用于猫，因它对猫具有毒性。本书末后有使用剂量列表。

50％的安乃近注射液：有时用药名"诺瓦近"，可以静脉注射、肌肉注射或皮下注射。根据动物体重，每50公斤体重注射1毫升。8小时一次，直到退烧。

氟尼辛：本药的商标名："*氟胺烟碱*"。可以用于静脉注射、肌肉注射。每50公斤体重注射1毫升。每天一次，直到退烧。此药有口服药膏和粉剂出售。此药价格较高，但很有效。

4.6 用药的不同途径 DIFFERENT ROUTES FOR GIVING MEDICINES

4.6.1 如何计算用药剂量

见28章：安全有效地使用药物

4.6.2 何处与如何用药

常用的投药方法有六种：

1. 口服，见64，67页。
2. 皮下注射，见72页。
3. 肌肉注射，见73页。
4. 静脉注射，见74页。
5. 局部应用（"外用"）（即用于创伤表面、皮肤、蹄表）。
6. 针对某个器官用药，例如：
   - 乳腺内（由乳头投药），见158页。
   - 子宫内（将药物注入子宫），见152-154页。
   - 眼内（眼球周围），见86页

4.7 如何给动物投口服药 ORAL MEDICATIONS

> 给动物服药时，应对动物进行适当保定控制，以免造成动物或喂药人受伤

喂药有数种特制工具，用来向动物口内投放药
丸或药片。

喂药片或药丸的投药枪

多种动物（如黄牛、水牛、山羊、绵羊、马驼、羊驼、马，但猪例外），在这些动物的口角有
无齿区，投药器应由此处插入。此途径可防止投药器被动物牙齿咬碎。

4.7.1 丸剂
大的药丸，也称"大药丸"。将投药枪轻轻插入动物口角无齿处，小心地让投药枪越过牙床和
舌面。**千万不要强行插入口内或强行深入咽喉**，那样会造成严重创伤或感染。一旦药枪插入
后，推动活塞将丸剂置于动物舌面后部。

注：如果没有投药枪，可用一根光滑的硬管，插入的方法与用投药枪相同。将药丸通过硬管倾
倒在动物的舌后部的舌面上。硬管要足够长，才便于将药物倾倒于口腔后部。

4.7.2 液剂

喂动物液剂药物,称之为"灌药"。除猪外,给动物灌药可用一个瓶口光滑的细颈瓶或大注射器(**无针头**)来完成。

将瓶颈或注射器由动物嘴角无牙齿处插入口内,使动物头稍微抬起,将瓶倾斜来倒入药液或推动注射器活塞。

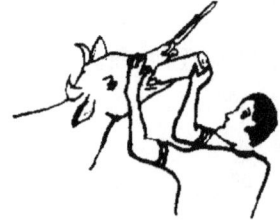

如果没有投药枪,可将药丸溶入水里,作为液剂用此方式喂药。把瓶颈用牢固的布带或胶带缠住,以防止动物咬破药瓶。

有一种特制的"投药枪",这种器械在一些国家可以买到。这种投药枪适用于许多动物,可以用来快速准确地灌药。它好像一种自动注射器,每扣动一次,投药枪就灌入事先设好的药量。

将投药枪的光滑端插入动物的口角舌头以上,扣动机关,随着动物的吞咽动作给药。这种投药枪由一根管子与装药的塑料瓶连接,可以自动充液。

注意!!! 抬起动物头喂药时要小心,不要将它的头抬得太高,给药也不可太快。否则,药物可能进入气管与肺内,而不是进入食道。从而可引起窒息和肺炎。这在幼畜尤为常见。

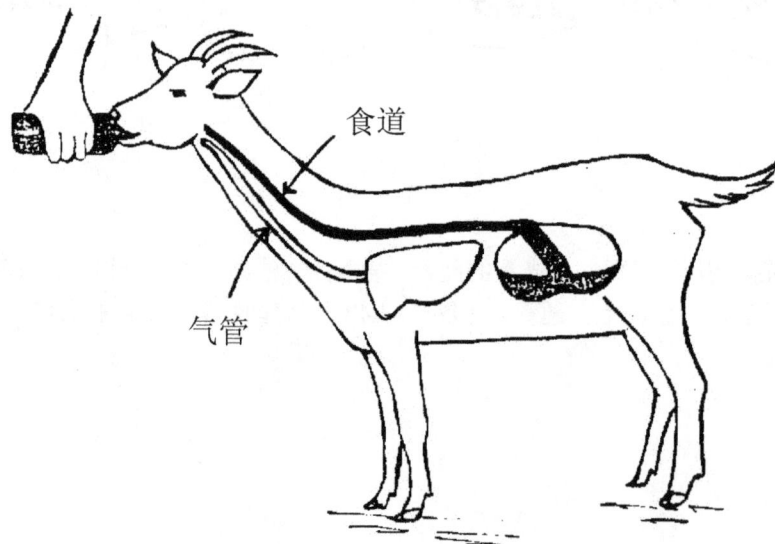

食道

气管

4.7.3 反刍动物胃管喂药法（喂服药液或缓解臌胀）

给反刍动物插入胃管，需要有一根长而易弯曲的软胶管或塑料管，再加上一根短而硬的套管（称扩张器）。可用金属或竹管做套管。软管和套管都必须周边光滑，以防止损伤动物的口腔和咽喉。为防止软管被咬破，要先将起扩张作用的硬管轻轻地插入口内，并牢牢握住，以防被吞下！将软管穿过硬管直达咽喉后方，从而引起吞咽动作。随着动物吞咽动作，轻轻地推动软管直到进入瘤胃。这时往往能看到软管沿动物颈部的左侧下行。

确认插入的胃管不在气管内！如果插入胃管时，出现动物挣扎或咳嗽，可能插入的是气管而不是食道。必须将胃管抽出，重新再插。一旦胃管插入反刍动物的胃内，检查有无瘤胃气体的气味从胃管内逸出。如果是瘤胃胀气病例，则有气体冲出。有时也需要转动胃管或压迫动物腹侧，直到胃管确实在有气体的空隙处。灌药前，先向胃管内吹气，并叫人紧贴左胁倾听有无瘤胃内的胃鸣声。**如有任何怀疑胃管不在瘤胃内，要抽出胃管，让动物休息后再插。**当胃管确实插入在瘤胃内，在胃管末端装上漏斗，将药液沿胃管灌入。

漏斗

胃管

套管

取出胃管的方法：先向管内吹气使之排空。然后，用拇指压住胃管一端，迅速拔出胃管。最后，将扩张器拿开。

胃管和扩张器的大小：用于牛，作扩张器用的套管的长度应为25厘米左右，其直径以适合牛的口腔为度。软管约长2米，直径以能进出套管为合适。对于绵羊、山羊，硬管长度约12厘米，直径以能适合羊口腔为原则，软管至少长1米，直径适于穿过套管。

给马插胃管要小心！对于马，除了不需要扩张器外，其他程序都相似。胃管是沿着鼻腔底面（不是顶面，沿鼻腔顶面会致鼻腔流血！）顺着咽部进入胃内。要特别小心，给马插胃管更容易误将胃管插入气管，进而入肺。

4.7.4 给猪喂药的方法

注意！成年猪在口腔两侧有锐利的牙齿和强有力的上下颚。给猪喂药时，它会竭力去咬人或咬器械。

喂猪药液时，可用鼻勒套控制它们（见 28 页）。通过注射器将药液注入一侧鼻腔（不用针头）。开始缓慢给药，直到出现吞咽动作，再将剩余的药物注入。

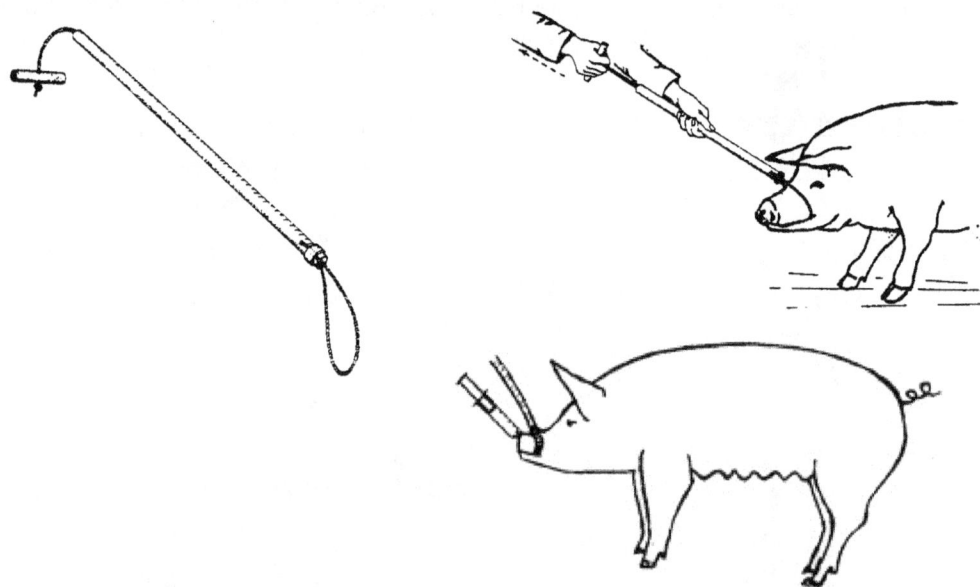

4.7.5 特制的口开张器

尽管对各种动物都有特制的口开张器来帮助喂口服药，就地取材制作要廉价得多。

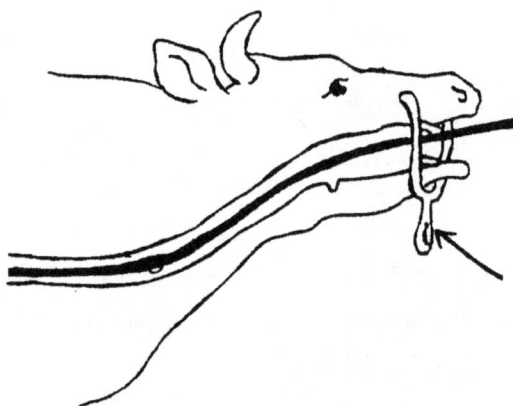

*一种特制的开口器可保持
口腔张开*

4.8 如何注射药物 HOW TO GIVE INJECTIONS

4.8.1 注射器

注射器有许多容量不同的型号，都以毫升（ml's）或立方厘米（cc's）标明（注：1ml=1cc,）。注射器是用由耐用的塑料，金属或玻璃制作的。玻璃的和金属的注射器通常耐用并易于清洁、灭菌。但价格较贵，且玻璃部件容易破碎。

有些注射器呈"手枪"样或"剂量型注射器"。这样的注射器是用来连续给数头动物注射同一药品，直到注射完再重新汲取药液。

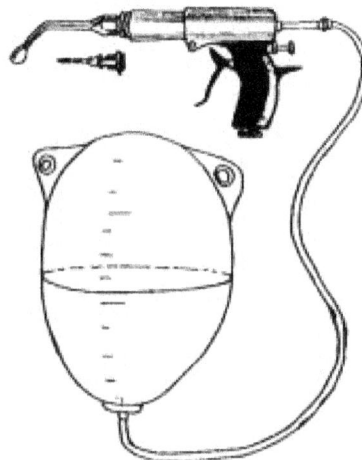

剂量型注射器可用来注射或用来喂服药液

剂量型注射器可以进行调节，用来自动投注一定量的疫苗或一次量的口服液。可用一个塑料管把剂量型注射器与装有疫苗或药液的"袋包"连接上，这样可以避免反复汲取药液。如给许多动物注射同一药物，这种方法非常有用。但是，如不换针头，会使一些疾病在动物间扩散

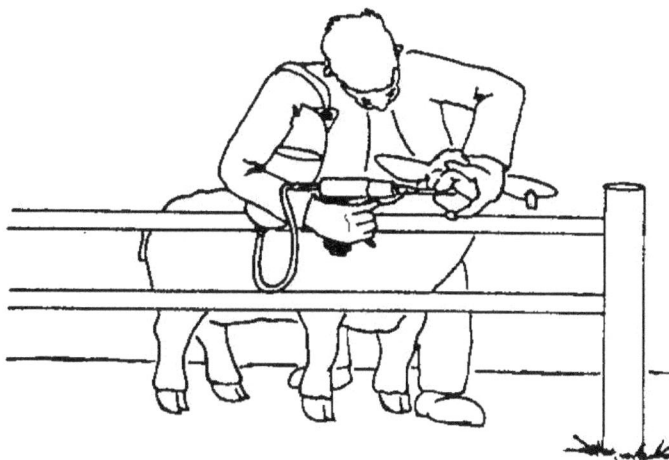

4.8.2 针头

针头有不同长度和不同针孔型号（即直径），这些是标记在针头基座或针盒上。针的长度是用英寸或厘米来衡量，孔径则用"量规"或"号"来表示。通常这样写：

"16G×1"指 16 号针头，长 1 英寸。

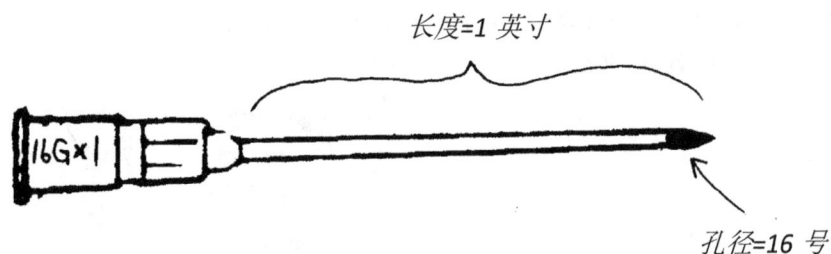

长度

供兽医用的大部分药物，需要 1-1.5 英寸长的针头。皮下注射 1.0 英寸的针头就够了，虽然也可用 1.5 英寸。深层肌肉注射，如有可能就选用 1.5 英寸的针。但对幼畜肌肉注射用 1 英寸的就足够了。

直径或孔径

兽药注射大都需要 16 号到 22 号针头，号数越大，孔径越小。选用针头孔径的大小取决于动物的种类，体形大小，以及药物的"粘稠度"。

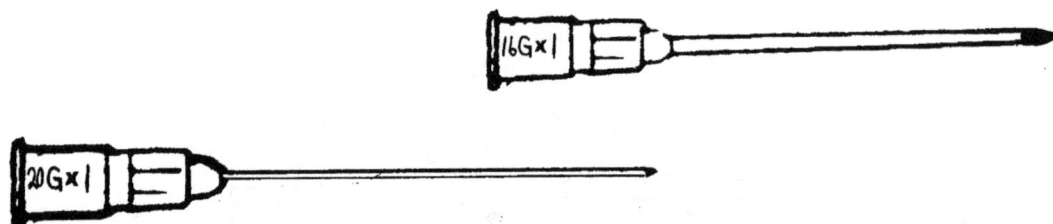

用于幼畜，20 或 22 号针头最合适，除非注射特别粘稠的药液，要用大一点孔径的针头。例如，注射青霉素的针头，应不小于 19 号。成年家畜，依其皮肤的厚度，用 16 号到 19 号针头。用大孔针头（小号针头）注射比较容易，针头不易弯曲，小孔针头容易弯曲。但用大孔针头，可能在注射后部分药液会溢出，造成浪费。

4.8.3 准备注射器和注射针头

按药物标签说明、根据动物体重和药物浓度仔细计算出所需药量。

用肥皂水洗手

用消毒剂清洁药瓶盖，并摇动药瓶以混匀药剂

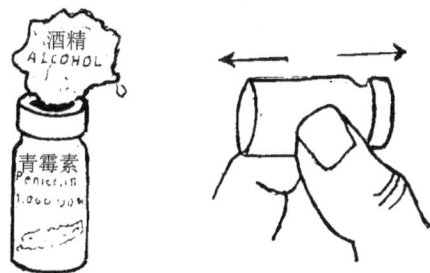

将已灭菌、带针套的针头准确地装在注射器上。
移去针头套，将针头插入瓶内。确认针头尖在药液内，拉动活塞，汲取所需量的药液。

拨出针头，保持针尖向上并轻轻推动活塞，来排出空气。
确认针管内有足量的药液。

立即注射或覆盖针头套，以避免污染。

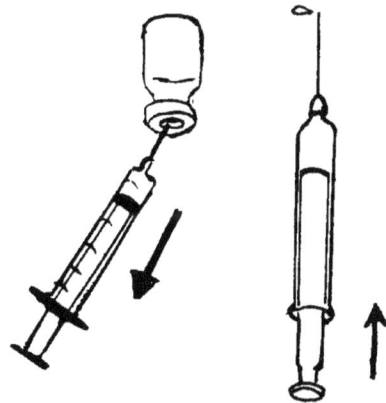

除去了针套后，要避免碰针头（针座例外），也不要让针头碰任何东西而使针头污染。

70

使用无菌、锐利的针头
使用后的针头和注射器要废弃，或者清洗后再消毒为下次使用。

已钝的针头需要重新磨尖或废弃，因为使用已钝的针头会引起脓肿。

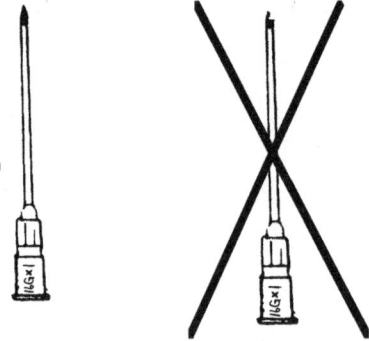

恰当安全地处理用过的针头和注射器！
把废弃的针头放在小口容器内，并妥善加盖。待容器装满后烧毁或深埋。

绝不要随地丢弃针头，更不能丢进公共（城市）垃圾箱内。这样做，会伤害人与动物。

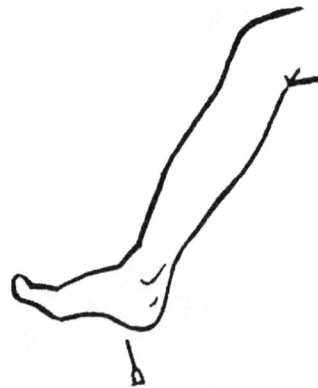

千万不要将用过的针头插入药瓶或疫苗内。一定要用灭菌针头，否则，全瓶药液均可能被污染。

4.8.4 皮下注射与肌肉注射

皮下注射：皮下（SQ 或 SC）注射，是将药物注射于皮下。皮下注射优先选取的部位是：
- · 皮肤松弛的部位。
- · 容易注射的部位，且不易被动物脚踢，角触伤或受到其他伤害。
- · 万一发生脓肿，容易排液。

肌肉内注射：肌肉内注射（IM）是将药物注入肌肉内。
下列各种动物身上的黑圆点，表示供皮下注射和肌肉注射的优选部位。

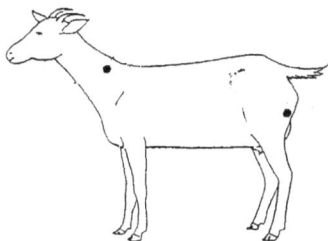

注意：注射入臀部或后腿的大块肌肉内的药液，能引起严重组织损伤从而减少产肉量。最好选择颈部注入。

如何进行皮下注射或肌肉注射

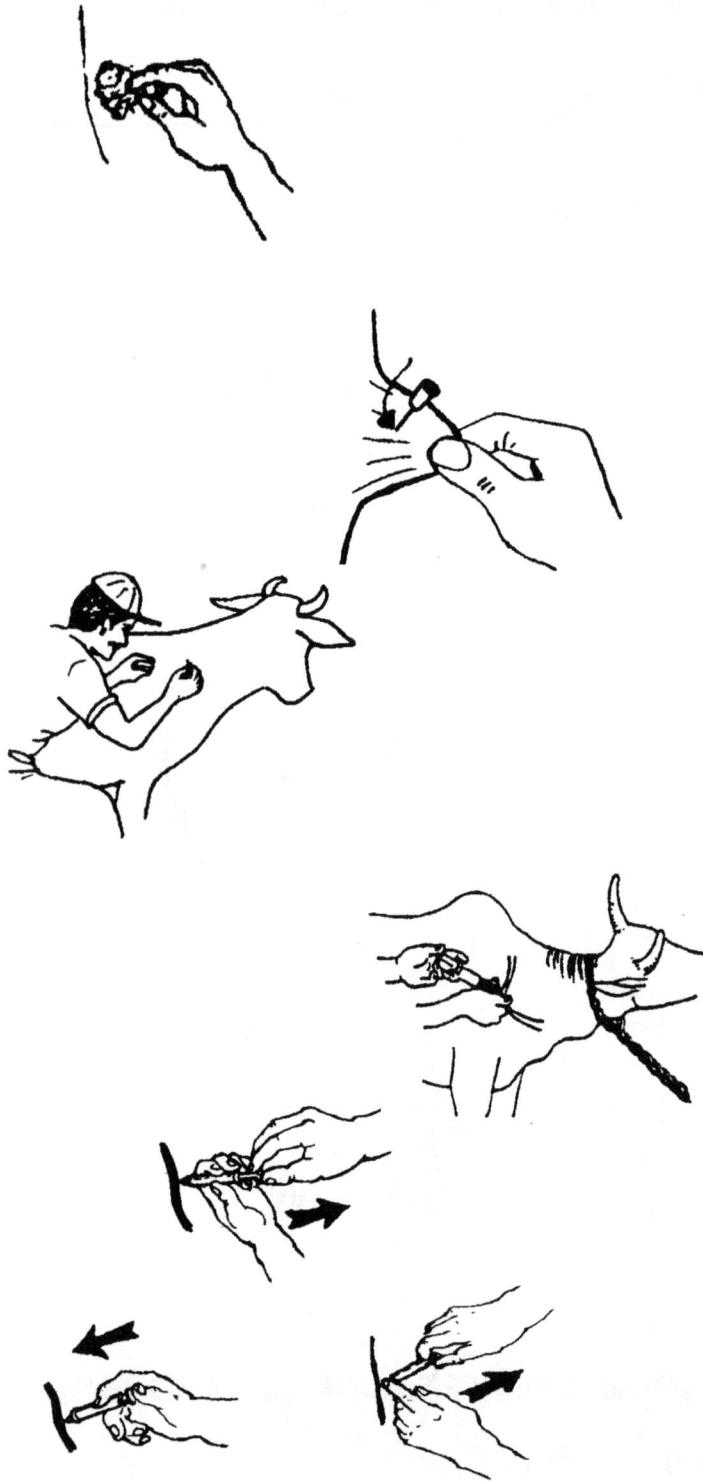

准备好注射器和针头，适当地保定动物，选择好注射部位。如果部位太脏，可将其洗净或选其他部位。选好部位后，取下注射器上的针头，用拇指和食指握持针座。

示意身旁的人后站，以防动物反抗，或作好动物反抗的准备。

皮下注射：一手拉起皮肤，一手插入针头。使针头位于皮肤与其下层肌肉之间。

肌肉注射：使针头呈直角有力、快速地刺入皮肤，直达肌肉。

将注射器牢牢地接在针座上。

轻轻地后拉活塞，观察是否有血液进入针座与注射器连接处。如果有血液，说明针尖意外地进入静脉。应轻轻向后拉针头再重新定位。

如果无血液，推动活塞，完成注射后，将连在注射器上的针头抽出。

73

4.8.5 反刍动物和马的静脉注射

一般说来,最常用的药物都能用口服投药、皮下注射或肌肉注射。兽防员在特殊情况下会使用静脉注射。此操作应由有经验的技术员或兽医师进行。最常选用的静脉注射部位是颈静脉。在成年的牛、马、山羊、绵羊上,这根静脉相当粗,很容易找到。

准备注射器。

将动物的头部略微抬高并进行适当保定。要与动物保持一定距离。不能站立的牛,可以给它戴上笼头或加上鼻钳,系上绳子,将绳的游离端系于后腿上进行侧卧保定。清洁注射部位。

从注射器上取下针头,用拇指与食指夹住针座。

将动物的头转向离你远侧,寻找颈静脉。先在动物的颈侧寻找颈静脉沟,将拇指压进沟内。

这样就会使颈静脉在你的手指上方凸起来。这叫"阻断"颈静脉。提示身边的人站到后面去,你要扎针了,并防止动物的反应。一边阻断静脉,一边快而有力地将针尖穿过皮肤插进静脉,插入时针与静脉要保持一定角度。当你感到针尖进入静脉管了,血液就会沿针座下滴。针尖还应深入脉管里一些,直到针座触及皮肤。插得适当,血会从针座里连续滴下。

要用 19 号或孔径再大一点的针头作静脉注射。如果针头太细,就不易判断针尖是否在血管内。并因血液粘稠而不能从针头流出。

当确认针尖在静脉里了,接上注射器,轻轻地抽动活塞,看是否有血液流进注射器里。如果没有,重新再插;如果极易流进注射器,就可推动活塞进行注射了。

注意： 从针座喷出血液，且呈搏动状是针头在动脉里，而不是在静脉里的信号。这种情况并不常见，而发生时多在马、马驼、羊驼中。**千万不要注射进动脉！** 如果不能确定，拔出针头再插。

注意： 有些静脉注射液必须缓慢注射，否则，动物可能发生休克。查看药物的标签说明，或向有经验的人请教。

注意： 某些静脉注射液具有腐蚀性，如果溢出静脉血管外，就会严重损坏血管周围的组织。如"保泰松，别名苯丁唑酮"那样通常给马注射的药物。查看标签，并请教有经验的人。

4.8.6 猪的静脉注射

给猪进行静脉注射，通常选择耳静脉。用勒鼻保定法小心地将猪固定。围绕耳根部用一塑料绷带或绳子勒紧。清洁注射部位，等待静脉充血。最大的静脉是一根走向耳背边缘的血管。
选择充血且易见的静脉，插入19号针头，并使之尽量深地伸入血管内。这样，如果猪甩动头部就极少能使针头滑出血管外。接上注射器，轻轻抽动活塞以验证针头是否仍在血管内。如在，就会有血液流入注射器。注射前，松开绷带。推动活塞，进行注射。

注意： 猪的耳静脉比较脆弱，注射要缓慢进行以免血管破裂。好的保定，极为重要！

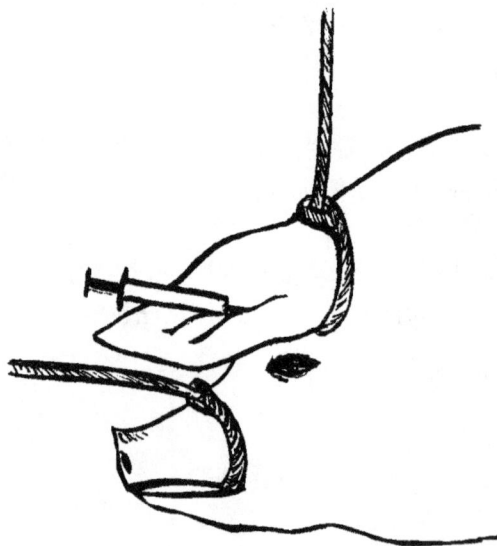

4.9 器械的清洁和灭菌 CLEANING AND STERILIZING EQUIPMENT

清洁与消毒器械可以减少通过器械扩散疾病的风险。下列清洁与消毒器方法可用于玻璃、金属和塑料器械。但是，塑料设备最终会损坏。注：对某些微生物，如炭疽芽孢，以下方法还不能达到消毒目的。

第一步：清洁
器械设备用后要立即清洁，必要时用刷子刷拭掉器械连接处或里面的血迹。
第二步：消毒或灭菌
消毒 **_沙威隆法_**：每 1 立升水加入 10 毫升_沙威隆_（1∶100 溶液）。使用前将器械与缝合材料在此溶液内浸泡 20 分钟。 **含氯漂白剂法**：按 1 份含氯漂白剂，7 份水配制成溶液，浸泡器械、缝合材料以及药棉 20 分钟。 **酒精法**：将器械、缝合材料以及药棉浸泡 20 分钟，配制浓度为 70％的乙醇酒精，或直接用饮用酒。 **灭菌** **火焰法**：将酒精倾倒在金属器械上，点燃酒精。 **蒸气法**：金属器械、尼龙缝料、棉毛材料在蒸气灭菌器内消毒 15 分钟；如无蒸气灭菌器可在压力锅内消毒 15 分钟。 **煮沸法**：金属或玻璃器械煮沸 20 分钟。
第三步：冲洗
<u>消毒后</u>所有注射器及其他器械都要用灭菌（煮沸）水冲洗。不要冲洗灭菌后的器械。
第四步：干燥
清洁消毒后，已灭菌的器械要用灭菌布覆盖，任其自然干燥。在使用前器械应保持包裹状态。器械要储存在干燥无尘的地方。

不要把器械储存在消毒剂中。器械放在消毒溶液中会被损坏。

注：器械如针头、注射器、手术刀片、剪刀、镊子在工作忙的日子里，往往都会用到这些器械。在这种情况下，这些器械可以临时放在有盖的、盛有消毒液的玻璃或金属盒内备用。下班后再从消毒液中取出，清洁、干燥，适当地存放起来。

每天准备新鲜的消毒液，并替换已脏的或使用过程中污染了的消毒液。如果将器械常放在消毒液内，可在 1 立升消毒液中加 4 克硝酸钠，以有助于器械的保护。

第五章 急救 5.0 **FIRST AID**

5.1 需要急救的症状 Symptoms Of An Emergency –   速查表 Quick Reference List

> **有经验的兽防员应该知道哪些症状需要立刻治疗！**

主要急救：事故、中毒、突然发病、过敏反应、休克

• 损伤/事故	78 页
• 骨折	232 页
• 中毒	30-83，254-255 页
• （腹）臌胀	185-188 页
• 蛇或昆虫咬伤	32，255 页
• 休克	35 页
• 出血，严重出血或持续出血	78 页
• 鼻出血	186，202 页
• 呼吸困难	199-200 页
• 不能站立（麻痹）	259 页
• 两天或两天以上未排尿	247 页
• 两天或两天以上未饮水	267 页
• 深色、黑色粪便（肠出血性溃疡）	194 页
• 腹痛（腹绞痛）	190 页
• 泌乳牛从乳头排出水样物	155 页
• 突然四肢僵直（破伤风）	258 页
• 高烧	62-63 页
• 下颌积液	52 页
• 异常、攻击性或疯狂行为	250 页
• 畜体颤或抽搐	257 页
• 伤口突然发炎或发烧	219 页
• 难产	139-147 页
• 直肠或子宫脱出	149 页
• 严重脱水，表现眼窝下陷与虚弱	50，267 页
• 需要及时缝合的伤口	213 页
• 接触大量死畜或濒死的动物	30 页

次要急救

• 眼损伤	35 页
• 刨伤	212 页
• 角折	225 页
• 烧伤	220 页

5.2 急救：定义 FIRST AID: DEFINITION

急救就是立即治疗受伤和突然发病的动物,用一切现有设备和材料来挽救动物的生命或防止永久性损伤。

5.3 重大紧急急救 MAJOR FIRST AID

5.3.1 损伤/事故
在严重的损伤和事故中，急救包括以下几个方面：

检查动物是否呼吸
将动物的头部抬高或后拉使空气通道"伸直"，并尽可能扩张其开口。如果小动物的空气通道内有液体或血液，可以将其倒提起来进行排液。如果动物已经停止呼吸，可推压动物胸部，每分钟 10—20 次，进行人工呼吸。对小动物与新生幼畜，可把其鼻孔盖住，对其口内吹气进行人工呼吸，每分钟约 10 次。

阻止严重出血
采取以下措施

压迫止血，用清洁的布片或绷带压迫伤口止血，或压迫供给受伤部位的主要血管。在严重出血停止后，彻底清洁和处理伤口，并给予抗菌素治疗。

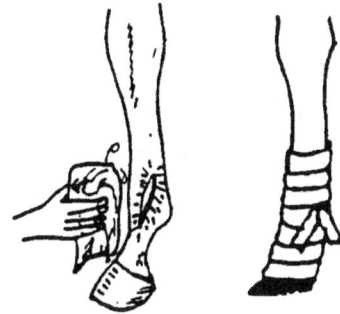

应用止血带，如果出血呈喷射状或呈搏动状从伤口强力喷出，这很可能是伤及某一动脉。如果伤口在四肢上，只要简单地用绳子或窄布条在伤口上方（即伤口和心脏之间）围绕肢干捆紧阻止血液流向伤口部位，待其形成血液凝块。绷带应每 20 分钟解开一次，检查出血情况，要允许部分血液进入伤口区。

对于硬组织，像角与蹄，用打湿的布片敷高锰酸钾晶体（如方便的话）。

对于正在流血的角，可临时用绷带沿角基部止血，可阻断部分流向角的血管。同样，在牛犊、绵羊、山羊去势后，若持续数小时不断地流血，可围绕阴囊基部捆扎止血（阴囊是握持睾丸的皮肤囊）。

烙铁或其他金属烧红后也可用来烙灼角、蹄和去势后创伤的动脉来止血，但要注意不要烙伤周围的组织。

保持动物温暖、干燥和舒适。
保护动物不受热、冷、日晒、风的侵袭。

在病情稳定前，不要移动动物。
检查骨折。如果出现下肢骨折，上了夹板后再移动动物。见233页。也许还需要用阿司匹林或其他止痛剂缓解疼痛。当病情稳定后才能移动动物。

运输动物时尽可能使其舒适、安静，防止
因挣扎再次受到损伤。例如，不要肚皮朝天地装运！大动物可放在坚实的木板上，使之腹部着板。或许要数人将其抬上车辆。

供给饮水。
一旦动物能饮水，应及时供给饮水。但是，如果它不能吞咽，**不要强迫其饮水。**

5.3.2 中毒与有毒物

动物吃了有毒植物或其他有毒性的饲料：

a)了解全部病史，确认畜主或饲养者是否肯定动物吃有毒物质，吃了多少，以及食后已过去的时间。

b)检查环境寻找毒源，要检查饲料和水源、放牧草场和患畜驻留过的畜舍，收集可疑植物或可疑物。

如果有症状的动物曾在有毒物的地方放过牧，就要怀疑到动物食过这种毒物，给予治疗。绝大多数有毒植物都没有适口性，但饥饿的动物，尤其在干旱季节，就有可能采食这些植物。

c)检查病畜和健畜。证实有多少病畜具有相同或相似症状，并与健康动物作比较。弄清哪些食物只有病畜吃过，而健畜则没有。

中毒的通常症状：

尽管症状因有毒植物的不同而异，但多种有毒植物都会引起以下症状。

· 突然呆滞或有异常行为。

· 无食欲。

· 臌胀。有时伴有呼吸困难。

· 腹泻并多涎（口吐泡沫）。

· 牙龈或结膜（眼球周围组织）变色。如果牙龈和结膜的颜色呈棕褐色，应怀疑硝酸盐中毒。如鲜红色，疑似氰氢酸中毒。

· ·猝死。

注：体温升高通常不是植物中毒的症状。

中毒的一般治疗

排空胃内容物。使反刍动物呕吐是非常不易，而马根本不呕吐。所以要喂服下列泻药来促使病畜胃肠排空，方法是将药物混入水中口服。

· **硫酸镁**：这是最常用的药物（剂量：每公斤体重250mg或每5公斤体重1茶匙）。大动物200-300克；小动物20—40克。

· **硫酸钠**：（格劳伯盐、芒硝），如方便的话，优于硫酸镁，剂量同硫酸镁。

· **山梨醇**：剂量是每公斤体重2克。

80

活性炭：如可能，将活性炭与上述药物一同服用。活性炭有益于吸附毒物，剂量是每公斤体重 2 克，稀释成 1:10 水溶液口服。不要把一般木炭当成活性炭使用！

注：通常活性炭不可与矿物油或其他油类混合使用。

注：小动物（狗或猫），可以用致吐的方法来排空胃内容物。这仅在食入有毒物后 2 小时内有效。肥皂水和某些当地植物（视为传统草药）可有效促使小动物呕吐。

治疗臌胀：如动物因胀气而不能正常呼吸．可插入胃管，或使用套管针，甚至小刀放气。一旦臌胀缓解，再给予硫酸镁。见臌胀章，186-187 页。

常见的植物性中毒

氰化物或氢氰酸中毒

氰化物是某些植物叶内或籽实内的成份。幼苗、快速生长的植物、或那些由于霜冻或干旱而枯萎的植物含氰化物的可能性更大。有些毒鼠药中含有较高量的氰化物能使动物中毒。

症状：症状表现很快，包括牙龈鲜红色，呼吸急促、困难，有时发现动物突然死亡。

治疗：

1. 服**硫酸镁**，促其腹泻排毒。

2. 不严重病例，服**硫代硫酸钠**（大苏打）：大动物 30 克，小动物 5 克，每小时一次，直到好转。

3. 严重病例，66 克**硫代硫酸钠**混于 500 毫升灭菌水中，每 100 公斤体重静脉注射 500 毫升。

产生氰化物的植物	
学名	普通名
Hoecius lunatus	绒毛草
Hydrangea spp.	绣球花
Linium spp	亚麻植物
Lotus corniculatus	鸟足堇菜，车轴草
Phaseolus lunatus	利马豆
Prunus spp.	樱桃、杏、桃树
Pyrus malus	苹果树叶
Sambucus canadensis	接骨木属植物
Sorghum spp.	苏丹草与阿拉伯高粱
Suckleya suckleyena	毒芹
Trifolium recpens	白三叶
Triglochin maritime	箭草
Vicia sativa	巢菜籽
Zea mays	玉蜀黍（玉米）

预防氰化物中毒：

若得知某草场生长有产氰化物植物，就要避免到那里去放牧。特别要避免在植物生长快速，或由于霜冻、干旱而植物近期枯萎的时期，去那里放牧。

亚硝酸盐中毒

动物食入久旱后的植物或喝了亚硝酸盐污染的水能引起亚硝酸盐中毒。土壤里含高量亚硝酸盐或氨，尤其是酸性土壤，容易发生亚硝酸盐中毒。同样含矿物质钼，硫磺和磷低的土壤也易造成亚硝酸盐中毒。还有低温也增加了中毒的危险性。

心跳快，当强迫行动时会发生虚脱。此外，中毒动物牙龈、结膜、血液呈黄褐色。

治疗：配制新亚甲蓝水溶液，10 克溶在500 毫升烧开过的冷水中，每 5 公斤体重 2 毫升，静脉注射。如果食入的有毒物量大，6—8 小时后重复注射。

蛇与昆虫咬伤中毒：

症状：咬伤部位剧痛和局部肿胀、呼吸困难、休克（脉搏细弱）、流涎。马、牛的蛇咬通常在鼻孔部位，引起头鼻肿胀。见 255 页。

治疗：

1．阻止毒液扩散：

•用肥皂水清洗伤口。

•保持动物安静。

•用抽吸法吸伤口（仅在被咬后 15 分钟内有效。）

•用绷带减少毒液扩散。

2．注射类固醇，减轻肿胀，注射肾上腺素抗休克。

3．必要时用止痛剂，控制疼痛。

4．注射抗菌素预防感染。

常见的引起亚硝酸盐中毒的植物

杂草类

学名	普通名
Amaranthus spp	苋菜
Chenopodium spp	藜草
Cirsium arvensus	田蓟
Datura spp	蔓陀罗
Helianthus	野向日葵
Kichis scoparia	菊芹
Malva parviflora	海桐
Melilotus officinalis	甜三叶
Polygonum spp	荨麻
Rumex spp	酸模（一种阔叶野草）
Salsola pestifer	细叶钾猪毛菜
Salarnum spp	匣属植物
Sorghum halepense	阿拉伯高粱

作物植物

学名	普通名
Avena sativa	燕麦
Beta vulgarris	甜菜
Brassica napus	油菜
Glycine max	黄豆
Linum usitatissimum	亚麻
Medicago sativa	黑麦
Secale cereal	苏丹草
Sorghum vulgare	白高粱
Triticum aestivum	小麦
Zea mays	玉蜀黍（玉米）

杀虫剂中毒或毒物中毒

若家畜饲料中意外含有能导致中毒量的农药，或治外寄生虫时配喷雾剂或药浴剂不当，能使家畜中毒。猫与多种幼畜对农药尤为敏感。出现的症状因农药不同而异。**如有农药包装，应阅读标签上说明的中毒症状和治疗方法。**

含氯碳烃化合物中毒

（即*氯丹、林旦、六甲桥奈、狄氏剂*等六六六型杀虫剂）

症状：

1. 中毒动物先表现神经质、狂躁或兴奋，似狂犬病。
2. 然后颤抖、震颤、抽搐，直到死亡。

治疗：没有效治疗方法。如果皮肤接触引起中毒，用肥皂水洗净杀虫剂。如果是食入中毒，口服硫酸镁和活性炭。每天喂加有活性炭的饲料，持续两周以吸附胃肠内的残余毒物。

有机磷（OP）中毒

（*敌敌畏、二氯乙烯磷酸酯、马拉硫磷、对硫磷、芬氯磷、克芦磷酯、左旋咪唑*）．

症状：

1. 呼吸困难。
2. 出现流涎、流泪、排尿、腹泻等四种症状，即所谓的"SLUD"综合征。
3. 可能出现抽搐。

有机磷中毒的治疗：

1. 由皮肤接触（浸浴或喷雾处理中）过量药物中毒，应用温热的肥皂水洗浴。
2. 用下列剂量的**硫酸阿托品**（肌肉注射）。

剂量

牛： 30 毫克/45 公斤体重

绵羊：50 毫克/45 公斤体重

马： 6.5 毫克/45 公斤体重

犬： 2-4 毫克/总体重

（如症状再出现，每 4-5 小时后重复注射）

鼠药中毒

有时家畜意外地食入用以灭鼠的籽粒粮食，解毒应依鼠药的种类而定。**因此，阅读盛药容器上的标签说明的症状以及治疗方法。**有时家畜食入的毒物不多，不表现严重症状。但是，要移去毒源，提供**保护疗法**，直到家畜康复。

5.3.3 急性感染

家畜的急性严重疾病，如炭疽、败血病、梭菌病，有类似中毒的症状。这些病通常要引起体温升高。在这种情况下，最佳的治疗是用青霉素或四环素类药物。如果患畜有黑色血液自肛门、口、鼻流出，就要假定患的是炭疽，要避免自己和他人接触病畜。如果动物死于炭疽，不要解剖，因为炭疽芽孢会污染土壤。见 196 页。

对突然发病的病例，进行彻底检查，判断哪个系统受到感染。动物突然严重发病，可能有致死性微生物（如梭菌、炭疽或出血性败血症病因）在血液里正向全身扩散。这称之为"败血症"。如果微生物产生毒素在血液里循环，称之为"毒血症"。

5.3.4 过敏

过敏是动物对体内某一物质产生反应，或皮肤接触某一物质产生反应。这种物质或许对其他动物不引起症状。过敏可分为两类：
1. 严重的过敏反应会致患畜休克，呼吸困难，有时会致死动物。
2. 轻度的过敏反应能引起皮肤瘙痒、红肿、荨麻疹、口内起泡、喷嚏、眼刺激或流泪。

影响呼吸的严重过敏反应（过敏症）

可以由虫螫咬、食物或药物引起。

症状：接触过敏源后往往很快出现症状，包括呼吸困难，脉搏细速，甚至虚脱。咽喉粘膜可能有水肿。

治疗：立即除去过敏源，并注射肾上腺素、抗组织胺以及类固醇药物（剂量见药剂章）。如有这类药剂，应立即注射，越快越好。

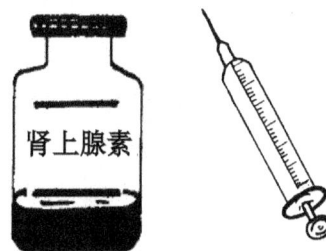

轻度过敏反应：

常见于虫螫咬、饲料、药物、植物、昆虫（毛虫）以及化学物质。这些症状并不严重，不会造成动物死亡。

症状：轻度过敏也是在接触过敏源后不久发生。常见症状是皮肤过敏（红斑、奇痒、皮肤肿胀）、口腔起泡、红色泪眼、喷嚏等。

治疗：弄清致敏源，防止再接触，用抗组织胺或类固醇治疗。

5.3.5 休克

循环系统不能供应足够的血液到身体的各组织中去时,休克就发生了。休克可由过敏或大量流血(失血)而引起。感染、中毒、颅脑损伤与极度疼痛也可引起休克。

症状:

1. 虚弱或失去意识。
2. 皮肤苍白、厥冷、粘湿。
3. 呼吸急促
4. 脉搏弱,或快或慢。
5. 体温下降。

治疗:

1. 检查动物呼吸道,确保其直顺、开通。
2. 止住严重出血。
3. 如可能,立即注射肾上腺素和类固醇药物。
4. 输液,最好静脉输液。如动物能吞咽,可提供口服补液。
5. 保持患畜温暖(不要过热)。
6. 保持患畜安静,避免惊动。

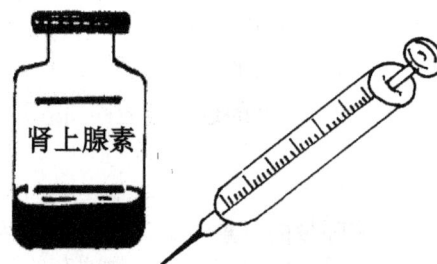

预防休克: 迅速有效地治疗过度疼痛、损伤、感染、中毒,是预防休克的最好方法。发生休克要保证动物呼吸道畅通,止住大量失血,保持畜体温暖,缓解疼痛,避免兴奋或运动。当清楚由某种物质所引起的休克,就要避免再接触。

5.4 一般急救 MINOR FIRST AID

5.4.1 眼损伤·感染·结膜炎

注:结膜炎指眼球周围的眼睑内膜发炎

症状: 眼损伤或受感染而异常发红,不时眨眼睛并有泪水或脓性分泌物从眼内排出。

> **治眼疾的注意要点:**
> - 眼睛非常敏感,眼的损伤非常疼痛。
> - 在检查眼睛前,要洗净双手。
> - 所用药物必须是专用于眼睛而配制的。
> - 急性损伤必须及时治疗。
> - 眼的慢性病难予治愈。

85

治疗：

如果是慢性眼病（即已病很久），告诫畜主，治疗可能不会有大的好转。

如果是急性眼病

- 适当固定动物，并洗好双手。
- 检查眼内有无异物，如可能就把异物取出。

- 检查眼内有色部分是否混浊。混浊是感染与损伤的征状。结膜（围绕眼球的粉红色粘膜）红肿是结膜炎的征兆。

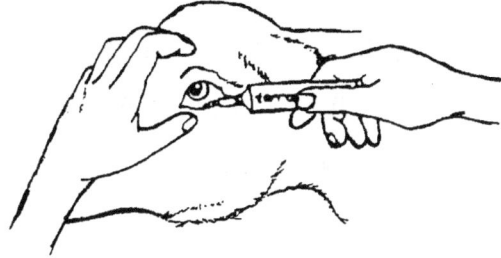

- 用凉开水洗眼。如果可能，在水里加入硼酸，每 100 毫升水内加 1 克硼酸。
- 眼内敷用抗菌素软膏，每天两次，用 7 至 10 天。一定要是专用眼睛的软膏。一般当地有出售用人用的，对动物很安全。

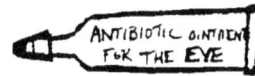

- 保持眼睛清洁。定时洗净过多的分泌物，并要防蝇。

- 如果眼睛有损伤，可用阿托品滴剂或眼用阿托品药膏（如有售的话）。这可缓解疼痛，防止永久性损伤。

注意：*避免阿托品滴剂或药膏误入自己眼内，否则将使你的视力一时模糊。*

5.4.2 除去眼内虫体

用蒸馏水稀释**局部麻醉剂**，制成 0.5％的溶液，滴数毫升于眼内，数分钟后用蒸馏水冲洗。虫体会被蒸馏水冲出。

次要急救包括较小的创伤，如被野兽咬伤、角折和烧伤。此类问题的处理，见第十四章，皮肤系统。

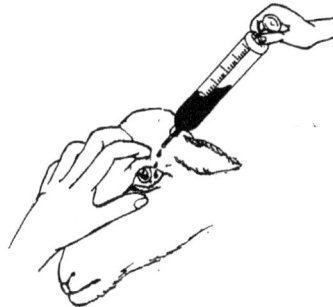

5.4.3 轻度创伤

首先是制止伤口流血，见 78 页。止血后，必须处理伤口以便及早愈合。

5.4.4 角折

角折断需要及时急救以防蝇蛆侵袭。见 225 页。

5.4.5 烧伤

见 220 页。

第六章 传染病：预防与控制
6.0 INFECTIOUS DISEASES: PREVENTION & CONTROL

6.1 定义 DEFINITIONS

传染病： 传染病由活体微生物，如细菌、真菌、寄生虫、原虫、病毒等引起。

传染： 当活体微生物进入体内、繁殖，并致伤害时，称为传染。

接触性传染： 疾病在动物间直接传播。

非接触性传染： 疾病在动物间不直接传播。

微生物： 活体微生物很小。没有特殊的工具，"显微镜"，就无法看见。微生物可能是致病的，也可能不是致病的。

病菌： 造成病害微生物的另一种叫法。

显微镜： 使细小的东西放大的一种仪器。

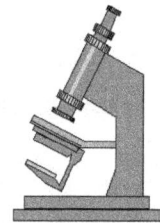

细菌： 细小、单细胞有机体，往往能被抗菌素所杀死。细菌感染病例如炭疽、败血病、丹毒，以及大多数乳房炎和子宫炎病例。

病毒： 是比细菌更小的微生物有机体。现在还没有安全、有效、现成的药物用来杀死进入体内且在细胞内增殖的病毒。抗菌素不能杀死病毒。要靠自身的免疫来战胜病毒。严重的病毒感染病例，如马传染性贫血、口蹄疫、猪霍乱、新城疫，以及牛瘟。病毒病的正确治疗，是对严重症状提供良好的护理。某些病毒病（如马传染性贫血）病毒在感染动物体内会存活很长时间。为了不致成为健康动物的传染源，对慢性带毒的感染动物，采取销毁的办法应为上策。

真菌： 也是一种微生物，最常见的是感染皮肤。抗菌素不能杀死真菌，有时会使真菌感染恶化。治疗严重的真菌感染，需要用杀真菌药物。

原虫： 原虫也是一种单细胞微生物，一般被分类为内寄生虫。蜱和厩蝇叮咬动物时起着携带和扩散某些原虫的作用。治疗原虫感染，需要用特制的针对原虫的药物。原虫感染的病例，如含边虫病、焦虫病、球虫病、小泰勒焦虫病（"东岸热"）和锥虫病。

内寄生虫和外寄生虫： 是一种生活在动物体内和体外的生物体，并对动物造成损害。寄生虫有大而易见的，如圆虫、壁虱等；有小而难于发现的，甚至肉眼不可能看见的，如螨和原虫。

6.2 传染病范例 EXAMPLES OF INFECTIOUS DISEASES

致病微生物	病名	进入体内和扩散途径	治疗
细菌	腹泻	粪便污染的饲料、饮水、或容器	抗菌素
	伤口感染	污物进入伤口	
	肺炎	空气与接触飞沫（咳嗽），鼻腔排出物，污染了的饮料与饮水	
	子宫炎	分娩或产后或流产过程中接触污物	
	乳腺炎	损伤了乳房或乳头，脏的挤奶操作和不卫生的畜舍	
	关节肿胀	粪中的病原菌通过口腔、伤口、或脐带进入体内	
病毒	口蹄疫、牛瘟	由患畜传染（通过空气或唾液）	止痛药如阿斯匹林这些药物不直接作用于病原，只帮助畜体康复
	狂犬病	被咬（唾液）	
真菌	钱癣	动物间接触或厩舍污染	碘剂
原虫	锥虫病	（已感染动物的）血液，昆虫叮咬	专治寄生虫药
	球虫	已感染动物的粪便	专治寄生虫药
内寄生虫	肝片吸虫	由中间宿主（椎实螺）	专治寄生虫药
	圆虫	已感染动物的粪便或污染牧场	专治寄生虫药
外寄生虫	虱	直接接触被侵袭动物或污染厩舍	专治寄生虫药
	伤口内蝇蛆	在开放性伤口里蝇子产卵	专治寄生虫药

6.3 抵抗力和免疫力 RESISTANCE AND IMMUNITY

6.3.1 抵抗力的定义
动物当接触某一致病生物体却不发病或死亡的能力。

6.3.2 抵抗力决定于：
1. **动物的总体健康状态**：动物体质强而健康，抗病力就会好些，而整体健康又取决于：
   - · **营养**。见 97 页。
   - · **存在其他疾病**。存在其他疾病会削弱动物的抗病能力。

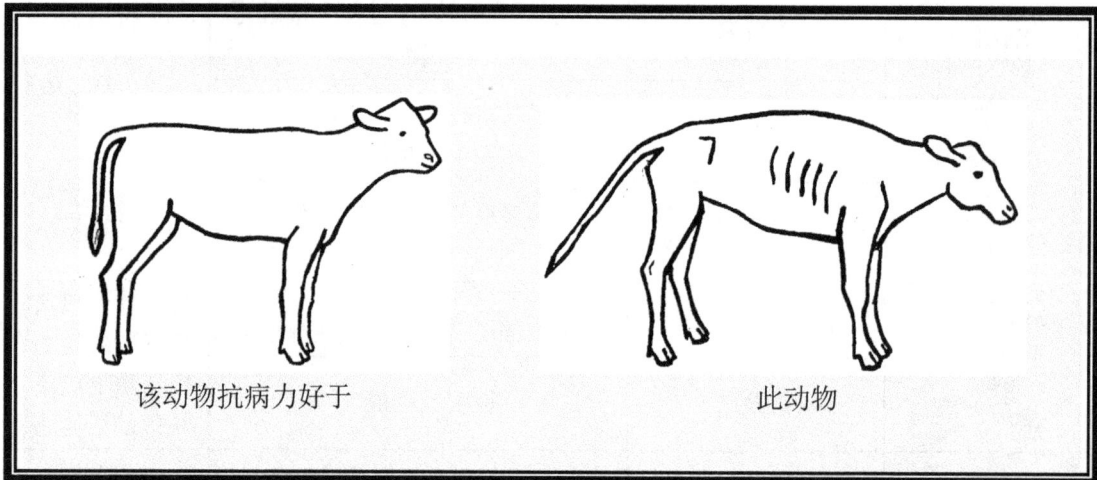

| 该动物抗病力好于 | 此动物 |

- **耐病性**。某些品种的动物经过长期适应过程而获得的性状。例如，非洲牛有厚厚的皮肤，使它们能够抵抗某些通过蚊虫叮咬传播的疾病。

2. **传染性微生物的数量**：如仅有少量微生物进入动物体内，动物可能轻微发病，甚至不发病。

3. **免疫力**：当动物对某一具体传染性有机体产生自身的保护能力时，称免疫力。该动物就称之为对某种有机体"免疫"或对该病具有抗病力。白血细胞保护动物抵抗入侵的，称做"**抗原**"的有机体。白血细胞直接攻击和杀灭传染性有机体而制造称为"**抗体**"的物质来行使该功能。

如果动物具有抗某一致病微生物的抗体，称动物对此微生物所致之病具有"免疫力"或"抵抗力"。

如果对某种疫病没有"免疫力"或"抵抗力"，称该动物对该疫病具有"感病性"。

感病性动物接触传染性有机体时，通常会发病。

6.4 两种类型的免疫 TWO TYPES OF IMMUNITY

6.4.1 被动免疫力

> 要得到这种保护，新生幼畜必须在出生后的第一天里吃到初奶。

某一动物得到其他动物制造的抗体时，而产生了免疫力。这类
免疫力可以立即提供保护，但不持久。新生仔畜从母畜的初奶
中得到抗体（被动免疫力）。没有吃到初奶，幼畜没有抗该地区
常见病的保护力，有可能会死亡。

6.4.2 自动免疫力
这种免疫力是因身体接触某种传染性有机体而产生。当该种有
机体再次进入体内，白血球或抗体会识别它并把它立即消灭。

6.5 利用疫苗提高免疫力 USING VACCINES TO INCREASE IMMUNITY

给动物或人种疫苗是使动物或人接触
某一特定的微生物（或微生物的片断）
使之产生对那种特定病原的自动免疫
能力，疫苗中的微生物是已被杀死或
经改变而不能致病的微生物。大多数疫苗是通过注射，而少数用于口服。

6.5.1 使用疫苗的基本原则
多种疫苗提供着不同的免疫期来对抗不同疫病。一定要按照疫苗上提供的说明和注意事项操
作。牢记以下一般原则：

1. 疫苗应来源于有信誉的厂家。劣质疫苗可能会致命，操作错误有损疫苗的有效性，甚
   至使之无效。当疫苗造成危害或无效，会使农民对兽防员和疫苗本身失去信任。

2. 疫苗是用于**预防**疫病，不作治疗。一但动物发病，再用疫苗预防就太晚了。给病畜疫
   苗，不会提高免疫力，而且可能使病情恶化。

3. 总的来说，不要给病畜疫苗。

4. 有些疫苗会造成流产，所以给孕畜种疫苗一定要按疫苗生产厂家的说明书进行。

5. 多数疫苗提供的保护力是在种疫苗后 1-2 周产生。如果种疫苗时体内已感染了某种病

原，或在种疫苗后 1—2 周内接触了该病原，动物有可能发病。有些疫苗需要注射两次，间隔 3 至 4 周，才能提供有效的免疫力。因此，动物常在种第二次疫苗后数周才有免疫力。兽防员必须详细地向畜主解释清楚，以免在动物产生免疫力前发病而受到责怪。

6.5.2 疫苗的低温保存（冷藏链）

大多数疫苗必须在 0-8℃ 条件下保存。而有些疫苗，如需要保存较长时间(如 1 个月以上)，必须冷冻保存。另一些疫苗，一旦冷冻，就会失效。还有些疫苗，耐冷冻，但在温暖条件下，则会失效。

> **对于疫苗，要按标签说明进行贮藏和处理。**

疫苗从生产之时起，直到使用于畜体时止，在正确的温度条件下保存的过程，称之为"冷藏链"。

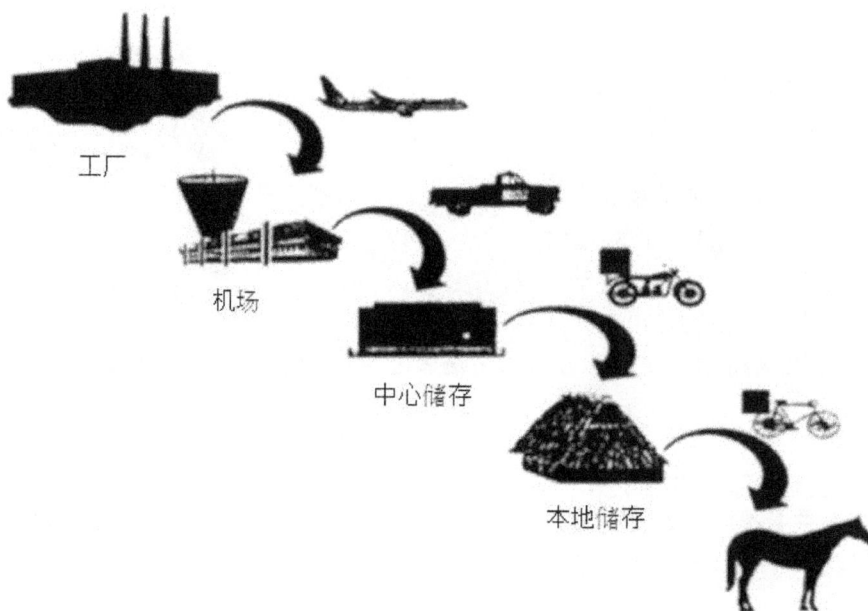

对于多数疫苗来说，如果冷藏链打破了一次，疫苗就会报废，或部分失效。也有一些疫苗不需要冷藏。这类疫苗，称之为"热稳定"疫苗。例如一种新出的牛瘟疫苗，其热稳定期能达 30 天之久。

6.5.3 损坏疫苗效果的五个因素

1．热

多数疫苗是"热敏感"者，必须在冷冻链中保存。必须贮存在 0-8℃的冰箱中，运输中用保温瓶加冻块或冷包装。一旦吸进注射器，就要立即使用。如果用注射器吸满疫苗液又不能很快用完，就要用冷包装，直到再使用。

2．冰冻

对冰冻敏感的疫苗，一旦冰冻，就会失效。大量疫苗，由于意外被冰冻而浪费掉。最好在冰箱内放一只温度计，每天检查。而另一些疫苗需要冰冻，才能保存较长时期。一定要认真遵守厂家说明。

3．日晒

绝不要将盛有疫苗的瓶或注射器在阳光下直晒。在田间工作时，要在有遮荫的地方打开盛疫苗的保温瓶或吸取疫苗，。

4．污染

配制、混匀或吸取疫苗，都必须用灭菌针头和注射器。绝对不可将用过的针头插入疫苗瓶内。因为，这样做会使整瓶疫苗污染，引起发病或注射部位脓肿。

如果怀疑疫苗瓶受到污染，将其丢弃。

5．消毒剂与洗涤剂

消毒剂与洗涤剂都可能致疫苗失效。因此，要避免消毒剂与洗涤剂污染到疫苗。例如，供免疫用的注射器和针头，在没有洗净消毒剂与洗涤剂的残留之前就不能使用。重新灭菌后的针头和注射器，不要再接触消毒剂。灭菌时，只用清水彻底冲洗，再用清洁水煮沸 15 分钟。

DETERGENT
洗涤剂

6.6 预防传染病的重要原则
IMPORTANT PRINCIPLES FOR THE PREVENTION OF INFECTIOUS DISEASES

1. 营养丰富的饲料、充足的饮水和适当的畜舍， 这些有助于保持动物健壮，使之更能抵抗感染。

2. 卫生清洁与草场轮牧

这和营养同等重要。在陈旧、湿粪以及阴暗、低洼、肮脏的场所，病原微生物和寄生虫卵能存活很长时间。如果提供清洁、干燥环境，又有充足阳光，可以防止许多健康问题出现。通过改善环境，下列措施可有助于防病。

· 在**排水良好**的高处地面修筑圈舍和存放牧草。

· **羊棚和草场都要轮换，** 空闲期至少一个月；或在草场上种植作物。当场地闲置，特别是因充分暴露在阳光下，在土壤里的寄生虫幼虫会干枯而死亡。

· 将**哺乳母畜及其幼仔**放在已休牧数月的"新鲜"放牧区。新生仔畜对疾病最易感染。

· **保持饲料和饮水的清洁。** 如果饲养区很脏，采食、饮水时仍然会摄入病原微生物和寄生虫卵。因此，避免将饲料放在地上。设置饲槽和水槽，并能防止动物爬跨和躺卧在里面。

· **清洁长久性建筑，** 经常用肥皂水冲洗，并使表面干燥。移去畜床材料，以清洁的畜床替代。腾空场地后，应清洁处理。闲置 1-3 个月再进新畜。

- **经常移动临时棚舍**，这有极大好处。将棚舍和圈栏移到新场地去。使旧场地让阳光直晒，并且干燥，可以杀死病原微生物和寄生虫卵。

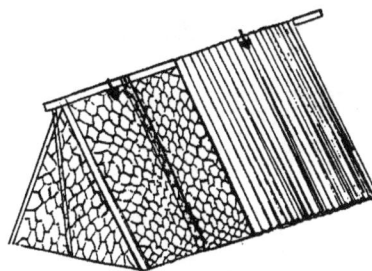

可移动禽舍

- **正确使用消毒剂**。使用消毒剂如石碳酸或漂白粉来杀灭舍内、圈内、槽内病原微生物。事先清除一切有机物，再用消毒剂冲洗，这样的消毒最有效。有些消毒剂具有毒性，使用时注意避免伤及人畜。消毒后的饲槽、水槽，要在清洗后再使用。

消毒剂

3. **使用优质疫苗**。使用已知的、对本地区重要疫病有效的疫苗。

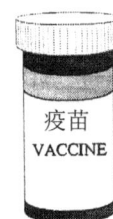

疫苗
VACCINE

4. **定期处理寄生虫问题**。 有效的寄生虫预防、控制和治疗方案，对提高畜群健康和生产起着关键作用。

5. **使用适当的化学药物和药剂控制中间宿主**，如昆虫、壁虱、螨和蜗牛，使用这些药物时注意不要危害环境。

6.7 控制接触性传染病的扩散 CONTROLLING OUTBREAKS OF CONTAGIOUS DISEASES

"**控制**"指某一疫病已经爆发，但必须制止其**扩大**。高度传染性疫病扩散迅速，得到控制也更为困难。多数国家都有**法令**来控制兽疫。执法中，常采用以下办法来控制爆发：

隔离出的病畜

健康家畜

隔离病畜

将病畜与健畜分开，防止传染病扩散。这叫**隔离**。

尽可能避免接触病畜。不允许在病畜群中工作的人们接触健康畜群，以免疾病扩散。买进新畜至少要隔离观察两周，确保新畜健康才能与自己的健畜混群。

判定疾病是如何传播的。

为了执行有效的控制措施，往往要查清疾病是如何扩散的。例如，是否是水源污染或有毒植物？是否接触了传染病患畜？是否是蝇子或其他昆虫"传病媒介"传播的？有时还需要受过流行病学培训的人来调查发病情况和认定发病原因。

封锁疫区

在某种传染病爆发过程中，政府可以宣布某一区域范围为"检疫区"，该区域的动物不得运出或运进。

免疫

使用有效疫苗给健康、但敏感的牲畜接种。疫苗应该是有效并价廉的。

疫苗

恰当地处理死畜 一切死畜必须深埋或焚毁。

畜舍、圈栏和饲槽消毒

如果是传染病爆发，病畜使用过的畜舍、圈栏和饲槽必须彻底清洗、消毒，空置 1-3 个月。

屠宰接触传染病或传染病阳性的动物。

有些政府要求一切接触过某一特定传染病的动物必须予以屠宰，把尸体深埋或焚毁；或对所有动物进行检测，阳性者予以宰杀。在一些国家，由于文化或宗教信仰原因，这一措施不可能施行。

要求健康证书。

不少国家的政府要求动物检疫后才能跨边界运输或到达某地。由兽医或经过培训的兽医人员检疫动物并出具健康证书。无证，动物则不可运转。

加强危险病的申报制度

对于严重传染病，政府要求某些疾病必须报给地区兽医行政部门，以便立即采取措施。这些是指传染性的、致死性的与经济上有重要意义的疫病，如出血性败血病、口蹄疫、牛瘟、非洲猪瘟、猪丹毒以及新城疫。

追踪调查流行病
"疫病监测"

对于严重传染病，政府可以建立疫病报告制度，称"疫病监测"来了解以下问题：

1．何种动物受到感染，数量是多少？

2．高危险疫区在哪里？

3．多少头濒死动物？

4．发病数增加还是减少？有无季节性或周期性？

5．根据这些资料，兽医卫生行政部门就能决定问题的严重程度，针对疫源、疫区和动物作出疫病防制方面的努力。

第七章 营养 7.0 NUTRITION

7.1 了解营养的三个关键问题 THREE KEYS TO UNDERSTANDING NUTRITION

1. **不同动物需要不同的养分；同一动物在生长的不同时期需要的养分也不同。**
   例如：成长中的牛犊、泌乳母牛、成年公牛需要不同的养分。
2. **饲料不同，提供的养分也不同**：根据饲料提供的主要养分，饲料可分为不同类型。
3. **家畜需要平衡的、各种类型中的不同饲料来维持其健康和生育能力。**
   单一饲料，其本身不能提供身体需要的全部养分。
   例外：新生幼畜能从母乳中得到所需的全部养分。

再论营养：

有五种不同的养分类型，每种类型的养分在动物体内起着不同的作用。如果身体缺少某种养分，我们就说某种**营养缺乏**。

7.2 营养的五大类 FIVE GROUPS OF NUTRIENTS

1·蛋白质：建造身体的饲料 Proteins: Body Building Foods

蛋白质用于身体的生长和奶的生产。

需要饮食中含更多蛋白质的动物：
- ·泌乳母畜
- ·妊娠后期的母畜
- ·年轻、生长中的动物，特别是断奶后的幼畜

含高蛋白质的饲料：

- 乳与乳制品
- 豆类、羽扁豆及其产品（如大豆饼粉）
- 油籽饼粉（如菜籽饼粉）
- 特种"豆科"饲料（如三叶草、银合欢树叶、苜蓿）
- 肉/鱼副产物（如血粉、鱼粉）

蛋白质含量一般的饲料：

- 仍然青嫩的禾本科草（未成熟与结籽前）
- 在禾本科草仍然绿色时青割制成的干草和青贮料
- 粮食和粮食副产品（如优质米皮糠）
- 酿酒副产品

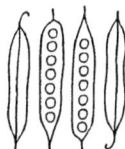

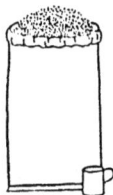

蛋白质缺乏：

（常见于年幼动物）

年幼动物表现消瘦、病态、往往大腹、大头、瘦腿，生长缓慢，被毛粗糙。

成年动物比正常者产乳量少，所生胎儿体重轻，孱弱。

蛋白质缺乏的治疗：
多喂含高蛋白质的饲料！

预防蛋白质缺乏：
在蛋白质缺乏的征兆出现前，对幼畜、泌乳母畜（哺乳母畜），以及妊娠后期母畜喂给含蛋白质高的饲料。

注：**优化选择使用价格高的饲料！**蛋白质饲料较贵，应留给最需要的动物（例如：幼畜、妊娠和泌乳母畜）。

2. 碳水化合物与脂肪：能量饲料 Carbohydrates and Fats: Energy giving foods

能量用于日常活动，如行走、咀嚼、做工、生长、产奶以及保持体温。当动物食入超过需要的能量时，才能以脂肪的形式，将多余的能量贮存于体内。

碳水化合物占大多数家畜日粮成分的大部分，约占总食量的75-80%。

特别需要能量的动物：
- 产奶动物
- 生长期动物
- 在寒冷气候条件下的动物
- 役畜

"能量"主要储存于：
- 粮食（小麦、麦麸、玉米、大麦）
- 大米与米糠
- 干果与鲜果
- 红薯、马铃薯和其他块根
- 糖糟与其他制糖副产品
- 酿酒副产品
- 动物脂肪副产品
- 蔬菜和食物垃圾
- 嫩绿禾本科草
- 嫩绿时刈割的饲料

重要： 老的干草和稻草只含有少量动物可利用的能量。只有草食动物才能消化这些粗饲料，如干草、稻草，。

能量缺乏的症状：

- 消瘦
- 产奶量低
- 成年役畜缺乏体力

注： 能量和蛋白质缺乏是相关的，动物常同时表现这两种症状。

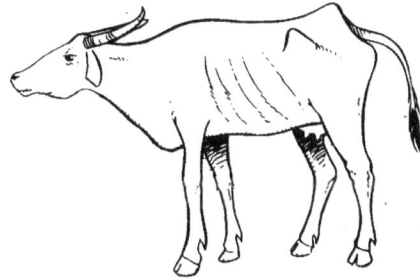

治疗能量缺乏：

- 增加含丰富能量的饲料。

预防： 幼畜、孕畜，泌乳的动物，还有在寒冷气候条件下的动物在掉膘之前多喂给含丰富能量的饲料。

注： 未得到充足能量的母猪，到仔猪断奶时会变成极度消瘦，这样的母猪往往在断奶后数月才能再配上种。

3 · 矿物质 Minerals

健康的骨骼与牙齿，以及正常的生理功能与泌乳都需要矿物质。所有动物都需要少量食盐来维持身体的正常功能。

特别需要矿物质的动物：
-年幼、生长、吃乳的仔畜。
-泌乳母畜

矿物质源饲料

-乳
-食盐
-骨粉，蛋壳粉、贝壳
-糖蜜
-草料、土壤、石灰石
-专门配制的畜用矿物质合剂

动物食入土壤中缺乏某种矿物质所产出的饲料，会缺乏同种矿物质，除非以另一来源的矿物质予以补充。

当动物只在一个区域吃一种食物，或只在一个地方吃草，常常会产生营养缺乏。

例如，泌乳母猪只吃谷物及其副产品，会发生钙缺乏。变得瘦弱，首先表现出后肢无力，直到不能完全站立。

矿物质缺乏的症状

-动物舔食和咀嚼任何含盐物

-动物咀嚼陈旧的骨头

-幼畜肋骨有隆起或腿畸形

-幼小的哺乳仔猪无明显原因死亡
（碘缺乏）

-母猪作狗坐，不能站立（钙缺乏）

-泌乳奶牛，尤其是高产奶牛，突然不能
站立（钙缺乏）

-不育

矿物质缺乏的预防与治疗

查出当地土壤中所缺乏的矿物质，热带地
区的土壤常常缺磷

利用来源方便的矿物质源，如骨粉、贝壳
粉、草木灰，且能就地取材、价格便宜。

饲喂多种饲料或在多个区域放牧。

喂食盐，但要充分供应饮水（尤其是猪）。
一般来说，动物仅食入其所需要的食盐量
。如碘缺乏，食盐里加入适量的碘。

不要花钱买价格昂贵的矿物质合剂，除非
是在信得过人的建议下使用。许多销售商
推销一些不是必需的矿物质合剂。

注意：尽管动物需要一些食盐，但
过多食盐会有害，千万不要给动物灌服
食盐。随时提供充足新鲜饮水，以防食
盐中毒。

4·维生素：保健性饲料　Vitamins:　Protective Foods

动物的生长、繁殖和正常生理功能需要少量维生素。防止疾病和促进伤口愈合也需要体内的维生素。

特别需要维生素的动物：
　　-幼小动物和妊娠与泌乳的动物。

维生素的源饲料
　　-新鲜、青绿饲草
　　-新鲜水果与蔬菜
　　-蛋白质源饲料提供少量维生素。

维生素缺乏引起的症状
　　依所缺维生素的种类和动物的种类而定。（见311页。该页列出了最常见的维生素缺乏症。）

维生素缺乏症的治疗
　　最廉价的方法是提供嫩绿饲料，除非动物不能吃食。
　　没有经验的兽防员往往给病畜注射不必要的维生素。有时这是出于畜主要求兽防员"打针"的压力。

新鲜、充足、持续的饮水对身体的各项功能都极为重要。

需要大量水的动物：
-病畜，尤其是腹泻或呕吐的动物。
-泌乳动物
-役畜
-生活在热和干燥气候的动物

水的来源

所有饲料都含有一定的水分，尤其是新鲜的青绿饲料。尽管某些动物仅靠饲料中的水分可以生存，但要保持好的健康与生育状况，仅靠饲料中的水分是不够的。

所有动物都要给予清洁、新鲜的饮水，每天至少给水四次。 给水时，还要给予充分时间任其充分饮够。如果喝完了，还要添加。

最好的方法是随时供给新鲜饮水。

脱水/缺水

猪食盐中毒（缺水）
出现的发抖与痉挛

7.3 饲养家畜的几条原则与提示 GUIDELINES & HINTS FOR FEEDING LIVESTOCK

1. 提供平衡的日用饮食，既有含蛋白质的饲料，又有含碳水化合物的饲料。

2. 优质饲料应优先供给孕畜、哺乳母畜以及在生长中的动物。这些动物的饮食里需要较多的蛋白质。

3. 肉用成年家畜、成年阉牛和不使役的水牛、非孕后期的母畜或非产奶母畜可以喂给蛋白质含量较低或质量差些的饲料。

4. 避免突然改变日用饮食。比如吃干草或稻草杆的动物，突然改变成吃青草往往会引起腹泻或臌胀。

5. 所有动物，抱括放牧动物都需要新鲜、清洁的饮水。在进食前提供饮水，可以避免胀气。

6. **当家畜获得足够的水、能量和蛋白质饲料时，矿物质和维生素就能发挥其最佳效果。**如果饲养不好，抗菌素、维生素或矿物质注射都不能使你的家畜健康和多生产。将能量饲料和蛋白质饲料很好地配合起来，加上寻找当地的维生素源饲料（青绿饲料）以及矿物质来饲喂动物，是更为有效又价廉。

7. 年轻幼畜，特别在断奶期间，需要较多的蛋白质。饮食里应含些蛋白质饲料，如黄豆或富含蛋白质的饲草。

第八章　皮肤上发现的寄生虫 8.0 PARASITES FOUND ON THE SKIN

皮肤表面和皮内出现的寄生虫，通常称做"外寄生虫"或"外寄生物。"蝇子、蝇蛆与虱子叫**昆虫**，昆虫在成虫阶段，有 6 只脚。蜱和疥螨称为蜘蛛纲动物，蜘蛛纲动物的成虫阶段有 8 只脚。引起钱癣的外寄生物是一种细小的植物样生物体，叫**真菌**。大多数外寄生物肉眼都能够看见。但是，像真菌以及一些细小的疥螨，要在显微镜的帮助下，才能看到。

皮肤上发现的重要寄生虫如壁虱、虱子、蝇、蚤；皮内发现的如真菌、螨类、蝇蛆、螺旋蛆以及牛皮蝇蛆（牛皮蝇），都是重要的寄生虫。

家畜的许多重要疾病是由蜱传播的。因此，本章首先论述蜱。蜱的这一节，有使用化学药品杀灭蜱的原理。这些用于控制蜱的原理同样可用于其他寄生虫的防制。

8.1 家畜外寄生虫的通常症状 GENERAL SYMPTOMS OF EXTERNAL PARASITES

- 瘙痒
- 擦拭
- 皮毛脱落
- 皮肤有伤
- 皮肤干燥、多鳞屑并增厚
- 有寄生虫体或虫卵

猪体有虱子或疥螨，在不停地擦痒

螨与虱致皮毛脱落、干燥、多鳞屑

禽的腿螨致鳞屑腿

107

8.2 外寄生虫的一般防制方法 GENERAL CONTROL OF EXTERNAL PARASITES

许多外寄生虫都可用药物来控制（用农药或杀虫剂），杀虫剂有液剂、粉剂。还有许多传统方法用来防治外寄生虫也很有效。例如，烟草叶制成的杀虫剂，见 120 页。

使用杀虫剂的几种常用方法：
- **喷雾法**：将杀虫剂混在水里喷洒在动物体表。
- **喷粉与粉袋法**：直接喷粉或将药物放在袋内在动物体表擦拭。
- **背擦袋法**：将药物与油混合放在背擦袋内供动物擦拭。
- **耳标法**：一些耳标内有杀虫剂，向动物体内缓慢地释放化学药物。
- **直接敷用**：用布、海棉、毛刷将杀虫剂直接涂敷在有寄生虫的皮肤患处。
- **浇淋法**：将少量杀虫剂液剂浇在动物的背上，被吸收入血液循环，从而杀灭寄生在身体各个部位的外寄生虫。
- **药浴法**：将杀虫剂配成水浴液，将动物药浴或药浸。
- **注射法**：有一些注射药物，如"伊维菌素"或叫"阿维菌素"能杀灭多种体内外寄生虫。向当地专家咨询有关治疗外寄生虫和在当地有出售的药品。

注意：杀外寄生虫的药物都具毒性，成功的治疗是杀灭寄生虫但不伤害家畜。得到有效的驱虫工作，在于选择正确的药品，准确的用药剂量和恰当的应用时间。某些药物如果使用不当，还会污染饲料和水源，野生鱼类和有益的昆虫也会受到杀害。

8.3 壁虱（蜱）TICKS

壁虱能附着在动物的皮肤上，有时进入耳壳内或附着在乳房、阴囊、尾根、肛门和外阴周围。

症状与诊断/生活史

直接损害：蜱通过吸动物血而造成直接危害，并致：
- 生长缓慢和/或减轻体重
- 贫血与虚弱
- 损坏皮革和损伤乳头
- 发生舔、擦，影响正常放牧
- 皮肤溃疡或龟裂，发生感染与吸引螺旋蝇
- 降低受胎率和/或产乳量
- 降低对其他疾病的免疫力
- 引发麻痹

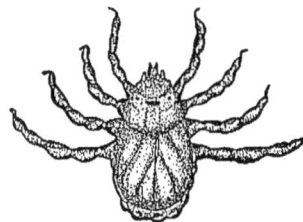

间接伤害：蜱携带和传播严重疾病，如边虫病、焦虫病、心水病（反刍动物立克次体病）以及泰勒虫病。这些病因是由蜱传播的，称之为"蜱传病"，。

蜱的生活史

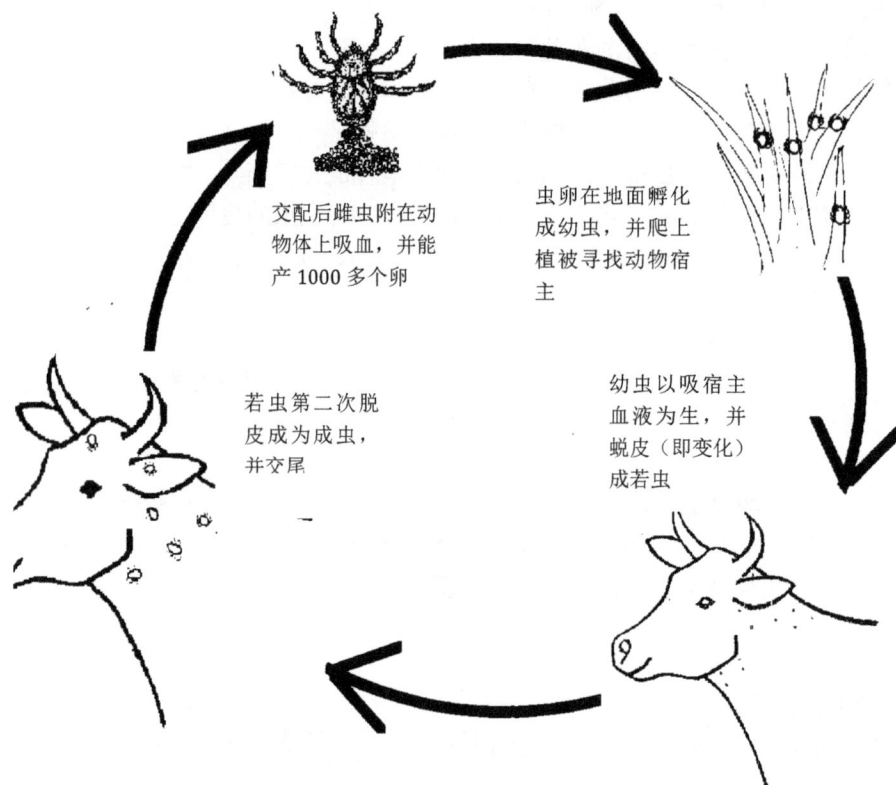

交配后雌虫附在动物体上吸血，并能产1000多个卵

虫卵在地面孵化成幼虫，并爬上植被寻找动物宿主

幼虫以吸宿主血液为生，并蜕皮（即变化）成若虫

若虫第二次脱皮成为成虫，并交尾

在蜱的生活史里，蜱在地面和在宿主动物身上各占一定时间。在宿主身上的时间随蜱的种类而异。蜱从一个阶段到另一阶段的过程，称之为"蜕皮"。一般来说，卵产在地面，孵化成6只脚的幼虫，幼虫附着在宿主动物身上吸血后，蜕化（变化）成8只脚的若虫，继续在动物身上吸足血后，掉落在地面。在地面蜕化成成虫蜱。成虫蜱爬在草与灌木上，附着在过往动物身上，交配、吸血。雌蜱掉落，离开宿主，在地上产卵，又再次循环。整个周期要1年，2年或3年，依蜱的种类和气候条件而定。

蜱的种类

按蜱体的坚实度，将蜱分为"硬蜱"与"软蜱"。又可根据其生活史里寄生的宿主种类和数量，进而将蜱分为"单宿主"、"双宿主"或"三宿主"蜱。"单宿主"蜱，在其从幼虫、若虫到成虫，寄生在同一畜体上，只在产卵时掉落到地面。"双宿主"或"三宿主"蜱在其发育的不同阶段改换宿主。

· 控制蜱的措施随蜱的种类而有不同。在澳大利亚和拉丁美洲只有单宿主蜱，而非洲和北美有"单宿主"、"双宿主"和"三宿主"，三类蜱。

对蜱或蜱传病的天然抵抗力或后天获得性抵抗力

从无蜱地区进口的动物，如欧洲品种，对蜱和蜱传病的抵抗力很低。有些动物，如"瘤牛型"牛对蜱和蜱传病有较高的天然抵抗力。出生和饲养在蜱侵袭区的动物比进口种类更具抵抗力。即使抵抗力很强的动物，如果长期不接触蜱也会失去对蜱的抵抗力。

> **警告！** 引进对蜱抵抗力低的动物到蜱侵袭区可能是一种灾难。许多动物可能因蜱致病或受到大量蜱的袭扰。进口牛较当地牛往往需要更多的控制蜱的措施。

诊断： 在畜体上发现蜱可提供明确的诊断。也可根据观察到的症状，并了解当地蜱是比较常见，而得出诊断。

治疗/控制和预防： 用以杀蜱的化学药品，称为"杀螨剂"、"杀虫剂"或"杀蜱剂"。

控制蜱较好的方案需要以下资料：

- 该地区蜱的主要种类是哪些？单、双或三宿主蜱？
- 多少动物在该地区因蜱传病致死、致病？
- 哪个地区、季节、何种动物发病？
- 有何种杀螨剂可供使用、什么制剂以及价格如何？
- 该地区有无具有抗药性的蜱，抗何种杀蜱剂？

农业推广部门或所在国家的农业院校通常知道这些信息。

危险！！！（以下各点对大多数杀虫剂都适用—不仅适用于杀蜱剂。）

·如果配制不适当，所有杀虫剂都具有毒性。

·杀虫剂必须安全贮存，远离儿童与动物。

·所有杀虫剂都有附带的使用说明书。仔细阅读使用说明书，并按其操作。不要用无标签的或无说明书的杀虫剂。如果不知道如何混合，向懂得使用的人请教。否则，不要使用。

·从有信誉的化学药品厂购买杀虫剂。

·确保手边有解毒剂（或中毒治疗措施），以便在用药过量而发生中毒时进行处理。知道如何解毒。迅速地得到解毒剂极为重要，特别是在进行大群动物驱虫时。

> **提示！！**
> ·避免杀虫剂溅泼在自己的皮肤或眼内。
> ·在混药与用药时戴橡皮手套。
> ·避免杀虫剂污染饮水或饲料。
> ·不要把不同的杀虫剂混在一起，除非厂家指明该药物可以混用。

关于各种方法的详细说明，见 26 章。"控制外寄生虫杀虫剂的使用。"

通过草场管理控制蜱

此法在澳大利亚和部分南美洲地区可能凑效，因为这些地区只有单宿主蜱存在，且很少有野生动物维持蜱的虫口量。在蜱侵袭区周围用围篱圈住，在 3—6 个月内不让家畜进入。此时，蜱因无宿主寄生而死亡。隔开时间的长短，依温度和湿度而定。热与干燥气候致蜱死亡时间（约 3 个月）快于冷湿气候。在强风地区，蜱的牧场管理控制可能失败，因为强风能卷带蜱幼虫很长的距离，使牧场再度受到侵袭。

在有许多野生动物，并有双宿主和三宿主蜱种的地方，用草场管理来控制蜱的措施是没有果效的。

蜱控制的无效方法

火烧：有些地区想用放火烧草的办法来控制蜱。这种方法不是很有效的，因为虫卵和幼虫深埋在土壤里受到保护。这种做法对环境也是有害的，火烧毁了土壤里的有机物质，使土壤的肥力降低。

草场喷洒：草场喷洒药液的办法，一则不是很有效，再则费用高。还可能污染饮水和杀灭有益昆虫，从而破坏环境。

> **用喷洒药液或放火烧荒来防制蜱，既无效又降低环境质量。**

8.4 蚤 FLEAS

蚤类是跳行的昆虫，叮咬与吸血。尽管畜主讨厌跳蚤，但跳蚤不对家畜造成严重威胁。如果畜舍内跳蚤太多，可因吸血和叮咬的剧烈刺激而严重致弱家畜。

畜体的跳蚤也能叮咬接近畜舍的人，致奇痒和不安。如果人畜共居一舍，跳蚤可危害人的健康。

蚤

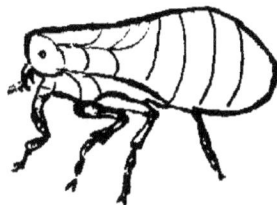

生活史：跳蚤难予防制。因为它的四个发育期（虫卵、幼虫、蛹、成虫），只有成虫阶段在畜体上生活，其他三个阶段都是匿藏于畜床、衣被、地毯、家具、肮脏的缝隙以及堆有垃圾的墙边屋角。

症状/诊断：主要症状是奇痒和擦拭。部分人与畜对蚤的叮咬产生过敏反应。如找到跳行的成虫就可建立诊断。或者，看到像污迹样的小黑点，这些黑斑迹实际是蚤类的粪便。检测黑斑的方法是将黑斑放在白纸上，加几滴水于其上。红色斑会出现在纸上，这是因粪便中有跳蚤所吸血液的颜色。

治疗：在畜体上喷洒杀虫粉剂或杀虫雾剂都能减缓跳蚤问题，但这只能杀死恰好在畜体上的跳蚤。在动物体外的，还会再侵袭畜体。使用药物时，注意其标签说明。注：一些注射用药物或喷洒药物进入动物血液对控制蚤类和其他昆虫也很有效。不过，这些药物价格偏高。

预防/控制：使用任何喷洒剂或粉剂杀虫之前，畜舍也要进行彻底清洁。尤其要清除堆放在墙边角落的垃圾和为蚤类提供庇护的皮质或布质杂物。这些地方都应喷洒杀虫剂。，

8.5 虱 LICE

虱子，依其口器和吸血方式可分为叮咬型与吸血型。这两种类型的虱子都能危害家畜。它们似乎主要侵害营养不良的和年幼的家畜。一般说来，虱的寄主有专一性，即寄生于某一种动物的虱子不侵袭另一种动物。

虱子寄生于被毛上。它们叮咬皮肤或靠吸血生活，使动物受到刺激。动物身上有虱子会用去较多时间擦拭与搔痒，并致皮毛受损。虱卵呈白色，称虱卵。拨开毛发，仔细搜寻，可在被毛浓密的近皮肤处找到虱卵。
- 猪的吸血虱常见于头颈部和四肢内侧。主要致猪不安、擦拭、骚扰，减少了采食时间，使猪消瘦，影响健康。
- 水牛，虱卵附着在毛上，除对幼牛和营养不良的水牛造成损害外，未见其他重要伤害。

- 厚毛绵羊受到大量虱的侵袭会损坏羊毛。
- 鸡，受到虱的叮咬，会导致体重和产蛋量减低。
- 骆驼、马驼、羊驼，虱会致奇痒与皮屑增加，甚至出现脂溢性皮炎。

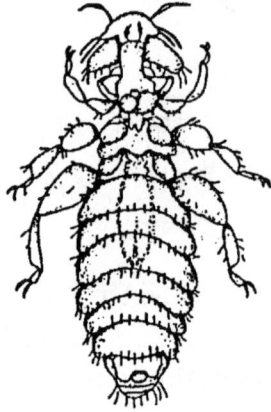

叮咬虱

生活史： 成虫虱子都在畜体上寄生。虱子的侵染扩散是通过动物间的直接接触或通过沾有虱子的设备。一般来说，成年虱子离开畜体后存活不超过一周。

症状/诊断： 动物奇痒和擦拭，可以观察到对皮、毛和绒毛的伤害。

治疗/控制： 多种浸浴剂、喷雾剂、或直接将药液涂敷在畜体上，都对灭虱有效。伊维菌素（Ivermectin）注射治疗吸血虱的效果很好，但对叮咬虱无效。受到严重侵袭的病例，需要10-21天后重复治疗一次，以杀灭初次治疗前的虫卵孵化出的虱子。

8.6 螨类 MITES

成年螨非常小，有八条腿。如果没有显微镜或放大镜，螨很难被看清楚。在家畜，螨类造成的损害称"疥癣病"。疥癣病是绵羊、山羊、水牛、牛，猪、兔、骆驼、马驼、羊驼的常见皮肤病。

人类也有自己的致病螨类，称"疥疮"，这在儿童中常见。人因接触动物偶而会感染兽螨，这会造成短期的瘙痒与不适，因兽螨在人体上只能短时间存活。

螨类穴居于皮肤内，引起极度刺激与瘙痒。绵羊有一种特殊类型的螨，除致奇痒症状外，还形成结痂。受到这类螨虫侵袭的绵羊表现极度消瘦与虚弱。这种病通常称"羊疥"。羊疥具有很强的传播性和危害性，并能传播给牛和其他动物。兽防员如果怀疑到羊疥，应该向当地兽医部门报告。

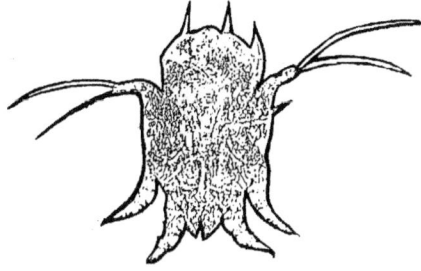

常见的疥螨

螨的生活史： 成年螨寄生在皮肤内外，穴居在皮内后产卵。动物直接相互接触，就会扩大传播；也可通过刷拭工具或笼套挽具传播。

症状/诊断：

Ⅰ 型疥癣： 见有奇痒、擦拭，皮肤、被毛损伤。如果抗疥治疗无效，就要刮取皮肤，放在显微镜下检查。如果患的是疥癣，就可在刮取物中找到螨虫。

Ⅱ 型疥癣： 另一种不表现奇痒的疥癣，称之为"蠕螨疥癣"。由头、肩和颈部开始，先出现小块隆起，内含脓稠的脂样物质，有时化脓。皮肤增厚，并形成严重皱褶。患畜可能自然好转。Ⅱ型疥癣很难治愈。显微镜检查脓块的刮取物可见有蠕螨虫。

治疗/控制： 如上所述，蠕螨疥癣的治疗极难。治疗各型疥螨都必须先用肥皂水彻底洗净患畜。如果出现伤口感染，还得用抗菌素治疗。长效青霉素（苄星青霉素）或阿莫西林抗皮肤感染药往往很有效。几种方法可用于通过杀死疥螨来治疗疥癣。

硫磺软膏， 其制作是 1 份硫磺加 10 份食用油。将合剂涂擦患处，至少一周一次，持续 4—5 周。此法安全且易操作。

机油， 机油用于猪、水牛、牛犊十分有效。在感染初期，用少量废机油在患处涂擦。不要用废机油涂擦大面积和感染的患处，因其可能含有毒性化学物质，造成动物中毒。与用硫磺软膏相同，需每周用机油一次，持续 4—5 周。

苯甲酸苄酯， 苯甲酸苄酯对兔的耳螨十分有效，先将兔耳用消毒水洗净，滴数滴药物于耳内，然后给耳部按摩。至少一周一次，持续 4—5 周。有人喜欢定期如此处理，以预防耳螨。

萨硫磷、马拉硫磷或其他杀虫剂，按标签说明使用。

伊维菌素可用于一些种类的疥癣，不过价格昂贵。

8.7 蝇 FLIES

蝇在几个方面危害家畜健康：

· 刺激动物，影响动物吃食与休息。
· 当大量蝇子叮咬畜体，会使畜体变弱。
· 蝇带菌，而致伤口与眼睛感染。
· 有几种蝇在畜体上产卵，孵化成蝇蛆。蝇蛆吃动物的皮、肉，造成严重组织损伤。
· 叮咬蝇类能传播血液传播疾病（血传病）。如非洲的舌蝇（采采蝇）传播锥虫病。

蝇的生活史

蝇类都有一个共同的生活史，即成蝇交尾后产卵。卵孵化成幼虫（有时称蛆）。蝇蛆发育成蛹再成为成虫。有多种蝇，其生活周期可在一周内完成，但也有长到一年的。

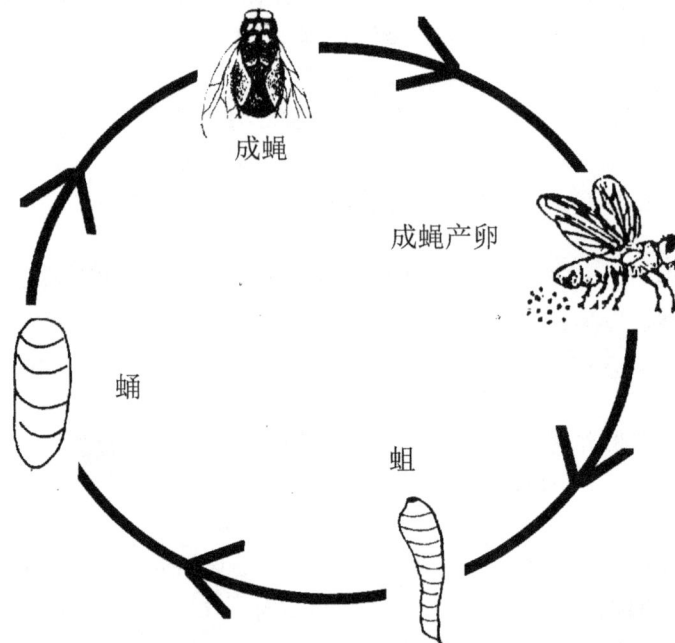

症状/诊断：成蝇显而易见。家畜受到蝇的困扰常出现严重不安、聚群跑动，因要躲避叮咬、嗡嗡声和刺激。还有些蝇种，以昆虫幼虫形式（蝇蛆），造成动物健康问题。幼虫侵害的诊断往往需要仔细观察。

治疗/控制：蝇难于彻底控制，但有多种方法可以减少蝇的数量和蝇患的严重程度。

· 清除可让蝇蛆发育的地方。
· 把粪便在草场上撒开，这样干燥得快，蝇卵在干燥的粪便里不能孵化与发育。
· 鸭吃虫子，鸡吃蜱，鸡、鸭与其他动物，如牛，同舍，有利于控制蝇与蜱。
· 覆盖或移走腐烂的东西、粪便、堆肥，这些是蝇蛆孳生的地方。

与使用治蜱的药物一样，用**杀虫剂**灭蝇时也要特别小心，请仔细阅读 108 页与 26 章，杀虫剂附录。

· **直接应用**：杀虫剂可通过喷雾、浇淋、装有药物的耳标直接用于畜体。除虫菊酯类杀虫剂对蝇十分有效。

· **自动敷药器或背擦袋**，制作方法是用一布袋，内装杀虫粉或浸有油类的杀虫剂。蝇毒磷可以混于油内或作为粉剂应用。（将 300 毫升 11.6% 的蝇毒磷乳油混入 4000 毫升柴油中。）

· 将粉剂放在粗麻布袋内，或将粗麻布袋浸入油中。将麻袋绕在树上，柱上或绕在两柱之间的铁丝上，动物自行擦拭防蝇，粗麻布袋要数周更换一次。

母牛在盛有杀虫剂的背擦袋下通过

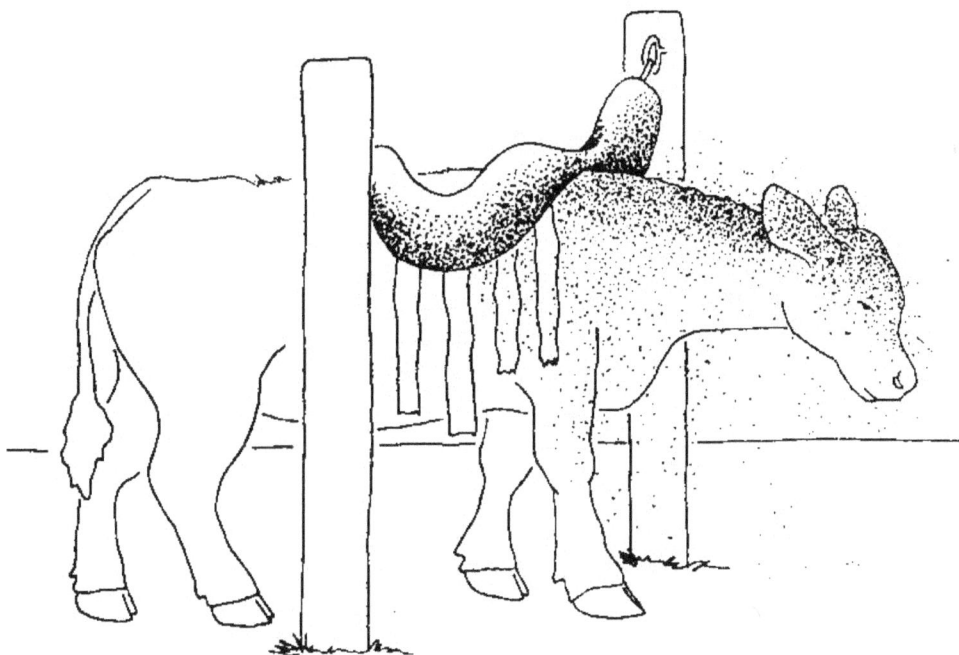

8.7.1 蝇类危害的实例 EXAMPLES OF FLY PROBLEMS

8.7.1.1 蠓（库蠓属），蚋（蚋属），蚊（库蚊属）

- 蠓传播的疾病，如绵羊的蓝舌病。
- 蠓出现在潮湿处，在沼泽处繁殖。常出现在天气凉爽的地方。
- 蠓极小（1—3毫米长）。
- 蚋（5毫米长），在流水中繁殖。
- 蚊在静水中繁殖，难于控制。应排除积水，因蚊在积水中滋生。
- 使动物远离潮湿、沼泽地，尤其在清晨和黄昏时段，此时正是蚊蚋觅食时刻。
- 使用驱虫剂，通常是每天一次，在一年的某一季节使用。
- 关于其他杀虫剂，应按当地专家建议使用。

8.7.1.2 角蝇和水牛蝇

- 角蝇常见于美洲与北非；水牛蝇见于亚洲和澳洲。
- 角蝇和水牛蝇的叮咬都使动物受刺激。
- 在粪便内繁殖，而成虫几乎完全在牲畜体上生活。数以千计的蝇群可寄生在一头动物身上。
- 使用杀虫的背袋（如上图）有良好的效果。

8.7.1.3 家蝇与丛林蝇

- 家蝇世界各地都有；丛林蝇出现在澳洲。
- 两种蝇皆能引起动物不得安静，皆传播疾病。
- 控制措施包括适当地处理畜粪，使用蝇诱杀剂 。如果将畜粪撒开、干得快，家蝇的数量就会减少。

8.7.1.4 厩蝇（螯蝇属）

- 外形似家蝇，但能咬食皮肤，致叮咬部位流血。厩蝇叮咬时非常刺痛。
- 控制的方法包括清除畜粪和腐败的东西。如果清洁卫生搞得好，不必用杀虫剂。

8.7.1.5 马蝇（虻类）

- 马蝇的叮咬类似厩蝇，造成剧痛，并在皮肤上留下开放性伤口。
- 如果数量太多，马蝇会致动物因失血而虚弱。
- 马蝇能传播锥虫病。
- 难于控制。因马蝇在畜体上时间短。驱虫剂有效，但要多次使用。

8.7.1.6 绵羊蜱蝇（绵羊蝇）

- 羊蜱蝇实际上是无翅膀的蝇，寄生在羊毛上，状似大虱子，叮咬与吸血。受侵绵羊擦痒而损害羊毛。
- 浸浴与喷撒药物是有效控制方法。

8.7.1.7 采采蝇 （非洲）

- 舌蝇（采采蝇）会叮咬与吸血。在吸血过程中传播锥虫病，见 275 页。
- 舌蝇不易控制。凡有舌蝇的地方，除非使用昂贵的防治手段，否则大部分品种的牛都无法饲养。在有舌蝇的地方，要避免锥虫病，需要向就近的技术推广人员咨询关于制作和使用舌蝇诱杀工具的可能性。有几种新的捕杀工具，用的杀虫剂少，且制作简单。

舌蝇

8.7.1.8 蝇蛆侵害（蝇蛆病）

蛆是蝇的幼虫阶段。蛆在活畜体内、外寄生，发育，这称之为蝇蛆病。蛆在畜体的伤口内或粘在皮肤上的湿粪内可致严重问题。在蝇类活动季节，蛆的侵袭常出现在阉割切口、损伤、口蹄疫的溃疡面、伤口、角折处、新生幼畜的脐带、绵羊的尾内侧以及腹泻动物的肛门周围。

症状与诊断：成虫蝇交配、产卵，此卵孵出幼虫（蛆）。幼虫爬进伤口，蛆既损坏组织，又影响伤口愈合。蝇可直接将卵产在绵羊、山羊的鼻孔内或其周围。卵孵化成蛆，蛆沿鼻孔而上，进入鼻窦，甚至进入角内。有这些蝇蛆的动物表现摇头、以角顶擦、喷嚏以及行动不安。

治疗与预防/蝇蛆病的控制：

这确实是一个**防重于治**的实例！

预防的方法：

- 将尾部的毛剪短，以免畜粪粘在毛上。
- 治好引起腹泻和弄脏羊毛的疾病，如寄生虫病等。
- 特别多毛的绵羊，可使用一种长效杀虫剂来防制蝇蛆。
在多蝇季节，所有伤口都必须仔细护理。在伤口周围拍洒杀虫粉，在伤口里施放杀虫软膏，甚至家庭处方，可防蝇蛆侵袭。（注：杀虫剂和家庭处方能刺激组织，从而延缓愈合过程，最好是保持伤口清洁和覆盖伤口，以及在敷料上用驱虫剂。如不可能，只好直接将药物用于伤口来防蝇蛆病的出现了。）

治疗的方法：

- ·剪掉伤口周围的毛来充分暴露蝇蛆。
- ·用肥皂水或消毒药水（如*沙威隆*）清洁伤口。
- ·用本地有效方法杀蛆或把蛆驱出伤口。
    - 将樟脑丸粉碎，溶于水中，将水溶液喷洒在伤口内。
    - 液体杀虫剂，用喷洒、刷、或海绵把液体杀虫剂施放在出现蛆的创面。若使用有机磷类杀虫剂，如敌匹硫磷或氯苯烯磷酯（氯烯磷）等杀蛆，约 6 小时即可将蛆杀死。
    - 松节油、臭药水，甚至煤油都可使用，将浸有药液的纱布或清洁布覆盖在受蛆侵袭的伤口上，再用绷带或布条固定之。
    - 还有其他的当地自制的溶液，如烟草溶液或某些树叶压榨汁也可。
- ·二至三小时后除蛆，拣出死蛆，清洁与彻底冲洗伤口。
- ·在伤口周围放上当地有的驱虫剂，防止蝇子再次产卵。

8.7.1.9 旋蝇蛆

症状/诊断：螺旋蝇蛆的侵害是在拉丁美洲和非洲。螺旋蝇产卵在伤口周围，由卵孵出的幼虫是螺旋蝇蛆。该幼虫有点像木螺钉，偏尖的头部能深深地钻入肉内。许多蛆在一起取食，深深地钻进肉内，使伤口不能愈合，并容易造成细菌或真菌感染。旋蝇蛆给动物的刺激很大。

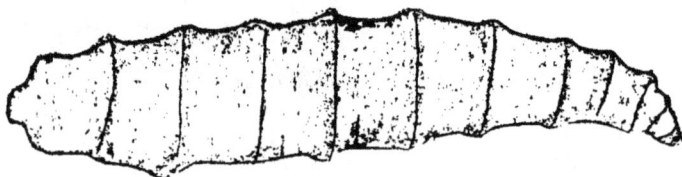

穴居于伤口的旋蝇幼虫

治疗：治疗得越早，受损伤的程度越轻。检查畜群内其他动物，看是否有早期感染者。

- ·清洁伤口（用肥皂水或消毒药水）。
- ·伤口深处敷用杀虫粉剂或臭药水（甲氧甲酚），例如可湿性蝇毒磷粉剂。
- ·拣出死虫，清洁伤口。敷用杀虫油膏以防再受到侵袭。
- ·因为大多数伤口已被感染，还应注射像青霉素或土霉素之类的抗菌药。

预防：在有旋蝇的地区，简单手术后（如去势或去角），应在伤口上涂抹杀虫药膏或喷杀虫剂。 药膏的制作方法是：1 份 5％的*蝇毒磷粉*加 30 份凡士林（或新机油），或 1 份*林丹*（六六六）加 20 份凡士林（或新机油）。

新机油和杀虫剂合剂   *杀虫剂喷雾剂*

注：伊维菌素能杀死初生幼蛆，但对老龄蛆效果差。 最好的方法是直接治疗已感染的伤口，保证全部幼虫被杀灭并拣出。

烟草制作的杀虫剂：

如可能，可用以下方法自制烟草杀虫剂：

· 300 克干烟草叶加 1 立升水浸泡

· 加 1 汤匙食盐

· 3 小时后用烟草叶当作海棉，醮取液汁擦畜体的感染部位。（《亚洲民族兽医药物》卷 2：反刍动物，50 页。）

8.7.1.10 狂蝇蛆

症状/诊断：狂蝇蛆是蛆虫（狂蝇的幼虫），寄生在体内。有些蛆虫附着在绵羊的鼻内，有些蛆寄生依附在马的胃内。马胃蝇的虫卵呈黄色点屑状，常见到它们附着在马的被毛上，特别在腿部。

绵羊鼻蝇蛆在绵羊的鼻内引起喷嚏和流出粘稠的分泌物，不断摇头。动物常因不能正常食草而消瘦。马的胃蝇蛆寄生在胃肠内，但很少引起疾病。

治疗/控制

绵羊鼻蝇蛆：

· 用伊维菌素治疗，或

· 鼻内喷洒酒精氯仿溶液，氯二甲酚、烟草水，或像敌百虫之类的杀虫剂。

● 用无针头的注射器或手持喷雾器。将羊体翻转，背着地，保持羊头平直，将药液喷入一侧鼻孔，任其自行流入鼻腔深处。如此仰卧保定 1 分钟，然后快速翻动羊体，使之站立。休息 1—2 分钟后对另一侧鼻孔重复如此治疗。

马胃蝇蛆：

● · 以敌百虫、敌敌畏或伊维菌素对马定期治疗，能有效地控制马胃蝇蛆。

8.7.1.11 牛皮蝇蛆

牛皮蝇蛆主要发生在北半球。牛皮蝇产卵，附着于四肢下段的牛毛上，孵出的幼虫穿入皮层，在动物皮下移动，然后在被部皮下定居。

症状/诊断：这些幼虫在背部皮下形成外观所见到的肿块包囊，每一肿块内有一条牛皮蝇蛆，约 3 厘米长。多种动物都能感染，最常见于牛和犬。牛皮蝇蛆危害牛的健康，并损坏牛皮。

牛皮蝇的治疗与预防：喷洒杀虫剂或使用伊维菌素能杀死移行期的幼虫。但是，如果大龄幼虫死在动物体内，能损害动物的神经。因此，最好在幼虫长大之前治疗。治疗应在牛皮蝇季节末期，此时，成蝇停止了产卵，幼虫尚未长大，移动。

- ·挤压肿块，除去蝇蛆，十分有效（如果蝇蛆肿块不多，患畜年龄小，此法可行）。
- ·用伐灭磷（氨磺磷）、倍硫磷（百治屠），或伊维菌素喷洒或注射。对于泌乳母牛，不可用能进入乳内的杀虫剂。在患畜背部刷鱼藤酮作为治疗，效果好，也不进入乳汁内。

8.7.1.12 肤蝇蛆

症状/生活史：这些蛆的科学名称叫"<u>Dermatobia hominis</u>"。肤蝇蛆是肤蝇卵孵出的幼虫。蝇产卵于蚊体，再由蚊把卵传给牛。在牛体上卵孵成幼虫（或称蛆）穴居于牛皮，并损坏牛皮。

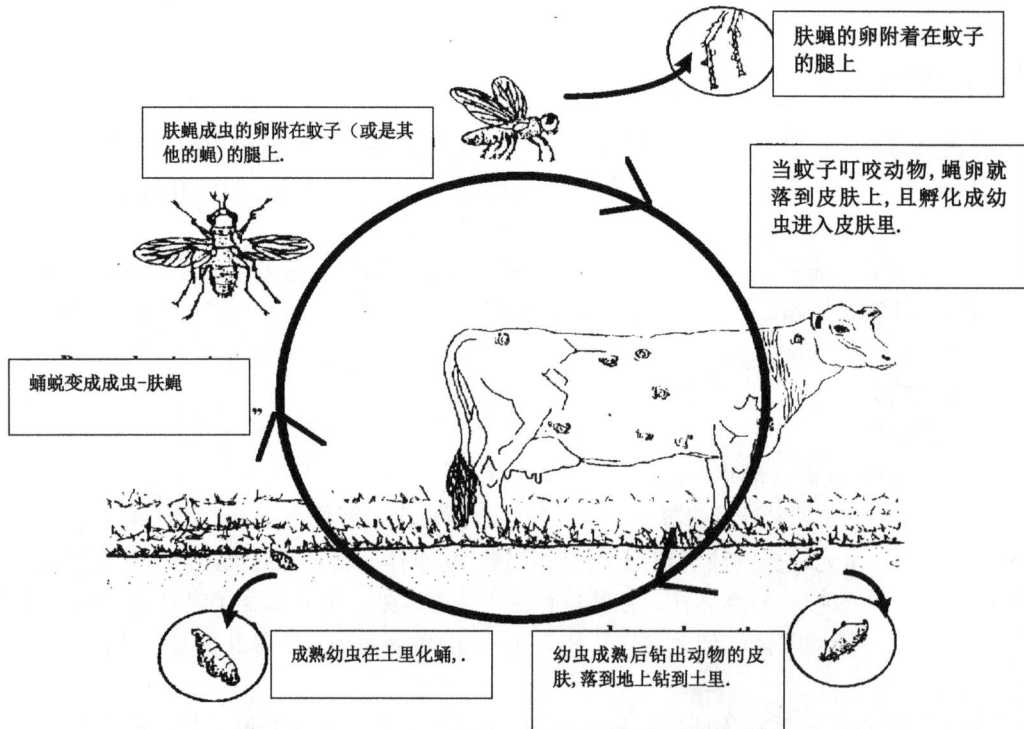

肤蝇的卵附着在蚊子的腿上

肤蝇成虫的卵附在蚊子（或是其他的蝇）的腿上.

当蚊子叮咬动物，蝇卵就落到皮肤上，且孵化成幼虫进入皮肤里.

蛹蜕变成成虫-肤蝇

成熟幼虫在土里化蛹,.

幼虫成熟后钻出动物的皮肤,落到地上钻到土里.

诊断：患牛在其背上、关节和其他部位出现（带有通气小孔的）肿块，肿块里有肤蝇蛆穴居。

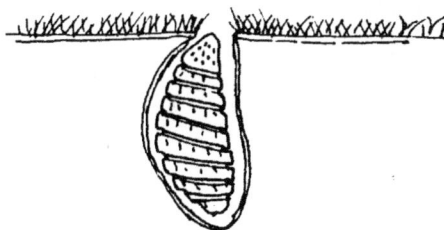

治疗/控制/预防：有数种选择来治疗肤蝇蛆。可向农业部门的专家请教在当地最有效的，且廉价的产品。选择如下：

1．用杀虫剂，如用背擦袋或粉袋，有助于预防肤蝇蛆。

2．将油（食用油或新机油）或油脂注入气孔以窒息蝇蛆，油与脂都可混入些杀虫剂，会更有效。例如，1 份 5％的*蝇毒磷*粉混入 30 份油脂或油，

3 使用伊维菌素，如注射剂或口服膏剂，按说明书使用。

8.8 蛭类 LEECHES

蛭与其他寄生虫不同。主要有两种类型的蛭侵袭家畜：
- 寄生在鼻和咽部的蛭。
- 附着在动物皮肤上，吸血后掉落的蛭。

症状/诊断：在一些地区鼻蛭引起严重困扰（鼻蛭有时也感染人）。动物饮水时，幼蛭随水进入口腔，附着在鼻的内层粘膜上，开始吸血并生长发育。引起动物失血与不安。动物取食量减少，以致成长与生产力降低。

鼻蛭的治疗：治疗依据条件而定，当地的偏方也能取得好的效果。

有些农民让受蛭侵染的动物停止饮水一天，再给动物饮水。此时，蛭也伸出头饮水。农民就在此时抓住蛭，把它们拉出体外。因为蛭很滑，抓蛭须用一块布或摄子。

另一种方法是向患畜鼻内用药。由烟草制的尼古丁溶液，氯仿/酒精溶液，还有其他溶液均可应用。

1．将动物适当保定（最好用保定架）。
2．将头部呈水平状态，使鼻内的液体能滞留。（如果鼻向下，药液会流出；向上则流向喉部，被动物吞下。）

3．用不带针头的注射器，喷 20-30 毫升药液到有蛭的鼻孔里。（小动物 5 毫升）。

4．保持头部呈水平状态 1-2 分钟。

5．如另一鼻孔内有蛭，同法处理一次。

有时，蛭掉下来，能够被看见。但常常不被看到。看起来，蛭被药剂所杀，滑至咽喉且被动物吞咽下去。

8.9 真菌（金钱癣）FUNGI, RINGWORM

金钱癣是感染被毛和皮肤的疾病，世界各地都有。它是由一种叫真菌的单细胞生物所引起。年轻幼畜，关养在阴暗潮湿的条件下特别易患此病。若将动物移至清洁、干燥和有阳光地方饲养，真菌感染往往能够消失。人也可能患金钱癣，接触金钱癣的技术人员应该小心！

症状：常见在头部和颈部出现圆形脱毛区，这些感染区变干，结痂，且变为灰色。动物不时搔擦这些感染部位。

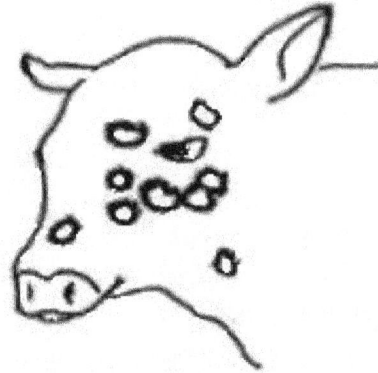

典型的圆形结痂性钱癣病灶
在这头公牛头上

诊断：根据已见症状，在脱毛区边缘刮取一些毛发和结痂物，放置在显微镜载玻片上，加些氢氧化钾稀释液于其上，作镜检。也可将毛发和痂壳置于清洁瓶内，送实验室进行真菌鉴定。

治疗：金钱癣极易在动物间扩散。动物搔擦到的饲草架、饮水槽都能传播金钱癣。

在患处直接（局部）用药治疗：
•碘酊（碘酒）治疗，隔天一次，连用 7—14 天。注意不要让药物进入眼内或其他敏感组织上。
•硫酸铜粉混凡士林，外敷。敷用 24 时后，彻底清除所敷药物，以防灼伤皮肤。
•噻苯哒唑软膏：敷用 1—2 次，每次间隔数日。
•市场买得到的抗真菌软膏或油膏（例如人用制剂，托萘脂等）。
系统（全身）治疗：
•碘化钠静脉注射或灰黄霉素药丸口服。

预防/控制：圈栏保持清洁、干燥与阳光直晒，并良好的饮食，都有助于预防金钱癣。

123

第九章 内寄生虫 9.0 INTERNAL PARASITES

内寄生虫能造成减少产量或致动物死亡，给农民造成极大损失。这是兽防员最重要和常见的问题。下面章节仅提供简单、实用的治疗和控制方法。27 章有更详细的论述。见 325-351 页。

内寄生虫的一般生活史

尽管各类内寄生虫的生活史各有不同，但大多数生活史中有两个阶段：成虫阶段，即繁殖期；和未成熟阶段，即感染期。

成虫，繁殖阶段

成虫阶段通常在动物体内。成虫产卵，通过粪、尿、或唾液排出体外，再感染其他动物。成虫在产卵前可用药物予以杀灭（治疗）。

未成熟，感染阶段

感染阶段通常出现在动物体外，在泥土、牧场或水中。此时的虫卵已是"侵袭性虫卵"或未成熟寄生虫了。动物因食用污染了侵袭性虫卵或未成熟期寄生虫的饲料或饮水而被感染。有些寄生虫也可通过环境里的"中间宿主"。大圆虫（蛔虫）还可通过母畜的血液循环侵染未出生的幼畜。

体内的寄生虫成虫产卵，由粪排出

虫卵成熟成为"侵袭性虫卵"或未成熟寄生虫

动物食入污染了侵袭性虫卵或未成熟幼虫的食物，此后在动物肠内成为成虫

124

9.1 内寄生虫的症状辩别 RECOGNIZING SYMPTOMS OF INTERNAL PARASITES

寄生虫影响动物营养也可能吸血，动物因缺少足够营养而造成营养不良。

治疗与控治内寄生虫的四个关键

1. 认识内寄生虫的症状。

2. 弄清当地常见的内寄生虫。

3. 了解当地治疗内寄生虫的药物。

4. 掌握控制内寄生虫的管理措施。

有内寄生虫的动物，并（或）营养不良，可能有以下症状：

- ·腹泻
- ·消瘦并呈病态
- ·被毛刚粗、无光泽、不平滑
- ·头部显得过大
- ·因贫血（检查眼睑）而表现苍白
- ·由于严重贫血，颌下有过多的积液（水嗉子）
- ·表现巨腹
- ·产奶量少
- ·生长不好

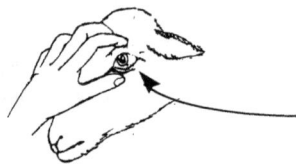

因贫血，眼睑苍白

严重贫血，颌下水肿

9.2 弄清当地常见的内寄生虫 COMMON PARASITES IN YOUR AREA

以下三项措施可以鉴定某一地区常见寄生虫:

1. **寄生虫普查**：检查数头动物的粪标本，用显微镜鉴定该地区的
常见寄生虫。寄生虫的普查资料往往可以从当地农业部门获得。

2. **尸体剖检**：检查死畜或屠宰动物的尸体，特别注意消化系统与肝脏。这是了解有无肝
片形吸虫（肝蛭）的最佳方法。因为，不用显微镜，肉眼就可看到肝
胆管内有无虫体。

3. **访问**：当地的兽医或其他兽防员可能知道你们地区的常见寄生
虫。此外，农业部门也许有这类可用资料。

9.3 了解当地常用的驱虫药物
KNOW WHICH MEDICINES ARE COMMON IN YOUR AREA

一旦确定了常见寄生虫，在当地市场上常会找到最恰当和便宜的药物。选用药物，要找
有信誉的厂家，并有标签说明对哪一种寄生虫有效。有时标签上仅有科学名称，这时就要向兽
医或懂得这些科学名称的人请求帮助了。

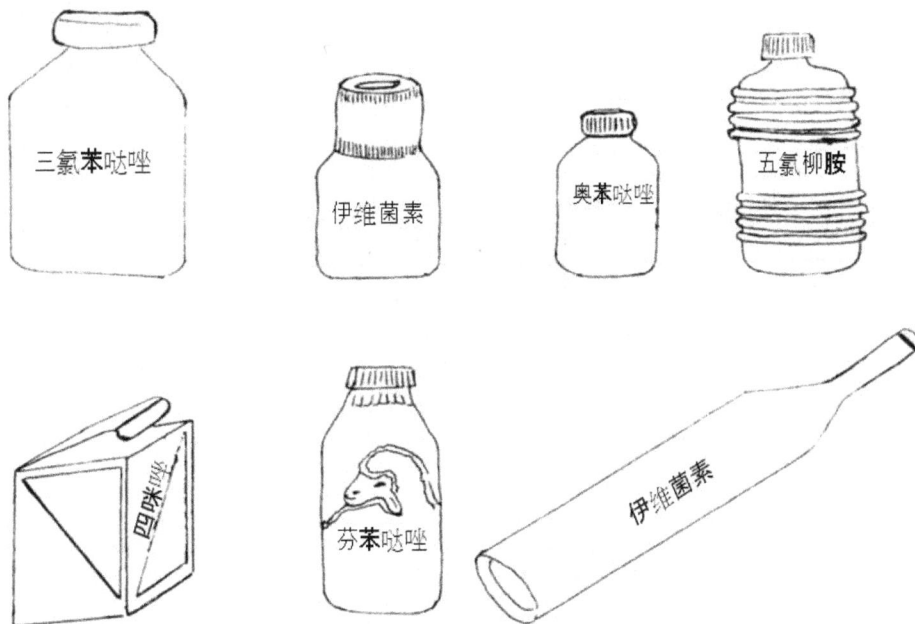

各种驱虫药的样本。

注： 对于长期患有寄生虫病或体内有大量寄生虫的患畜，即使驱虫后仍可能表现病态，因寄生虫已造成畜体内部器官的损害。**所以，畜主应定期地给家畜驱虫，以避免永久伤害。**

注： 如在一地区长时期地使用某种驱虫药物，寄生虫可能产生对此药的抗药性。当某种药物的效果不如从前时，可能是寄生虫产生了抗药性。这时，有必要改变药物。

9.4 掌握控制寄生虫的管理措施 MANAGEMENT PRACTICES TO CONTROL PARASITES

在自然环境，未成熟寄生虫与虫卵能生存相当长的时期。尤其在潮湿、阴暗和肮脏环境下更是如此。但是阳光、高温或干燥通常能杀死未成熟寄生虫和虫卵。

下列管理措施有助于控制内寄生虫：
* 保持圈舍清洁、干燥，并有阳光照射。
* 幼畜与母畜与其他动物分开，并置于最清洁和很少（被动物）使用的场所。
* 饮水与饲料入槽，且不让动物在槽内排粪便。
* 定期地给动物驱虫，也要给产仔前与泌乳期母畜驱虫。
* 使动物远离潮湿、沼泽区域。
* 每 1-2 个月给动物换圈栏、牧场（称之为圈栏或牧场轮换）。

牧场轮换示例：动物在 1 块草场放牧 2 个月后转移或"轮换"到新草场去，其他草场有 3—6 个月的休牧期。在此期间，寄生虫接触阳光、干燥而死亡，牧草也能充分生长。

关于内寄生虫的基本要点：

·成虫，用药驱除。
·未成熟寄生虫或虫卵，用好的管理方法来控制*。
兽防员应该教会农民驱虫和控制方法。

*一些较新的驱虫药也能治疗未成熟的内寄生虫，但价格很贵。

9.5 实用操作步骤　PRACTICAL STEPS

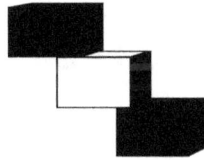

1．了解全部病史并检查动物。一定要询问畜主，近三个月内动物的营养状况，是否进行过寄生虫病的任何治疗。还要检查动物的外寄生虫。

2．如果近三个月内没有治疗过内寄生虫，马上治疗。按当地最常见的内寄生虫，恰当选择合适、廉价的有效药物。

3．治疗在询问病史和检查动物中发现的其他问题。

注意：必须坚持按标签说明用药。要当心给孕畜恰当的药物，因为有些药物能引起流产。

重要提示：进口动物对当地寄生虫和疾病的抵抗力较弱，可能需要更多驱虫治疗与控制寄生虫方面的工作。

另一重要提示：有内寄生虫的动物往往也有外寄生虫。必须认真检查，如必要，两者都治。

治疗内寄生虫病的简明规则

真实的记事

在尼泊尔，一位兽医进行了寄生虫调查、访问了农民，并作了死畜的尸体剖检。他得知肝片形吸虫是草食动物的问题，大圆虫(蛔虫)是牛犊的问题。他提出了治疗尼泊尔丘陵地区内寄生虫的廉价、高效、不用显微镜的简单规则。

尼泊尔丘陵地区治疗内寄生虫的简单规则。

1. **对主要靠牧养的成年绵羊、山羊、黄牛和水牛：**先治疗肝片形吸虫，如果治疗后数周反应欠佳，再治疗小圆虫。如果可承受得起费用，最好的方法是两者同时治疗。根据寄生虫侵染的严重程度，每6-12个月治疗一次。

2. **对主要靠圈养的成年绵羊、山羊、黄牛和水牛：**先治疗小圆虫，如果治疗后数周反应欠佳，再治疗肝片形吸虫。如果可承受得起费用，最好的方法是两者同时治疗。根据寄生虫侵染的严重程度，每6-12个月治疗一次。

3. **对水牛犊和黄牛犊：**在四月龄内治大圆虫（蛔虫），四周后再重复一次。逐渐长大，并开始吃草时，可以按成年牛的方法治疗（即参照规则1和2）。

4. **对于小绵羊和山羊：**每6个月治疗一次小圆虫和绦虫，根据寄生虫的严重程度，其间期也可更短一些。1岁龄时，按成年动物治疗（参照规则1和2）。

5. **猪：**每6个月治疗一次大圆虫（蛔虫）。此外，怀孕母猪于产仔前5—10天（即进产仔栏前）驱虫，哺乳仔猪断奶时以及断奶后4周驱虫。

6. **马：**每6个月治疗大圆虫（蛔虫）和小圆虫一次，根据寄生虫的严重程度，间期可再短一些。幼驹1月龄开始，此后每3个月治疗一次，直到1岁龄。

7. **鸡：**根据宰杀食用鸡时检视肠道所见，治疗大圆虫（蛔虫）、小圆虫和绦虫，最常见的寄生虫是大圆虫（蛔虫）。

8. **有血性腹泻的动物：**治疗球虫。

注：初次治疗后，如畜体无疗效反应，假如有实验室技术人员，最好作出粪检。

当初步治疗无效时：

对受寄生虫侵袭的动物，当给予正确的驱虫治疗后，在一个月内身体状况会有明显好转。如果无好转，兽防员应考虑以下的可能性：

- 药物是否洒落，而未真正喂入？
- 动物吞咽之前是否将药物吐出？
- 药物是否混拌不当？
- 药物是否过期？
- 投药前，动物的内部器官是否已被寄生虫造成永久性损害（即治疗前已病很久了）？
- 药物标签上有无对该种寄生虫有效的说明？
- 该地区是否长期使用该药，导致成寄生虫的抗药性？
- 动物是否吃到足够的饲料？
- 动物是否坏牙、感染或其他口腔问题？
- 除了内寄生虫还有其他病吗？

如果没有明显的理由来说明药物无效，则寻求以下办法：

1．取新鲜粪便标本，送到最近的实验室检验，让有经验的人员用显微镜鉴定是何种寄生虫与虫卵。

如果标本检查的方法得当，而无寄生虫发现，要再作一次标本检验。如果仍是阴性，说明动物的内部器官已有损害，难以复原了。如果检查仍有寄生虫，说明选用的药物不当或寄生虫的抗药性致药物无效。这种情况下，应换用别的药物。

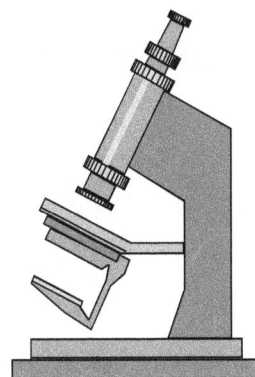

如果无法进行粪检，试用另种药物，再观察动物的反应。一定要按标签说明用药。如果仍无反应，说明动物的内部器官已被损害。

第十章　繁殖 10. REPRODUCTION

10.1 简介 INTRODUCTION

繁殖是动物生殖幼畜（即繁殖）的过程。承担这一过程的身体系统，称之为"生殖系统"。兽防员需要明白生殖系统有以下原因：

1．多数畜主养不起不产仔或不产奶的动物。

2．多种药物及其治疗方法影响繁殖系统。如果这些药物使用不当会危害家畜，对畜主造成损失。

3．后代具有亲本的综合品质，既有好的，也有坏的。**遗传改良**包括仔细选择种畜来提高其后代品性，而该项工作需要对生殖系统知识有很好的理解。

10.2 新生命的开始 THE START OF A NEW LIFE

多种激素（荷尔蒙）支配着生殖过程。激素是化学物质，由身体自然产生。激素随血液循环到身体的各目标部位，在那里产生生理作用。 公畜的睾丸产生这些激素；母畜的子宫和卵巢也产生这些激素。

10.2.1 母畜的激素 HORMONES IN FEMALES

动情素

这是一种雌激素，关系到发情或发情期（此期配种，雌畜会怀孕）。动情素能引起雌畜静立反应，接受公畜交配。有些药物含有动情素，引起雌畜发情。这些药物也能致流产（胎儿出生前死亡），还能损害卵巢。

孕酮

动物发情后卵巢产生这种激素，具有维持妊娠的作用。

前列腺素

注射这种激素 3 天后左右能引起雌畜发情。这种激素较动情素安全，但价格较贵。这种激素能引起孕畜流产。

10.2.2 公畜的激素 HORMONES IN MALES

睾酮

睾丸产生这种激素，睾酮支配着公畜性成熟期身体发生的变化。例如，睾酮引起如下变化，如：阴茎增大、公羊出现"性臭"、公牛出现肩峰及肩峰肌肉的发育、公畜发生同母畜交配的性欲，精子在睾丸内开始成熟。公畜阉割后，除去了睾酮的产生源头，这些变化就不会发生了。

公畜（公牛）的生殖系统

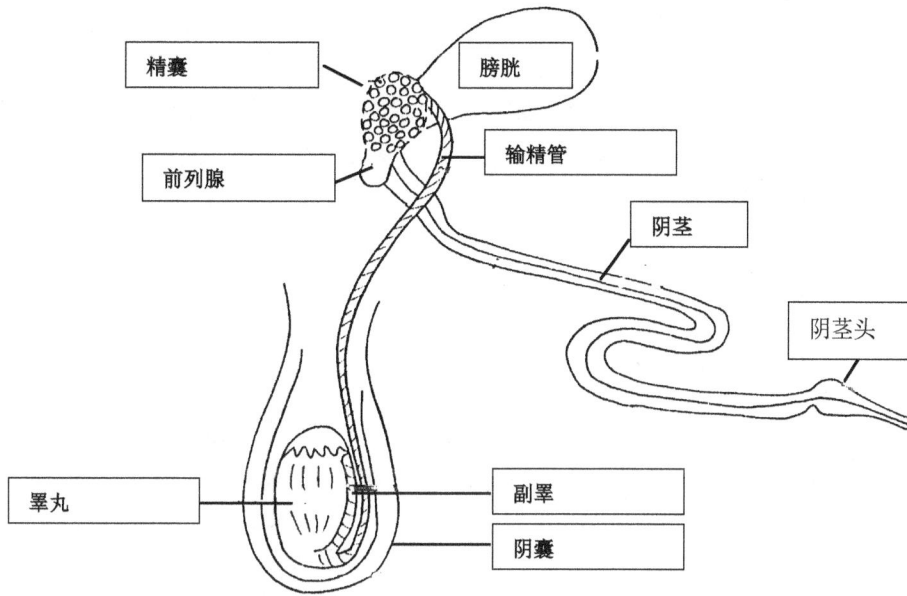

精囊

膀胱

前列腺

输精管

阴茎

阴茎头

睾丸

副睾

阴囊

母畜（母牛）的生殖系统

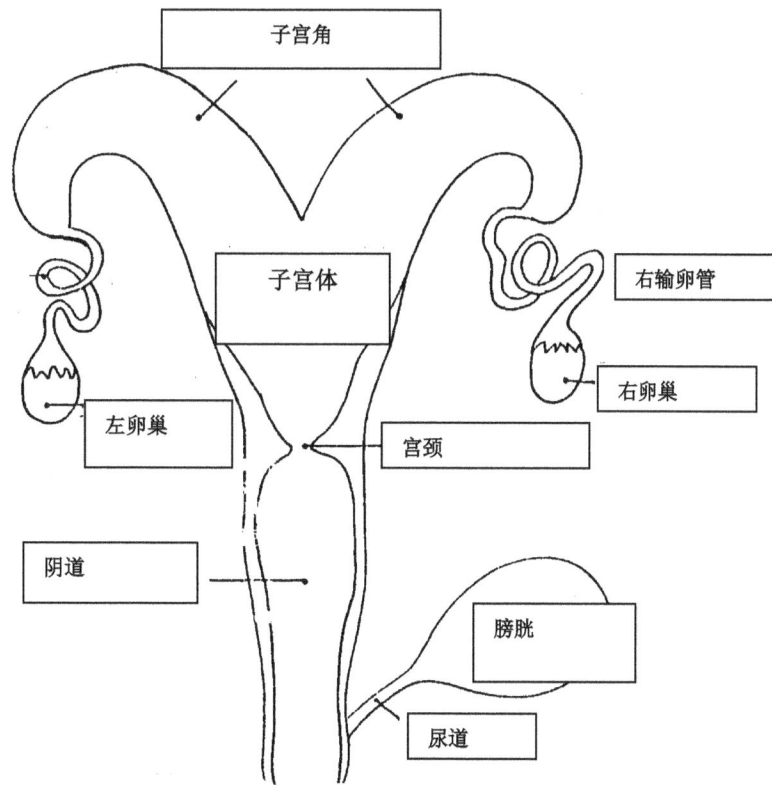

子宫角

子宫体

右输卵管

右卵巢

左卵巢

宫颈

阴道

膀胱

尿道

132

10.2.3 繁殖的术语 TERMS OF REPRODUCTION

精子

雄畜出生时睾丸里就有微小的精子细胞，精子随着动物进入性成熟期而成熟。精子从睾丸进入附睾，并在附睾里成熟。公畜看到或嗅到发情中的母畜的气味，通常就要同母畜交配（或配种）。阴茎坚硬起来，并插入母畜阴道。在配种时，许多精子从附睾经过输精管进入尿道。一些腺体（如前列腺与精囊）向尿道分泌液体与精子结合，形成精液。精液从阴茎进入母畜近子宫处的阴道内。精子继续穿过宫颈移行，进入子宫到达输卵管。

"发情"或"发情期"

出生时母畜的卵巢内就有许多卵（卵子）。初情期后，一个卵子在充满液体的水泡（称做卵泡）内成熟，位于卵巢表面。卵子产生的激素称"雌性激素"，雌性激素进入血液循环后到达大脑，致母畜进入"发情"或"发情期"，并致交配时出现静立反应。雌性激素能促使卵子在卵泡内成熟，并使子宫做好妊娠的准备。单胎动物一次发情期仅有一个卵子发育成熟，一次只有一个胎儿。多胎动物，如犬等，每次发情期就有多个卵子发育成熟。

排卵

卵泡破裂并释放出卵子时，就叫排卵。排卵通常发生在发情末期。排卵后卵子进入输卵管。

受精

排卵时如果有精子在输卵管内，卵就可能与一个精细胞结合，结合的过程叫"**受精**"。如果卵子受了精，母畜就成了"孕畜"。受精所形成的新细胞，含有形成幼畜所需要的一切，并具有母本和父本两者的性状。在整个妊娠期，新细胞分裂和增殖达百万次才最终形成幼畜。

10.3 发情周期

排卵后，卵巢上的空卵泡出现一些新组织，称作黄体或 CL。黄体产生孕酮．如果出现受精，孕酮就用以维持妊娠。如果不发生受精，输卵管内的卵子和卵巢表面的黄体都溶解，然后卵巢表面的形成一个新的卵子、就持续这样的周期。下表是以母牛发情周期为例，综述这一过程。

母牛的发情周期

母牛的发情周期平均是 21 天，包括四个阶段：

阶段 I：3 天

- 卵泡发育。
- 卵子成熟。
- 动情素为子宫妊娠作准备。

阶段 II：1 天

- 雌畜进入"发情"（静立反应，等候公畜）。
- 卵泡在发情末期破裂，并释放出卵子（排卵）。

阶段 III：3—5 天

- 黄体（CL）在卵巢表面发育。
- 黄体开始产生孕酮。
- 精子与卵子在输卵管相遇（受精）

阶段 IV：13 天

- 子宫已作好了接受受精卵的准备。
- 如果子宫未接受到受精卵（如果母牛未怀孕），则黄体被溶解；一个新卵泡发育，又开始一个新的周期。

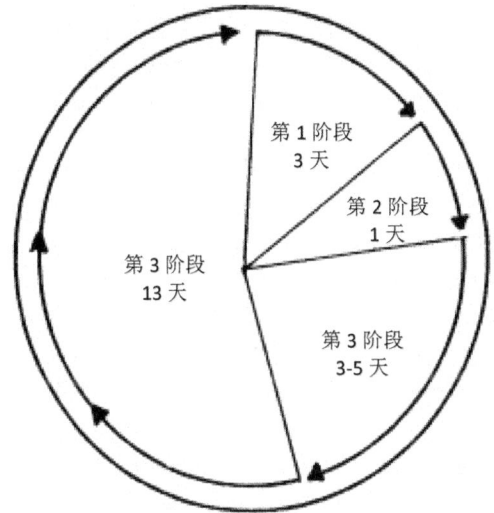

如果动物怀孕，黄体继续产生孕酮来维持妊娠，于是发情周期停止。动物未怀孕，则发情周期又重新开始。

不同动物的繁殖周期会有所不同。例如：马、绵羊和山羊，只在一年中的某些季节发情，它们称之为"季节性发情动物。"兔、驼羊（马驼）和骆驼，只在配种后排卵。这实际上是配种的刺激，促使了排卵。这称之为**"诱导排卵"**。详细资料见繁育表。

季节性繁殖动物

诱导排卵动物

134

常见动物繁育表

动物	最低初配年龄（月龄）	发情周期类型与时间长度	发情征兆	发情期长度	配种最佳时间	妊娠期长度	产后第一次发情
水牛	18—24月龄（平均20月龄）	有些季节性，18-24天（平均22天）	哞叫，外阴肿胀并有清彻液体排出	1-2天（平均1天）	——	300-325天（平均310天）	不定，季节性繁殖者
奶牛	10-24月龄（平均18月龄）	全年性，18-24天（平均21天）	爬跨其他母牛，外阴有清彻液体排出	4-24小时（平均18小时）	发情中期至发情终止前6小时	280天	不定，产后60天配种
绵羊	7-12月龄（平均9月龄）	有些季节性，14-20天（平均17天）	行为改变	1-2天	不太重要	145-150天	下一季节
山羊	4-8个月（平均6个月）	有些季节性，18-21天（平均20天）	行为改变	2-3天	发情期间的每一天	145-155天	下一季节
马	10-24个月（平均18个月）	有季节性，周期不定（平均21天）	频频排尿，外阴户不时张开与闭合	3-8天	发情末期的前2天，或每2天交配一次	330-345天	产驹后4-14天
猪	4-9个月（平均7个月）	全年，16-24天（平均21天）	外阴肿胀，压背时静立	2-3天	发情的第一天之后	114天	断奶后4-10天
兔	4-12个月（平均7个月）	全年	无真实发情期	无真实发情期	外阴红肿时配种	30天	产后立即发情
犬	5-24月龄	年平均发情两次	行为改变	1周	发情2日以后	58-70天	数月后
猫	4-12个月（平均10个月）	有些季节性14-21天	行为改变	4天（如果配种）	发情2日以后	58-70天	4—6周
羊驼	24-36个月	全年，18-21天，诱导排卵	情期中，某些天雌畜接受交配，但外表无发情征状	10-12天的情期中，能予接受公畜	接受交配，每天1-2次	330-360天（平均342天）	——

注：配种最低年龄，依品种和饲料营养而有所变化。

妊娠期长短随品种也有变化。

10.4 正常妊娠 NORMAL PREGNANCY

大多数动物的妊娠过程都很相似。除禽类以外，下列陈述适合于大部分动物。

受精卵在输卵管内向子宫移行，并继续生长。受精卵称为"胚胎"，随着开始成形，称为"胎畜"。从受精卵到幼畜出生这段时间，称为"**妊娠期**"。妊娠期的长短随动物种类而不同。（见前页繁殖表）。

整个妊娠期子宫颈紧闭，并有浓稠的粘液作塞，以防病菌进入子宫，感染胎畜。有液体（称羊水）包围着胎畜，形成一种缓冲垫子，保护胎畜不受伤害。胎畜靠母体血液输送的养分，通过胎盘、脐带，再进入胎畜的血液。

10.4.1 妊娠母畜的照料

保护

在妊娠期妊娠母畜不应受到恶劣条件刺激，因而要提供圈舍和围栏，保护它们免受过度高温、日晒、强风、寒冷的刺激，并避免与其他动物打斗。努力调教妊娠母畜，使之习惯与人接近，以备在产仔和泌乳期间不因人的帮助而受惊吓。另外不要使母畜过肥或过瘦。

新鲜饲料和饮水

在妊娠期妊娠母畜应随时都有清洁饮水，且有"全部营养"（见营养章关于妊娠母畜的特殊需要）。使用当地饲料，并尽量**多样化**，特别是青绿饲料。这将会减少饮食里因缺少某些必要的维生素和矿物质而带来的风险。

千万不要仅喂一种饲料！在某些地方常见只给孕畜一种饲料，别无其他。应该避免这种做法，因为这样能导致营养缺乏症。

10.5 幼畜的正常娩出（产仔）NORMAL DELIVERY

分娩前数周

分娩前的数周期间，动物的乳房增大；分娩前的数天内，血液中的孕酮素减少，雌激素增高，这引起外阴户周围的肌肉松弛。临近分娩时，母畜会有异常动作，变得紧张，反复卧下、起来，或回顾腹侧，貌似疼痛。乳房变得很大，看起来好像水肿。马在分娩前24小时期间，在乳头尖端可能有珠状腊性物质。

分娩的准备

看到上述这些征兆时，就应准备好产仔场地。产仔的地方应当安静、清洁、干燥、温暖，但不可过热。要有足够的空间供母畜自如地躺卧。产仔场地要靠近饲养员，以便随时观察母畜。应保持母畜的皮毛与乳房清洁，并解开系绳以便母畜能舒服地躺卧。

分娩开始时

分娩开始，一种激素叫催产素[1]开始使子宫收缩，常见母畜开始努责（屏气收肌以助胎畜娩出）。收缩与努责都有助于张开或扩大子宫颈，使幼畜生出来。在分娩中，环绕幼畜的羊水囊破裂，液体流出来，使产道滑润。

所需的时间：

母畜出现努责后，一小时内子宫颈应该开启。只有在子宫颈开启后，胎畜才能娩出。从母畜出现努责到胎畜娩出通常要2—3小时。如果生产超过8小时，而没有采取辅助措施，则胎畜（或幼畜）可能死亡。如果产程超过24小时，可能造成母畜死亡。如果母畜未死，但产程超过48小时，已死的胎畜（或幼畜）开始肿胀。这时，自然分娩将极为困难，子宫可能被撕裂，母畜可能面临死亡。

胎位：

单胎动物（如牛、水牛、绵羊、山羊、马、牦牛、马驼以及骆驼），母畜只有在下述两种胎位之一的情况下才能正常分娩：

1. 两前肢与头同时娩出：或

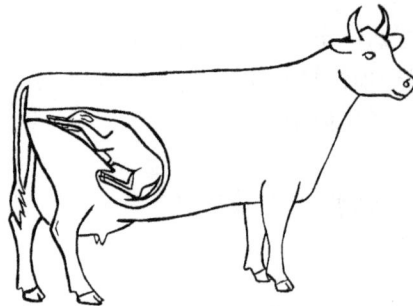

2. 两后腿与尾同时娩出。

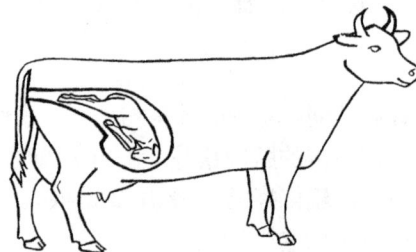

---

[1]催产素有两种功能：一是促进子宫收缩，二是促进"下奶"过程。见263页。

如果胎畜不在这两个胎位之一，兽防员必须予以矫正。**如果是多胎动物（如猪、兔、犬、以及猫）**，胎畜的头、腿、尾的位势就不那么重要了。但是，如果胎畜呈横卧位，即横梗在子宫内，兽防员必须将它矫正。此外，子宫必须推挤（收缩），将胎畜推向子宫颈。如果子宫不能正常收缩，将会推迟胎畜的娩出，这时可用催产素促使子宫收缩。对于猪，如果娩出仔猪与仔猪的间隔时间达到 30～60 分钟时，兽防员应搓揉母猪乳头（促使自然释放催产素）或注射催产素。见 263 页。

10.6 新生幼畜的护理 CARE OF THE NEWBORN

观察新生幼畜，确保呼吸道畅通、保温良好、擦干体表，以及生后 6 小时内吃到初奶。除必要时，不可干扰母畜及其幼畜。母畜在此时为了保护其幼畜，往往具有攻击性，接触母畜就要特别小心。

1. **呼吸**：确定幼畜的呼吸正常。必要时用手抹去幼畜口、鼻的粘液，或倒提幼畜数秒钟，让口、鼻内的液体流出。必要时，推、挤、压幼畜胸部以刺激呼吸。

2. **保暖与擦干**：如果母畜没有舔净、舔干幼畜，兽防员可用清洁的干草或布片把它擦干。尽可能不去挪动幼畜，除非幼畜是产在冷、湿的地方。

初奶——产后最初的乳汁

所有幼畜都必须在产后 6 小时内吃到初奶。这是对幼畜生存的关键，因为：
- · 初奶提供抗体，保护幼畜抗病。
- · 初奶有轻泻作用，促使幼畜排出第一次粪便"胎粪。"
- · 初奶营养非常丰富。

重要提示：新生幼畜必须在出生后 6 小时内得到初奶，吸收到抗体。如果得到初奶的时间太迟，就不能很好吸收抗体。

幼畜娩出后使之立即吮吸母乳，因为吮吸可刺激母畜释放催产素。

催产素在体内功能：
- 收缩子宫，排出胎盘和子宫内液
- 刺激泌乳

新生畜于出生后 6 小时内必须得到初奶，否则，幼畜会病倒。

138

10.7 与繁殖系统有关的疾病 DISEASE CONDITIONS

10.7.1 产仔困难（难产）

分娩困难称做"难产"。难产有多种原因：

- · 母畜虚弱，子宫收缩无力
- · 子宫颈未开
- · 胎位不正
- · 胎畜已死，并已肿胀
- · 胎畜畸形
- · 对母体来说，胎畜过大（有时由于小种母牛配了大种公牛。）

接产需要的东西

1. 干净水与肥皂，消毒肥皂更好，不过一般肥皂也行。

2. 三根各 1.3 米长的细绳，尼龙绳便于清洁。

3. 如可能，要准备塑料套袖。

注：妇女助产往往更好，尤其是对小动物，像猪、绵羊、山羊等。妇女的手要小些，必要时还要用手拉出胎儿，她们很会照顾新生幼畜。

如何处理难产

第一步. 询问病史：记录病史，务必询问以下问题：

1. 何时是母畜的预产期？距现在是早、是晚？

2. 母畜开始努责，试图娩出胎畜有几个小时了？

3. 是否已有人将手伸入母畜子宫助过产？

如果母畜已经试图分娩几天了，胎畜可能已经死亡，而且母畜也可能会死亡。在你帮助之前，要先告诉畜主这个事实，否则可能受到埋怨。如果有人已经试着把子畜拉出来，子宫内部可能已受到损伤。

第二步. 进行外部检查：

检查动物，特别要注意是否过瘦过弱（过瘦、过弱母畜可能无力娩出胎畜），是否有胎盘或异味液体从外阴流出？

第三步. 进行内部检查：

如果母畜能走动，驱赶它到清洁、干燥的地方去。如果是母牛、水牛或马，让助手控制尾部，（或向上拴系），用肥皂水彻底洗净其外阴部，同时也要洗净自己的手臂，直至肩部。**如果手上有伤口，或犊牛已死，要戴塑料手套，以防受到布氏杆菌病之类的感染。**冲洗后再用肥皂水打湿手臂（或塑料套袖）使手臂滑润。轻柔地将手与手臂伸入阴户，进入阴道（产道）。

> **如何处理难产**
> 1. 记录病史
> 2. 进行外部检查
> 3. 进行内部检查
> 4. 矫正难产原因与接生
>   - 扩开子宫颈，正常胎位
>   - 扩开子宫颈，不正常胎位
>   - 宫颈紧闭
>   - 子宫扭转
>   - 胎儿已死或已肿胀
> 5. 处理所发现的胎畜或母畜的任

让助手控制其尾或将尾拴系于一侧

如何拴尾

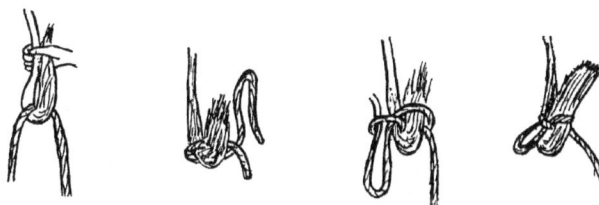

冲洗外阴及其周围

清洗两手和手臂；如有塑料套袖，要戴上。

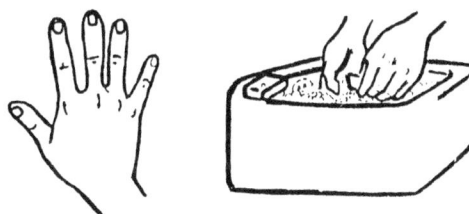

轻柔地将手与手臂伸入动物体内

旦手已插入阴道，判断以下情况：
- 子宫颈口是否关闭？
- 胎位是否不正？
- 胎畜是否太大难于通过产道？

如何判断子宫颈口是否张开：

当手伸入阴道，就能触及到胎畜，说明子宫颈口是开的；如果不能触及胎畜，说明子宫颈仍未开。

如何判断胎位是否正常：

如果摸到两腿，判断其为前腿还是后腿，先摸到蹄，再沿蹄摸腿。如果，腿上的前两个关节的弯曲方向相同，是前腿；如果弯曲相反方向，是后腿。如果是前腿，胎头必然在两腿之间，否则，就是胎位不正。同样，如果判断是两后腿，但摸不到尾巴，也是胎位不正。

第四步．矫正胎位

绝大多数胎儿都是以头和两前肢先露出。但也有两后腿和尾同时先露而顺利产出者。

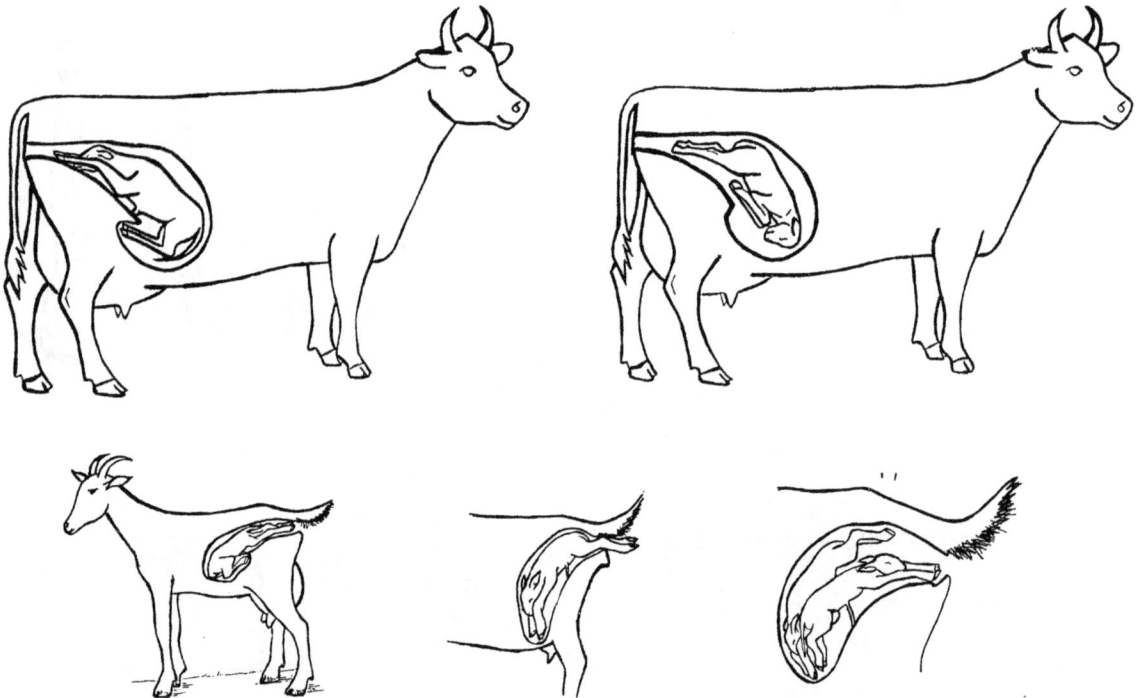

如果胎位不是图上的一种，需要兽防员来矫正胎位，帮助母畜分娩。

问题 1．宫颈是开的，胎位也正确，但母畜不能将胎儿娩出。 这种情况往往出现在胎畜过大而不能通过产道，或母畜努责不正常，或产道内液体已干，或以上因素的综合。

处理：
- 使胎畜能滑动（必要时用肥皂水）。
- 用绳子系住胎畜两腿（用活结）。
- 拉动系绳（特别在母畜努责时）将胎畜拉出。

问题 2·宫颈是开的，但胎位不正
下图示最常见的不正常胎位：

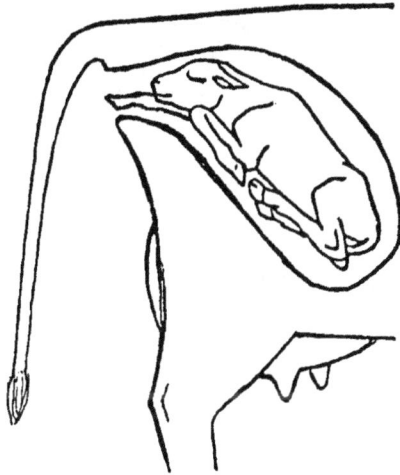

一腿向后

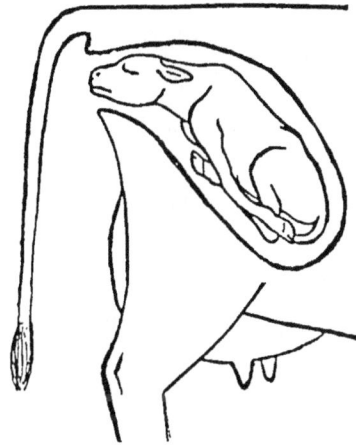

两腿向后

头向后

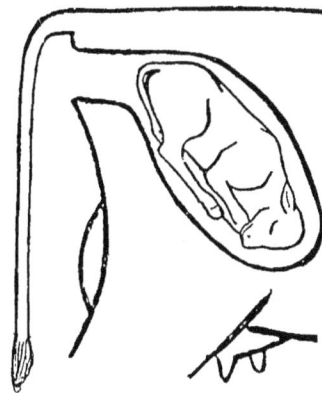

臀位

处理：在矫正不正常胎位之前，必须先将胎畜轻柔地推到子宫内，以腾出空间来便于操作。**小心**！为了避免挪动胎畜时撕裂子宫，只能在母畜不努责时将胎畜推入，要将手掌窝成杯状围绕蹄缘矫正胎畜腿的位置。一旦胎畜娩出后，给母畜注射抗菌素，以防子宫感染。

注意：在未矫正胎位之前，千万不能将胎畜拉出母体，否则会造成母畜和子畜死亡！即使已矫正了胎位，也不能用力太猛。如果两个人都不能拉出奶牛犊或水牛犊出母体，则要停止拉动，再次检查胎位是否已矫正。

不同情况的助产方法

例 1. 头与一条前腿先露

- 系绳于露出的前腿，但不要拉动。
- 伸手沿露出前腿相对的方向滑下去，找到那只向后的前腿。
- 手掌呈杯状包绕蹄缘，以避免损伤子宫，小心地矫正腿的位置。
- 一旦矫正了胎位，拉出胎畜。

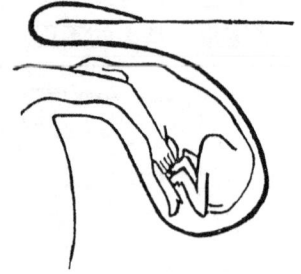

例 2. 仅头先露，两前腿向后

- 伸手向胎儿的各一侧滑进去，抓握两腿。
- 手掌呈杯状环绕地包住蹄缘，可避免损伤子宫，小心地矫正每条腿到正确位置。
- 一旦矫正了胎位，拉出胎儿。必要时，将两前腿系上绳子拉出。

同样方法适用于绵羊与山羊

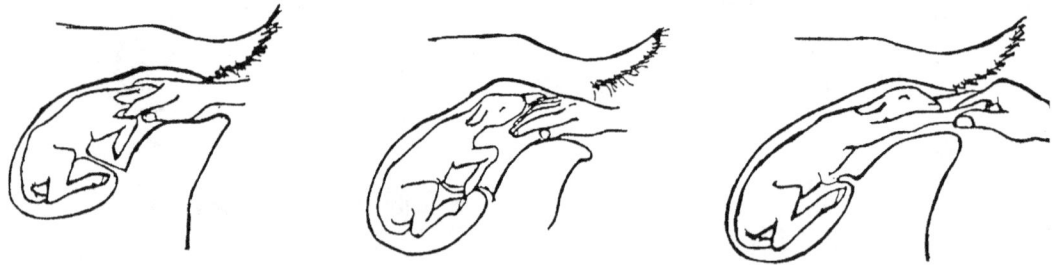

例 3. 两前腿先露，头向后

这是最难予矫正的胎位。

有时颈项扭曲，头向上、下或偏向一侧。

143

- 检查两腿，经触摸确认是前腿。
- 系绳于前腿，但不要拉动。
- 寻找头部。
- 找到头部后，抓住口部、眼眶或耳朵，轻轻地拉动到正确位置。如有必要，先将扭转的颈子复位。**注意**：手呈杯状，环绕胎畜的牙齿，以免拉动头部向前时，胎齿伤及子宫。
- 一旦矫正了胎位，拉动绳索，拖出胎畜。

　　注：有时开始拉动时，头部又回到原来的位置。这种情况下，则用绳子系住头部，并要稍用力使绳子绷直，保持头部向前的状态，再拖出胎畜。这里有两种方法不会损伤胎畜：
- 系绳用活结，仅拴系胎畜的下颚。
- 绳子在下颚下面打活结，头部出来后，即可立即解开活结便于胎畜呼吸。

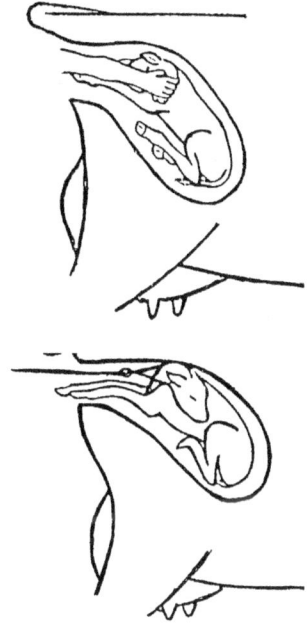

例4．只有尾先露，不见后腿（臀位）

　　有时仅发现尾巴，而两腿紧贴腹下，这种胎位也是难于矫正的。因为胎畜可能被紧紧地堵在产道内。
- 将手托住胎畜的臀部，将胎畜轻轻推进产道，以便有空间来矫正后腿的位置。做这样的操作时，必须小心，要在母畜不努责的情况下进行。
- 手伸入找到一条后腿的飞节（膝关节）。
- 拉动后腿，使膝关节向上弯曲。
- 将手置于两腿之间，将膝推向外侧，将蹄拉向中间（内侧），再同时拉向自己。**注意**：如果将蹄推向外侧，则有可能撕裂子宫或折断牛犊腿．甚至两者！
　　用同法处理另一条腿，直到两腿同尾一起都进入产道。
- 拉动两后腿，使胎畜产出，有时还要系绳于腿上拉出。

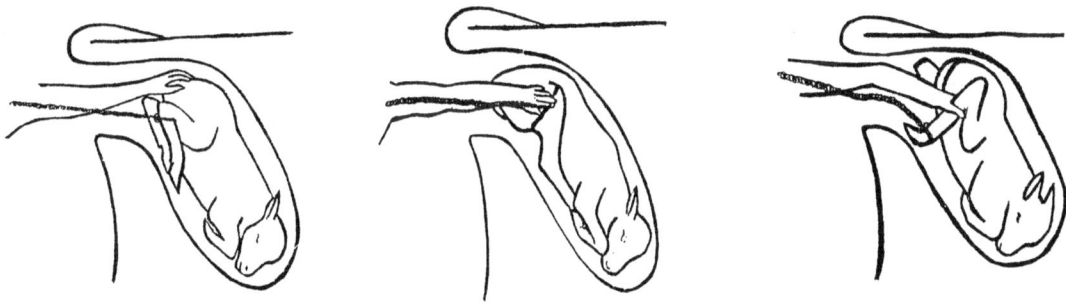

144

问题 3. 宫颈紧闭

子宫颈紧闭有以下原因：

- 产仔的时侯还没到。
- 子宫颈已开，而母体无力产出胎畜，子宫颈又关闭了（这种情况下，往往有臭味和分泌物从阴道内排出）。
- 母体太弱，努责无力（努责有助于子宫颈张开）。

处理： 每 1-2 小时再检查一次，以判断母畜宫颈是否开始张开（扩大）。

如果宫颈开始扩开：

- 手伸入宫颈，把手张开来稳步地施加压力，帮助扩张子宫颈，使之全开。这样做，可刺激母畜努责。
- 如果子宫颈能通过这样的操作而张开，则用肥皂水抹在胎畜体表，增加滑力，拉出胎畜，也可能需要调整胎位，系上绳子拉出胎畜。
- 注射催产素，刺激子宫收缩。

如果子宫颈不开始扩开：

- 通过子宫颈注入抗菌素（如可能）。
- 注射抗菌素。
- 使用雌激素（针剂或片剂）。
- 观察一星期，等待子宫颈张开。
- 每两天检查一次母畜，检查宫颈是否张开，包括取出死胎，治疗母畜的滞留胎盘。

问题 4·子宫捻转·手难以伸人

子宫本身发生扭转时，产道就不能充分张开。这也称"子宫扭转"（扭转子宫）。最常见于水牛与奶牛，较少见在小体型动物。

症状

- 动物烦躁，不安，并用力努责。

- 按常规要用肥皂水洗手和手臂。

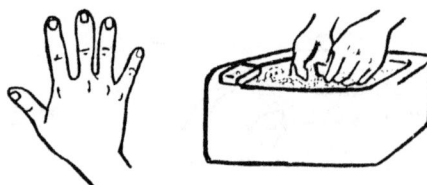

- 当把手伸入阴道时，会感到狭窄与扭曲。有时可能触及胎畜，有时不能。

处理

如果子宫颈开得够大，就伸入手臂，在子宫内抓住胎畜并转动，矫正扭曲的子宫。除非气力很大，这种方法往往难于进行，如果不行，则采取以下方法：

请4—5人，体力强壮者帮忙。

找一块清洁、干净、平整的地方，让母畜躺下。如果子宫疑似向右扭转（即顺时针方向），则轻缓地将母畜倒向右侧；如果子宫向左侧扭转（反时针方向），则轻缓地将母畜倒向左侧。

试着将手轻缓地伸进产道的捻转部分，抓住胎畜的某个部位，固定住胎畜的同时，翻转母体使其后背着地呈仰卧，然后再使之翻转到身体的另一侧。

如果无法固定住胎儿，可用一木板横过母畜腹部（木板一端着地），在滚动母体的同时，利用木板对腹部的压力固定胎畜的位置，翻动母体，转正扭转的子宫。

注意：如果扭转处更紧了，就有可能是转错了方向。这种情况下，保持手在阴道内，翻滚回到原来的状态。手缩回，让母畜侧卧于与第一次相反一侧，再重复前一次翻滚，其方向相反就是了。这一次扭转会松一些。一旦判定了翻滚母体的方向来矫正扭曲的子宫，或许需要重复4-5次，才能完全松开扭转。

松开了子宫扭转、理直了阴道后，子宫颈也可能有些闭合起来。这时可用手指扩开它，或等待1-2小时任其自然张开。

子宫颈张开后，确认胎位是否正常，或给予矫正。

轻轻地拉出胎畜。

问题 5 · 胎畜已死腹内，并已肿胀

这种情况，可能使子宫脆弱，极易引起子宫破裂。**处理：**

· 洗净手与手臂，戴上塑料套袖，用肥皂水使套袖滑润。

· 检查是否子宫已破。如已破，告诉畜主，以免因已经存在的问题受到责怪。或许还要建议畜主停止治疗（屠宰牲畜）。如果畜主坚持挽救母畜，就事先告知畜主其高度的风险，子宫可能在处理过程中破裂。

· 检查胎位。如果胎位不正，予以矫正，然后拉出胎畜，注意不要伤及子宫。

· 如果胎畜已肿胀，小心地以利刀划开死胎的皮肤，让空气放出。然后拉出肠道、心、肺、骨等。有时要把死胎一块块地拉出来。**注意：**伸入手术刀时，一定要将刀刃窝在掌心内伸入，以避免伤及子宫。

· 如果仍然不能取出胎畜，或许要采用碎胎术（见下一节），这是一种在母体内进行的切碎死胎的技术，再除去尸块。

· 胎畜除去后，冲洗子宫，治疗母畜，处理留滞胎盘。

碎胎术（胎儿摘除术）

有时不把胎畜切成数块，就无法除去死胎。为此目的，有一种特制的工具，叫碎胎器，或碎胎锯。目的是，将死胎切成块而不伤及母体。碎胎器看起来像根金属管，（或两根金属管焊接在一起）。碎胎器不易掌握，也无固定不变的使用方法。

一种特制的铁丝（胎锯铁丝或去角铁丝）贯通在碎胎器的管内，管子是用来保护母体子宫不被铁丝伤害。暴露的铁丝圈是从管子的另一端拉出的，以之套牢要切割的部分（例如胎头），铁丝的两端各有一个把手。一人握住碎胎器，使用管端紧贴死犊，另一人前后拉动把手做拉锯动作。这样，外露的铁丝圈就能锯掉套牢的死胎部分而不伤及母体子宫。如果没有碎胎器，也可用一根边缘光滑的单管，将铁丝两端穿过管内，也可完成同样操作。

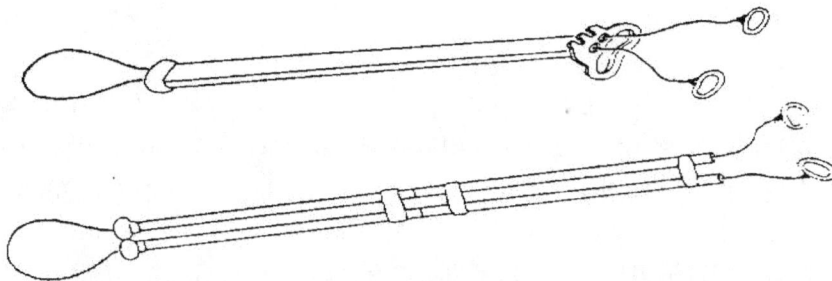

用于在子宫内切碎死胎的碎胎器

10.7.2 产后不能站立（卧地病畜）

有时母畜经过很长的难产之后，不能站立。这可能由于疲劳、肌肉或神经损伤，或缺钙，称之为"乳热症"，见 270 页。

处理：如果动物是"乳热症"（卧地病畜），应对症治疗。如果卧地病畜仍很警醒、能吃饲料，其恢复好的机会很大。如果病畜不能抬头，或不饮食（即使是治疗乳热症后），其不太可能恢复正常。畜主应该考虑屠宰作肉用了。

对卧地病畜的一般治疗如下：

1. 保护病畜不受恶劣天气（如热、日晒、寒冷、风雨）和其它动物的伤害。

2. 把患畜置于地面平整、有垫草、清洁、干燥的畜床上。对大动物来说，柔软的草垫更为重要，可防止由于自身体重而引起的肌肉损伤和皮肤溃疡。

3. 每天至少翻动四次，使之不卧于一侧，以免发生肌肉损伤和皮肤溃疡。

4. 给病畜新鲜饲料和饮水，每天至少四次。

5. 如必要，使用驱蝇粉，使之不受蝇、蝇蛆与螺旋蝇侵扰，见 316 页。

6. 如可能，可找数人一起帮助病畜站立，每天至少一次。不要迫使患畜走动，除非在平整、安全、不滑的地面上；无此条件，动物可能跌倒与受伤。

两周后，如无明显好转，畜主就要考虑宰杀其作肉用。

10.7.3 子宫与产道疾病
（阴道垂脱、子宫垂脱、外阴恶露、胎盘留滞、子宫炎）

10.7.3.1 阴道垂脱

这条术语是用来描述阴道暴露在外阴户外的症状。所见到的是阴道被挤出阴门外、外翻的组织呈红色球状。母畜显示努责状，恰似临产前的阵缩，力图娩出胎儿。阴道垂脱常见于妊娠末期的几个月内，当胎畜已大，母畜卧下时，由于大胎体的压力，致阴道垂脱。

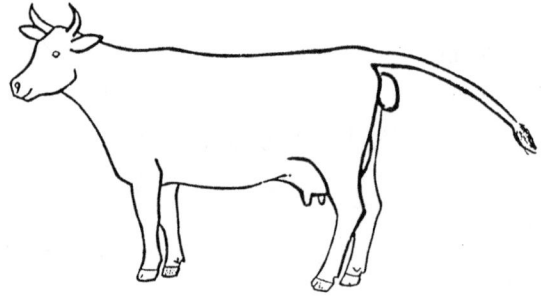

处理：

- 调整母畜站立姿势，使头部略低。必要时挖一个浅坑（大约 1 英尺深），供患畜两前腿站立。

- 让动物站立，头部略低，用肥皂水彻底冲洗脱出的红色球样组织，并使之软滑。（如有伤口或蝇蛆，必须进行处理）。

- 缓缓地将脱出的阴道推回，使缩入阴门。

- 将阴道复位后，轻柔地保持原位状态至少 5—10 分钟，否则，可因母畜努责而被再次推出。也可用手从体外闭合外阴，以保持体内的阴道不致被推出。

- 在母畜停止努责后，松手并观察半小时左右。此后数小时内应防患畜卧下，否则，会再次脱出。

- 嘱附畜主每天喂的次数多一点，喂量少一点，以缩小瘤胃占腹腔内的空间。

- 如果母畜努责，在几个小时内，观察并防止母畜卧下。

- 如发现母畜因努责而反复出现阴道垂脱时，可用绳或缝合办法防止阴道脱出。（见子宫垂脱图）。但这是个危险作法，因为如发现母畜临产，你需要立即除去绳子或撤线。

10.7.3.2 子宫垂脱

这个术语是指子宫外翻，由阴道脱出。通常发生在产后数小时。子宫垂脱在高产奶牛中常与产乳热（缺钙）并发。此病在水牛也很常见。

149

处理：

- 对此症治疗要及时，如果产后子宫脱出超过 8 小时，母畜可能会死亡。如果及时治疗，80％的患畜能存活下来。
- 彻底清洗子宫，及时将子宫复位。这往往难以做到，因为患畜往往要努责，再次将子宫推出！在站立或放倒状态下都可进行子宫复位。
- **放倒式：** 调整母畜位置，使其前躯向下倾斜（如果可能），这样有助于防止过度努责，并因子宫本身的重力作用也便于复位。也可挖一个浅坑放置前躯，或用干草将后躯垫高，将两后腿牵引到后面去。（如图示。）

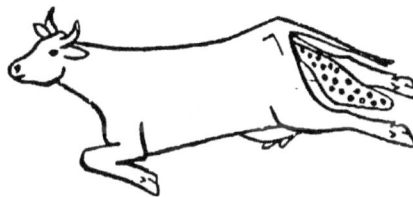

- **站立式：** 这种姿式也要保持前低后高，要有一定坡度。

子宫垂脱整复的处理步骤

- 彻底清洗子宫。最好将整个子宫放在盛有清水的桶内，用肥皂水清洗。
- 如可能，清除胎盘。
- 蹲在（或站在，如母畜呈站立状态）母畜后面，轻轻地托起子宫。
- 用肥皂水使子宫滑润。
- 慢慢地将子宫送回进入外阴与阴道。或许还要再次用肥皂水滑润子宫；
    - 推入子宫时，留心不要让手指戳破子宫。
    - 子宫还位过程时间很长，甚至要一小时，或一小时以上。
- 保证子宫在母体内正确复位；否则，会再次脱出。

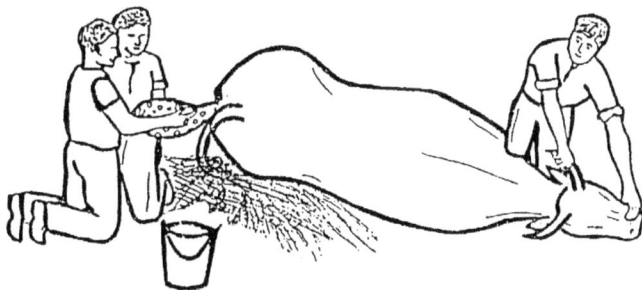

- 如果子宫肿得利害，就难于送入体内，最好用冷水（也可加糖）以减少肿胀。记着要保持子宫滑润和母体前低后高，极为重要。

- 子宫内放抗菌素丸剂，如含磺胺、四环素或呋喃唑酮的丸制，无丸剂也可用 6 个胶囊，各含 500 毫克（人用）四环素。

- 注射抗菌素，如青霉素、氨苄西林或四环素。

- 检查，如有必要，治疗动物的产乳热。

- 防止患畜努责再次将子宫推出，可用如下方：

  · 围绕外阴系一"绳环"，可防子宫再次脱出。
  · 缝 3 至 4 针，用粗缝线减张缝合，使阴户适度闭合。缝线必须在 3 天后左右拆除。

- 让牛犊吮奶，以刺激母畜释放催产素，促进子宫收缩，防止子宫再度脱出。如果无幼犊吮乳，可注射催产素。

- 如母畜躺卧，则尽量让其站立。或许要 5-6 人才能抬起母畜站立。如患畜仍试图努责将子宫推出，则保持母畜体躯倾斜，前低后高。

10.7.3.3 外阴排出物

以下是外阴排出物的不同类型及其意义：

发情期中流出的清彻、滑润的液体：正常的发情征兆。

轻微带血的分泌物：在发情周期结束后不久，也是正常现象（再配种已过迟了）。

分娩后第一周内带红色的排出物：只要母畜采食正常，不发烧，也是正常现象。

阴道内有奇臭的排出物：子宫炎的征兆（即子宫感染）。
- 分娩后不久，这种排出物往往是血与脓的混合物。能致严重疾病，甚至死亡。
- 长期慢性有含脓的排出物，通常不致严重疾病，但能引起不育。
- 治疗见子宫炎，见 154 页。

10.7.3.4 胎盘滞留（胎衣不下）

胎盘滞留的情况出现在分娩后数小时，胎衣（胎盘）未见排出。病因可能是营养缺乏、感染病、难产或其他因素。滞留胎盘可导致子宫感染，称做"子宫炎"，见 154 页。子宫炎可引起患畜严重病态。

治疗

产后 6-12 小时内，系一石块于挂在母畜体外的胎盘上，石块的重力有助于排除胎盘。另一种办法是向挂在体外的胎盘内灌水。

如果 12 小时后胎盘仍未下来，最佳的疗法是在子宫内放抗菌素，另外注射抗菌素以防子宫炎。但在边远地区，因很难得到药物与急救，可用手除去胎盘。尽管用手剥离胎盘不太理想，因可导致子宫损伤，但可以防止严重性子宫炎、毒血症，甚至死亡。

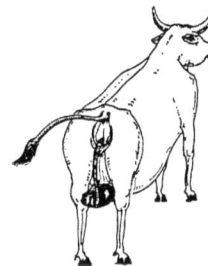

母马的特殊性：母马的胎盘滞留，比其他动物更具严重性，因为母马特别容易感染严重性子宫炎。如果产后 3 小时内胎盘不下，每小时肌注 10 IU（国际单位）催产素，直到胎盘排出。如果 6 小时后仍未排出，要注射抗菌素（如青霉素），连续注射 5 天。不要用手剥离胎盘，因可引起大出血。

母猪的特殊性：如母猪发生胎盘不下，第一天，每 2 小时注射 10 IU 催产素。到了第二天，如果胎盘仍不下，则要停止注射催产素，而改为注射抗菌素，以防止子宫炎引起的严重疾病，持续抗菌素 3-5 天。

人工剥离牛、水牛、山羊和绵羊的胎盘
1. 让畜主固定尾巴，或将尾系于一侧。
2. 用肥皂水彻底冲洗外阴及其周围。
3. 戴上塑料套袖（如有的话），用肥皂水冲洗套袖直至表面滑润。**注意**：不要不戴塑料套袖和手套就去处理流产后的动物。术后要冲洗手与手臂。见 139 页。

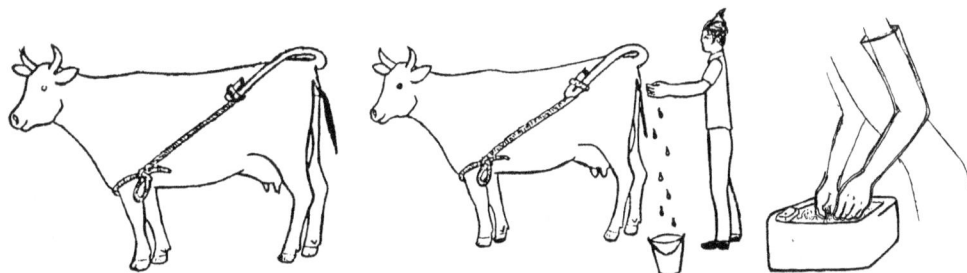

4．把手臂伸入子宫．尽可能伸入一点。如果子宫颈已闭合，伸入手臂时就不要进入阴道后面去。

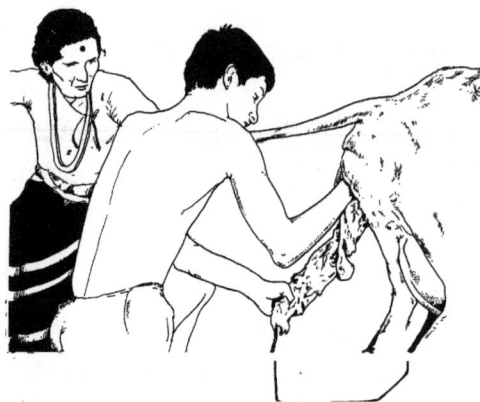

5．轻轻地探摸，并尽可能多地将胎盘除去。因为胎盘很滑，想法绕数圈在手指上，以便于固定，将它拉出。

6．将 1-2 立升的清洁、温暖的肥皂水或消毒溶液，如过锰酸钾、*沙威隆*、碘剂或氯己定（洗必泰)冲洗子宫。如子宫颈张开，可用 1 米长的边缘光滑的软管，伸入到子宫里冲洗。如子宫颈已闭合，以软管的末端抵着子宫颈冲洗。软管的另一端通过漏斗，注入药液。数分钟后，患畜会将大部分冲洗液排出。

7．放数粒抗菌素丸剂到子宫里去。如果子宫颈几乎完全闭合了，将丸剂弄碎，通过子宫颈送入子宫。几乎所有抗菌药都行，如四环素、磺胺、呋喃唑酮等。见 151 页。如无药丸，用 6 粒各含 500 毫克的四环素胶囊皆可（人用的）。

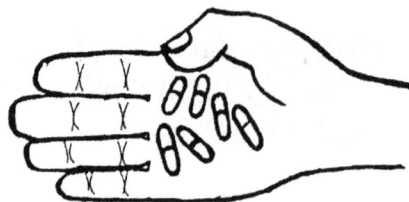

8．注射抗菌素，

预防

● 产后立即让幼畜吮奶。哺乳能促进母畜分泌催产素、促进子宫收缩和胎盘排出。催产素也能防止子宫脱出。有些兽医也常在产后注射催产素。

10.7.3.5 子宫炎

子宫炎指子宫感染。子宫感染有两种类型：

- **急性子宫炎**，发病快速（通常产后发病），能致患畜严重症状。
- **慢性子宫炎**，持续的时间长，不致造成严重症状，但可导致不育。

子宫炎有数种病因：

1. 引起流产的感染，如布氏杆菌病或钩端螺旋体病，见 161 页。
2. 胎盘不下。
3. 子宫污染，往往由于分娩过程中的不洁因素引起（如肮脏的手、设备与畜床）。

症状

- 外阴流出脓性或其他排出物。
- 腹部疼痛（尤其是急性子宫炎）。
- 发烧（尤其是急性子宫炎）。
- 食欲缺乏（尤其是急性子宫炎）。
- 不育（慢性病例）。

诊断：

- 根据症状

治疗：被感染的子宫就像"已感染的伤口"。通常被感染的子宫需要清洁处理和抗菌素治疗以控制感染。见子宫内注入抗菌素。见 151 页。

- *急性子宫炎* 通常在产后不久发生，治疗如同胎盘不下（清洁子宫、置入抗菌素、抗菌素注射）。
- *慢性子宫炎*，产后较长时间发生。用长而细的软管将抗菌素注入子宫内（经过人工授精培训的技术员知道如何注入）或由兽防员进行抗菌素注射。

其他治疗方法：治疗子宫炎的另一种有效、且自然的方法是注射前列腺素，见 131 页。使用这种药物会使动物反复发情（称"短发情期"），直到治愈。注射前列腺素，从上次发情开始日算起，每 11 天注射一次。重复发情是利用动物自身防御机制来治疗子宫炎。

注：如果从外阴排出的是浓厚的脓液，应怀疑是"子宫积脓"，这是难予治疗的疾病。有人建议用一种激素，称之为动情素，使之发情。见 131 页。一旦发情，就用细管向子宫内直接注入抗菌素。另外也可选择使用前列腺素引发短发情期来治疗。

注意：动情素和前列腺素都必须慎用，因为都能引起孕畜（包括人类！）流产。

10.7.4 乳腺炎（乳房肿胀）

乳腺炎指乳房发炎，通常出现乳房或乳头肿胀、发热、发红。乳腺炎致产乳量减少。最常见的病因是乳房损伤或细菌感染。

急性乳腺炎的症状：乳房**肿胀、发热、疼痛**，患畜会表现出病态，并停止饮食。

如果用抗菌素治疗患有乳房炎的动物，其后的数天内，乳汁不能作饮用。如果畜主坚持饮用乳汁，则必须完全煮沸后饮用。

如果怀疑是乳腺炎该如何做？
1．检查乳汁

挤少许乳汁于手中、杯里或叶片上，仔细检查。检查是否水样、异味或内有絮状物、脓液或血液，有以上任一种何症状都表示有乳腺炎。

注意：如果将乳汁挤在黑色的表面上（如黑纸或深绿色叶片上）极易见到絮状物。

乳汁可用一种特殊溶液检查，称"乳腺炎诊断液"，这种溶液通常呈蓝色。用几个毫升的乳汁与等量的诊断液相混合，震荡之后，查看混合液有无变得浓稠，如变浓稠，说明是乳腺炎。

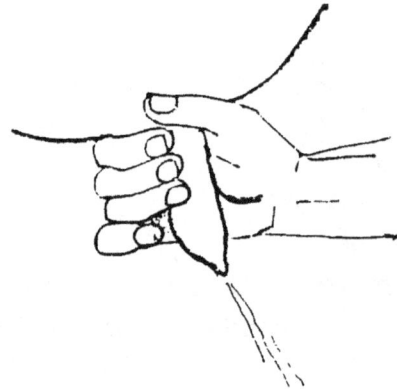

2．检查患畜体温

155

表：乳腺炎的治疗

正常乳		异常乳（即水样、异味、有絮状物、血液或脓汁）	
动物不发烧	**动物发烧**	**动物发烧**	**动物不发烧**
往往由于乳房损伤	乳腺炎加毒血症	乳房内有细菌加毒血症	乳房内有细菌而无毒血症
治疗	*治疗*	*治疗*	*治疗*
增加挤奶次数 [1]。（可能要用导乳管 [2]）。	增加挤奶次数 [1]（可能要用导乳管 [2]）。	增加挤奶次数 [1]（可能要用乳导管 [2]）。	增加挤奶次数 [1]（可能要使用乳导管 [2]）。
用湿布热敷 [3]。	用湿布热敷 [3]。	用湿布热敷 [3]。	用湿布热敷 [3]。
治疗乳房与乳头上的创伤 [4]。	治疗乳房与乳头上的创伤 [4]。	治疗乳房与乳头上的创伤 [4]。	治疗乳房与乳头上的创伤 [4]。
给予饲料与饮水。	给予饲料与饮水。	给予饲料与饮水。	给予饲料与饮水。
	抗菌素（肌注或皮下注射）。	抗菌素（肌注或皮下注射）。	不作肌注或皮下注射抗菌素，除非不能使用乳腺内输注使用抗菌素。
		如可能，使用乳腺内输注抗菌素。	如可能，使用乳腺内输注抗菌素。

1 **增加挤奶次数**（至少每天 4 次）可减少乳内压力,（和疼痛），也起到乳房内冲洗的作用。如果挤不出奶，可用一根清洁乳导管插入乳头，乳就会流出。

2 参阅 158 页乳导管的使用'。**注意**：千万不能用麦杆插入乳头导乳！不挤奶时，就拿开乳导管！

3 **湿热布热敷**乳房和乳头以减轻肿胀和疼痛。

4 **抗菌素**，有助于杀灭乳房内的细菌。

5 **治疗乳头和乳房上的伤口**有助于杀灭侵入乳房内的细菌。伤口上敷用龙胆紫、抗菌素油膏、凡士林或食用油。

预防：

以下措施可以预防乳腺炎：

- 保持畜体清洁，尤其在挤乳后（乳头仍开着时）。
- 挤乳前，冲洗乳房，然后把乳房擦干。
- 挤乳后马上用消毒溶液浸一下乳头。

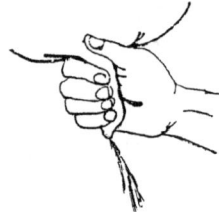

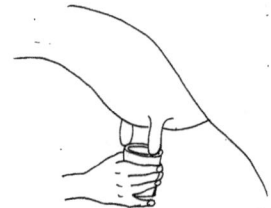

- 在产仔前数月，每天按摩乳房，这样可使母畜温驯和习惯于挤奶操作，可防止损伤乳头。
- 选择产奶母畜时，要选乳房生长良好的母畜（而且乳房不严重下垂）。

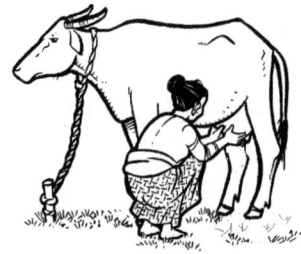

注：坏的乳汁不能供人类或幼畜饮用。在乳汁未正常前，坏乳应该被摒弃。

如何使用乳房内输注抗菌素

1. 彻底挤尽感染乳房的乳汁。
2. 用消毒剂清洁乳头。
3. 插塑料导管进入乳头（作乳房输注抗菌素用）。
4. 将抗菌素溶液接在导管上。
5. 将管内的全部药液挤入乳头。
6. 拿开导管并使乳头开口闭合。
7. 轻轻向上按摩，使药液布满全乳房。

注：乳房内输注抗菌素较肌注或皮下注射更难予操作。如果无人懂得操作技术，宁可用肌注或皮下注射。

注意：阅读和遵照乳房内输注抗菌素药管的标签说明操作。某些乳房内输注抗菌素药剂内含有类固醇物质，能致孕畜流产。

如何恰当地使用乳导管

乳导管使用不当，可将细菌推入乳头而致感染。

1．导管至少在消毒液内浸泡 10 分钟。无消毒液，可用当地制的酒精或烈性酒。药棉应该同导管一起浸泡。

2．如果接触乳房时动物反应强烈或踢人，就要用保定架适当控制动物。如果动物仍不安定，可用绳索绕前腹保定，或栓住腿以便防踢。见 20-23 页。

3．用消毒液洗手、清洁手指（和指甲）。

4．握住奶头，使之偏向一侧，用消毒棉将奶头彻底清洁。

5．然后，抓住导管基部（**不是尖端！**），插入乳头。

6．如果不慎，导管触及乳头外侧的皮肤，或动物挣扎而触及导管，则应重复清洁消毒，然后把导管插入乳头。

7．乳汁排出后移去导管。

10.7.4.1 慢性乳腺炎

有时乳腺炎没有彻底治愈，动物可能不表现症状，但产奶量减少了。乳汁不正常或如水样。这可能是由于病菌对所用的抗菌素产生了抗药性。

治疗

如果可能，将乳汁送实验室检验，以决定何种抗菌素有效。取样要在用抗菌素治疗前进行。

如果没有可能送检样品，则试用以往未曾用过的抗菌素来治疗。乳腺内输注抗菌素往往效果最好。但是，如果买不到，用肌注或皮下注射的抗菌素也可。按标签说明使用，抗菌素通常要连续注射 4 天。不要提前停药，那样会增加细菌的抗药性。

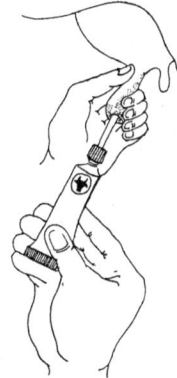

10.7.5 母畜的不育与流产

不育是不能繁殖后代，不育可能是由不同原因引起，参阅 164 页关于不育问题的综述——动物繁育的指导原则。

调查病史和作检查极为重要，这样做可以找出具体原因，如动物是否接触过毒素或发过高烧，注射过某种药物或疫苗，受到过损伤，甚至饲料太差。

第一步判定不育是母畜方面的原因，还是公畜方面的原因。

- 如果母畜已经用过不同公畜配过种，仍没有产仔，那可能是母畜方面的原因。
- 如果用同一头公畜，配了数头母畜，而大部分母畜不受孕，则可能是公畜方面的原因。

母畜方面的原因，通常有两种常见的不育类型：

1. 不发情，母畜从未有发情征状。
2. 多次配种与流产。母畜发情了，并配了种，但未见怀孕，这里指反复配种仍不怀孕。事实上，这种母畜发情次数较一般母畜的次数多。或者，母畜怀孕了，但从不达到正常的妊娠期。这可能是胎畜死在腹中，或因早产而胎畜不能存活，这称之为"流产"。最常见的不育与流产原因是：

- 感染

- 由于饲料太差与寄生虫所致的营养不良

- 某些药物与疫苗

- 高烧

- 损伤

- 毒素

10.7.5.1 不发情！
动物不发情的可能原因是什么？

已经怀孕！这是最常见的不发情原因，母畜已在畜主不知道的情况下配了种（即偷配，母畜离群与公畜接触，或反之）。

处理：确诊母畜是否怀孕。如可能，可让兽医或技术人员进行直肠检查，并在检查妊娠的同时检查卵巢与子宫的其他问题。

家畜发情了，而畜主不能辨！与畜主一道复习讨论如何识别家畜发情与发情征状。见 135 页。
"安静发情" 有时母畜发情，但不表现正常发情征状。这往往出现在附近没有公畜的情况下。

处理：在发情季节，将母畜与公畜合群，或将母畜置于公畜近处。这样，母畜发情了，即使畜主不能辨别，而公畜能辨别。
老龄：检查牙齿估计其年龄。如果家畜年龄太老，就向畜主说明。
处理：老的动物要被淘汰，由年幼的动物来取替。检查畜龄，应常规地进行，这样就不会使畜群都同时老龄化。例如每年淘汰和更新 20％的母猪，就能保持畜龄的适当结构。

营养不良/营养缺乏：某些动物在饮食里缺乏某些成分而致不发情，最常见的是缺乏足够的能量（如动物消瘦），或加上感染许多寄生虫会使体况更恶化。在许多热带国家，土壤和植物里缺少一种叫磷的矿物质，动物缺磷，就会繁育不正常。

处理：喂养动物营养平衡的食料，使它们有足量的能量，不致消瘦或显病态。见 106 页。此外，治疗寄生虫病。

注：咨询政府的推广人员，该地区是否普遍缺乏某种矿物质，如果缺乏，则根据当地专家建议来补充矿物质。不要依赖价格昂贵的磷和维生素注射剂，可以把维生素和矿物质添加到饲料里来补充。

注意：许多畜主给了出售维生素注射剂或矿物质的商贩们可乘之机、从中取利。在许多情况下，廉价的当地饲料就能提供所需的维生素和矿物质。而主要问题经常是寄生虫病和饲料的能量不足。

过肥：母畜过肥往往不能正常发情和怀孕，也会造成分娩困难或娩出弱胎。

处理：喂量减少一点，但营养平衡的饲料，直到体重表现正常。

感染：子宫炎也引起不育。见 161 页。

卵巢或子宫的问题：如上述几种原因都排除后，就有可能是由于卵巢的问题而不能正常发情。动物生殖器官畸形也导致不能怀孕，或怀孕后流产。这往往出现在母牛的孪生异性后代，即一公一母。在牛，约有 95％的孪生母牛的生殖道不能充分发育而不育。在美国，这些母牛称之为"异性双胎不育犊"。

10.7.5.2 反复配种与流产

反复配种与流产的许多病因有相同之处，两者可以结合起来考虑。

营养不良（营养缺乏）
由于饲料太差或寄生虫的原因，可参阅 51，125，176，196 页。

卵巢囊肿
囊肿是一种充满液体的肿块，常在母畜的卵巢表面上发生。囊肿能产生激素，从而破坏动物的发情周期。母畜表现行为异常，如持续发情。表现公畜的爬跨行为，或无发情征兆。最常见的是以下两种囊肿：

滤泡囊肿
症状：发情后不到再发情期又发情。

诊断：根据症状。囊肿可由直肠检查证实（由熟练的技术人员操作）。

治疗： 注射绒毛膜促性腺激素（HCG）。如果这种注射液买不到，可以试用一种老办法，即用吸管将 10 毫升 5％的碘溶液注入子宫。

预防： 卵巢囊肿可由注射某种雌激素而引发，或食入某些含高量雌激素的饲草引起。如果怀疑你们地区有家畜卵巢囊肿的问题，应向当地有熟练技术资质的人咨询、请教，要考虑淘汰患慢性卵巢囊肿的动物（特别是复发病例），因为卵巢囊肿有传递给后代的趋势。

黄体囊种

症状： 动物全然不发情。

诊断： 根据症状。

治疗： 注射前列腺素。如果治疗有效，母畜应在 3 天内发情。如果买不到前列腺素，可以试用上述的碘溶液注入子宫的办法。

预防： 还是考虑淘汰患卵巢囊肿的动物（特别是复发病例），因为卵巢囊肿有传递给后代的趋势。

感染：

子宫炎（子宫感染）是子宫病，已有论述，见 154 页。子宫炎也是不育的常见原因。除一般性子宫炎外，还有许多由不同细菌引起的感染，造成不育与流产。即使在实验室帮助下，有时也难于作出准确的病原诊断。下列是最常见的引发子宫炎的病源：

- 牛：一种称为"胎毛滴虫"的生物体能引起不育或不规则发情，该病能通过配种传播。
- 猪：一种病毒称为"细小病毒"能引起不育、流产或木乃伊性死胎。
- 以下描述的是两种最常见的、引起流产的传染病。

布氏杆菌病

布氏杆菌病的病原是布氏杆菌，可以引起流产和不育，致牛、水牛、山羊、绵羊、猪与狗的流产、不育与睾丸发炎。

布氏杆菌病也是一种重要的**公共卫生病**，因为它能致人类的"波状热"或"马尔他"热。人类的症状包括热度的起伏（即波状发烧）以及头痛与周身无力，见 281 页。人的感染是由于接触了感染动物的胎盘、饮奶，或屠宰肉用动物时（尤其是猪）感染。

动物的感染是经由污染饲料或饮水，病原进入口腔，或与患畜接触，特别是患畜胎盘。在妊娠末期，细菌进入子宫引起流产。流产后，胎盘滞留造成产后不育。感染动物的奶内也含有布氏杆菌。

诊断： 通过培养流产动物的血标本或胎盘或乳汁可作出诊断。

治疗： 无。

预防/控制：

- 在许多国家，行政当局要求血检来鉴定感染动物，鉴定阳性的动物必须屠宰。
- 一些国家，有获准的布氏杆菌疫苗出售，但是，兽防员必须慎重与准确地操作，并按标签说明和该国的规定办事。
- 流产动物及其胎盘，必须深埋或焚毁，以防止与其他动物和人类接触。
- 人在饮奶前，必须将奶煮沸，以杀死布氏杆菌及其他有害生物。

注意：千万不要在未戴塑料手套前，处理流产动物的滞留胎盘。事后冲洗两手与手臂。如果不慎接触了布氏杆菌病，口服 500 毫克四环素，每日四次，连服两周。

钩端螺旋体病

钩端螺旋体病是人畜共患病，见 287 页。狗、猪、牛、鼠、野生动物都是传染源。感染动物的尿内带菌。动物与人类感染是通过饮污染的水或接触感染动物的尿液。

症状：幼畜感染程度严重，发烧、黄胆、尿呈红色（称血尿），见 246 页，这些症状出现之后，患畜出现贫血，并可能随之死亡。成年动物在妊娠末期流产，或产奶量降低，且呈黄色，有血色乳但无乳房发炎症状。有时无症状，特别是猪和不在泌乳中的家畜。

诊断：诊断往往依据症状，血样检查可以证实。

治疗：治疗用四环素或链霉素，应在病程的早期进行。

预防/控制：早期以链霉素和疫苗同时处理可有助于控制流行。链霉素可防止尿内带菌的传播。控制鼠类也可减少传播。

某些药物或疫苗也是造成流产的原因

某些药物和疫苗可引起流产：所以说，使用药物前要认真阅读标签和说明书。 如果看不懂说明书，应寻求帮助。引起动物流产的常见药物是：

- 类激素，如地塞米松

- 雌激素（用以致雌畜发情的药物）

- 前列腺素（用以致雌畜发情的药物）

- 四氯化碳（CTC）-用以治疗肝片形吸虫的药物

高烧或体温过高也是流产的原因：

高温或引起动物发高烧的任何一种疾病都能引起动物流产或不孕。有些病引起动物发高烧后流产或不孕，这些病含猪霍乱、非洲猪瘟、猪丹毒、牛的口蹄疫和各种动物的炭疽。

处理： 在热带地区，最明智的做法是避免高温时给动物配种，尤其是猪，要选在早晨或黄昏配种。提供防热防晒的保护，在运输、扑捉、去势、注射疫苗或驱虫时防止过热，考虑夜间运输。见 62 页，对过热或发高烧动物的处理。

挫伤、应激、损伤引起流产：

受到外伤或刺激可引起不育或早产。刺激或损伤可因事故、摔倒引起，或由其他动物（特别是角触伤）造成的创伤。也可由操作粗暴、长途运输、过分拥挤，或缺少棚舍而过分挨冻、泥泞、风、晒或热等逆境条件而引起。

毒素引起流产：

- 某些植物含有能引起流产或不育的毒素，例如，银合欢树能产生一种毒素叫含羞草碱，银合欢树叶是营养丰富的饲料，但如果大量取食会引起一些品种的动物不育与流产。
- 贮存不当或受潮的饲料会产生霉变，由霉菌产生的毒素，称"霉菌毒素"，能引起不育和流产。
- 引起某种乳腺炎或其他感染病的微生物能产生毒害动物的毒素，叫毒血症，能引起流产。

10.7.6 公畜的不育

公畜的不育可能是暂时性的，如公猪在过热时；也可能是永久性的。公畜也可能因腿脚问题而是机械性地不能配种，公母体型相差太悬殊或生殖器官异常而不能配种。精子的数量与质量也可能是不育的原因。

10.7.6.1 公畜的过度使用

公畜过度使用，或在短时间内配了过多的母畜也会引起不育。见 165 页。

10.7.6.2 太肥

公畜太肥可能不能正常配种。

10.7.6.3 缺少与母畜接触

隔离状态下培育出的公种猪，也可能出现不能正常配种。

10.7.6.4 睾丸肿胀

睾丸肿胀有两种常见的原因，即**感染**与**损伤**。感染往往是布氏杆菌，布氏杆菌先引起睾丸肿胀，然后萎缩，结果是不育。较少见的情况有，因肿瘤而造成的睾丸过大。

症状/诊断： 由感染引起的炎症反应，睾丸肿大、疼痛并发热。慢性感染可引起睾丸内的脓肿

治疗： 凉水浸敷睾丸。如果动物发烧或有其他感染症状，给予抗菌素治疗，如青霉素或四环素。如果动物疼痛，可用止痛药，如阿司匹林。

控制/预防： 购买动物时留意，不要买两侧睾丸不匀称、太小、或有肿胀症状。若有牧场经常出售有睾丸病的动物，就不要从这些牧场购买动物。

10.7.6.5 阴茎断裂（包茎，箝顿包茎）

见 247 页。

10.8 配种的指导原则 BREEDING GUIDELINES

10.8.1 不要配种幼龄或体重太小母畜。

适合配种的母畜年龄，常常取决于在生长中所取食饲料的质量。在母畜第一次发情期最好不要配种，尤其是体型较小的母畜。因为，这时配种容易造成在生产时难产，胎畜弱小，且产仔数目少（猪）。

10.8.2 太瘦弱或不健康的动物不要配种

瘦弱或不健康的动物（公畜或母畜）配种后可能发生流产、不育或产仔少。体质羸弱的动物，最好等其健康与体况好转后再配种。

10.8.3 母畜配种要在"发情期"

配种要在母畜"发情期"，发情的征状因动物种类而异，见 135 页的表。有些动物在发情期间仅交配一次（如牛、水牛、羊和山羊），而另一些动物在发情期中，可交配多次（马与猪），见 135 页的表。不要强迫动物交配，如果母畜不在发情期，会伤害公畜。

10.8.4 日常观察母畜的发情征兆

每天至少一次地观察母畜的发情征兆，通常在早晨和傍晚动物表现发情的体征更明显。要观察你认为已经配上种（怀孕）的动物，如果这些动物再表现发情，说明并未配上而需要再配。已配了种的动物，要特别注意它们下一个动情期（通常 18-23 天）。如果母畜很难怀孕或多次失配，应予屠宰或不作种用，因为难于受孕的问题可以遗传给后代。

10.8.5 不要使种畜受刺激或过热

要进行配种的公畜或母畜都要避免受到刺激或过热，因为这两种因素可能造成不育。如果母畜必须去公畜处配种，应在母畜发情前赶去。如果已在发情期，应在一天中的凉爽条件下，慢慢地驱赶去。在公猪，过热所致的不育可长达两个月。

10.8.6 避免近亲配种

两个血缘关系非常近的动物间的交配，称之为"近亲交配"，近亲交配会造成不健康或繁殖力差的后代，见 167 页。

10.8.7 公畜配种不可过频

公畜不应"过度使用"，即配种太频。配种太频会引起精液内的精子不足。是对季节性发情动物，如水牛，许多母牛在极短期内同时发情，配种过度就成了大问题。一般规律，公猪一天不能多于一次。公马每两天不多于一次。至于绵羊和山羊，每 50 头母羊必须至少要有一头公羊。至于水牛公牛，每天配种不多于一次。于一般传统习惯相反，没有必要让公水牛在同一天内与同一母牛交配两次！

10.8.8 不要仅依靠一头公畜配种

至少要有两头公畜配种，因或许其中一头可能有生育力的问题。如果母畜在配种后再继续发情，就要怀疑到公畜不育的问题。

10.8.9 如果可能，作精液测定

由受过培训的技术人员进行精液测定，以验明精子的繁殖力。

10.8.10 保存记录

仔细写下配种日期，不要仅靠自己的记忆！

10.9 遗传改良 GENETIC IMPROVEMENT

10.9.1 动物进口

许多家畜改良项目都有引进种畜来加快提高当地品种的生产力。引进种畜有利也有弊。

有利方面：在少数几代内，家畜生产力就得到提高。

不利方面：

引进家畜费用高，且有风险。引进的家畜会因对当地疾病的抵抗力低，或不能适应当地条件、饲料或管理制度而发病或死亡，而带来风险。而且，引进的家畜在费用、劳力、饲养、治疗、管理等方面花费多。许多家畜改良项目之所以失败，在于当地家畜生产者不具备提供引进家畜所需要的饲养和管理条件。

仔细考虑引进家畜的优缺点，还要考虑进行遗传改良的其他选择。

10.9.2 中间选择：有限杂交

有一些家畜改良项目，限制引进动物的数量，只将少量的引进家畜与当地家畜配种。例如，将一头进口公山羊放在多只当地母山羊中配种。后裔称为"一代杂种"，即外来品种与当地品种各占一半。一代杂种能适应当地环境，且比当地动物更具有生产力。

纯种（外种） X 纯种（当地种） = 一代杂种

反过来，用一代杂交种与进口种回交（无血缘关系—避免近亲繁殖），得出的后裔称"四分之三"外来血种，即四分之三外种，四分之一当地种。这种做法在许多家畜育种中，行之有效。

杂交种 X 纯种（外种） = 3/4 外种

10.9.3 遗传改良的其他决择

不用进口动物而改良当地家畜的其他选择是什么？

166

10.9.3.1 选择

遗传改良可以根据亲代良好性能，认真选择优秀子代用于配种，来促进遗传改良，这就叫 **"选择"**。如亲代长得快、生产好，子代也会如此。选择的进展比引种改良可能要慢些；但是，风险要小些，因为后代能很好地适应当地条件。

10.9.3.2 淘汰

生产性能不好，或有缺陷的动物不应留作种用，而要在性成熟前予以去势（阉割）。从畜群中剔出不合要求的动物称为"淘汰"。淘汰可以避免将资金耗费在劣质家畜上。

10.9.3.3 避免近亲繁育

近交或称近亲繁育指有亲密血缘关系的动物间的配种。有时是有目地使用近交来开发子代某些特性。然而，从遗传来讲不提倡近交。因其后代会有缺陷，或比较体弱、小型与生产性能较差。有三种方法来避免近交：

不要让有亲缘关系的动物互相交配

某一地区都是几只公畜在持续使用，这几只公畜极有可能配它们的生母、姐妹或女儿，或后裔间互相配种。解决的办法是异地选公畜和把当地的公畜送到其它地方。

不要用这头公畜配种

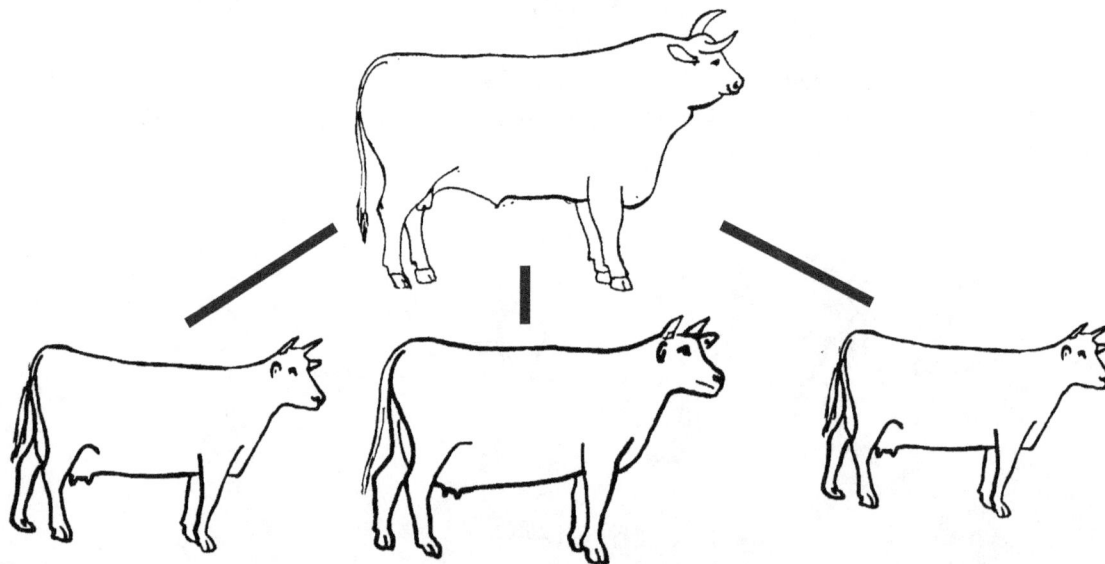

它的姐妹　　　　　　　　　　它的母亲　　　　　　　　　　它的女儿

不敞放或不加看管

敞放的或无人看管的动物可能与其有亲缘关系的或劣质的动物交配。这种情况下发生的配种不可能弄清谁是子代的父畜。解决的办法是看管好动物，不要散放。

167

去势（阉割）不作种用的幼公畜

一些幼公畜到了性成熟期，如果不去势，它也许会与其亲生母畜或同亲雌畜交配。解决的办法是将不作种用的幼公畜阉掉。

10.10 去势 CASTRATIONS

去势是除去或破坏睾丸的手术过程，使公畜无性功能。因为，这种手术过程很疼痛，作者建议用局部麻醉来止痛。在一些国家麻醉药不易得到，但还是必需给公畜去势。如那样，兽防员必须自行决择。

有三方面的理由决定去势：

1. 去势能防止公畜致母畜怀孕。
2. 去势可减少公畜的攻击性，使之便于管理，对周围安全些。
3. 去势后的动物的增重快些。

10.10.1 去势的最佳年龄

公牛可以在 2-3 月龄时去势，山羊和绵羊在 2-3 周时去势。给年龄小的幼畜去势的好处是对动物的损伤程度轻，最容易，也最安全。去势的不利方面是增加发生尿结石的可能性，致尿道阻塞，影响排尿。马和骡通常在 2-3 岁去势，尽管骡本身是不育的，也不能繁殖，但睾丸仍能产生睾酮，仍有爬跨交配行为。未经去势的骡子难予驾驭。猪最好在两周龄左右去势。

10.10.2 去势钳法

在室外去势，最好用去势钳法。这是一种特制的夹具，能够夹断走向睾丸的精索和血管，而不切开或致伤阴囊皮肤。夹断精索和血管后致睾丸萎缩，不再产生精子，该法的优点是没有开放性伤口。缺点是需要特制的工具，并且，如果去势钳用得不当，会造成阴囊感染或睾丸不萎缩（即达不到去势效果）。

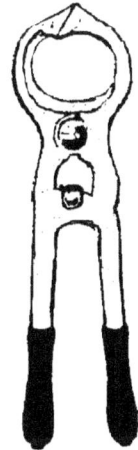

有大小不同的去势钳，小型的用于绵羊/山羊，大型的用于牛/水牛。对于大型家畜来说，夹去势钳需要用力，有时还需要助手，也可将去势钳的一个柄置于地面或置于技术员的膝上。去势钳法绝对不能用于马。要在不同高度上夹断精索（见下图）以保证走向精索中心部分的血管不被夹断。如夹断供给阴囊的血管，整个阴囊会掉落而且造成感染。

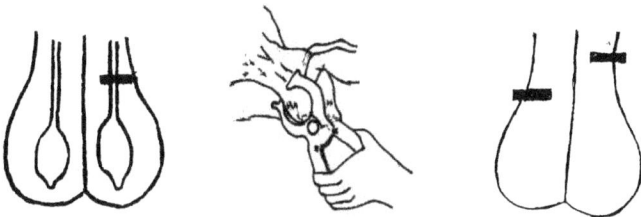

去势钳夹断精索和精索内血管，而不夹破皮肤。在不同高度上，钳夹两侧边缘，以避免夹断供给阴囊的、在阴囊缝际的血管。

168

公牛、山羊和绵羊的去势钳法：

- · 保定动物。
- · 抓住精索。
- · 保持精索紧靠阴囊一侧皮肤，以防止向两边滑动。
- · 用去势钳夹住覆盖精索的阴囊皮肤外 1/3 高处，闭合去势钳，直到听到"卡嚓"作响。避免夹断精索的中间部分，因含有供给阴囊的血管。
- · 握住去势钳数秒钟，然后松开。
- · 为了保证去势，再在夹断部分的上方或下方 1 厘米处钳夹一次。
- · 重复另一侧的钳夹程序，但在不同高度压碎精索，以保证血液仍能到达阴囊。**不要使两侧的夹处在一个高度上而横过阴囊，这样做会夹断血管，造成整个阴囊坏死与感染。**
- · 在钳夹处用防蝇油膏涂敷，防止蝇蛆侵袭。

10.10.3 开放法

开放法是在阴囊上作切口将睾丸除去。本法的优点：效果确实，容易施术，也不需要特殊工具。缺点是伤口有被蝇蛆或细菌感染的危险。也可能在精索被切断后大量流血，以致造成公畜体弱、甚至死亡。**重要提示：**刀口要切的大一点；在去势后要让动物运动以确保伤口排液通畅和减少肿胀。尽量做到清洁施术，用肥皂水、清洁水、和消毒液洗手和洗净手术部位。用清洁、锋利的手术刀作切口。

六月龄以内的公牛犊开放法去势程序：

- • 选用清洁、锐利的手术刀。
- • 用绳子固定动物。
- • 用肥皂、清水、消毒液洗净双手和动物阴囊。
- • 用消毒剂和水清洁阴囊，如可能，使用局部麻醉。
- • 抓住阴囊底部，下拉使皮肤紧绷，切去阴囊的下部 1/3。

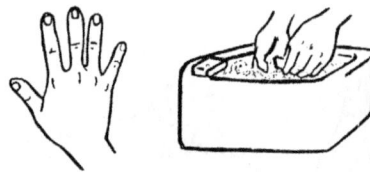

1. 固定动物   2. 洗手并清洁被阉割动物的手术部位

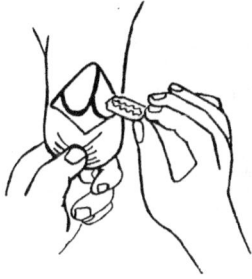

3．割开阴囊皮……   **4．切除阴囊下部 1/3**

- 抓住睾丸，稳步拉动，直到精索被拉断。
- 如有脂肪组织悬挂在阴囊外，要用刀切除。
- 涂抹驱蝇油膏以防止伤口被蝇蛆侵袭。
- 1-2 周内要让动物运动，以减少肿胀并有利于伤口排液畅通。

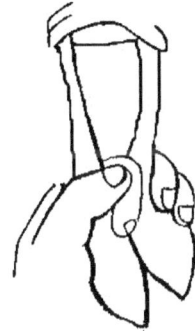

公绵羊与山羊开放法去势程序（六月或六月龄以内）：

- 使动物侧卧固定动物。
- 用肥皂、清水、消毒液清洁双手和动物阴囊。如可能，用局部麻醉。
- 抓住阴囊，作两条切口，切口要与阴囊皮中线平行（切口尽可能靠近阴囊底部，使排液通畅）。
- 切口深度要达到白膜，露出有光泽的鞘膜，但不要切它。
- 抓住睾丸，用力拉，直到拉断精索。
- 如有脂肪组织悬挂在阴囊外，要用利刀或利剪切除。
- 涂抹驱蝇油膏以防止伤口被蝇蛆侵袭。1-2 周内要让动物运动，以利伤口排液并愈合。

公牛、绵羊与山羊的开放法去势（大于六月龄）：

（开放法去势大龄动物常有流血风险）。

- 程序与 6 月龄内的幼畜去势手术相同，但有以下不同：
- 用钳钳住精索（如有可能）。
- 放开钳子，并在钳住的位置用缝线扎住精索。
- 如无夹子就用缝线绕精索两圈，扎紧牢实。
- 在缝扎处下方，切断精索。
- 其他程序同幼畜去势。

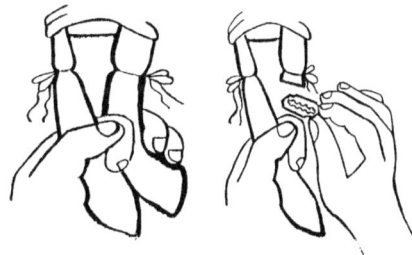

橡皮筋法（一般不提倡）：

　　本法是使用一种特殊工具把细橡皮筋绕在一周龄左右的幼山羊羔和绵羊羔的阴囊上。橡皮筋阻断阴囊的血液流通最终阴囊在橡皮筋缠绕处同其内的睾丸被切除、掉落，一般不发生感染。但是，在破伤风危险区，仍有感染发生。本法一般不常使用。

马的去势：

- 马应该在 2—3 岁左右时去势----这时小马已充分发育，但还没有达到难予控制的年龄。
- 不能用去势钳给马与骡去势。因它们的阴囊袋短些，难以找到合适的位置来用钳夹断（夹碎）精索。所以，要用开放法阉马骡。
- 马与骡易患破伤风，手术前应注射破伤风类毒素以防止患破伤风。去势的同时，还要注射长效青霉素。

程序

- 给予镇静剂，如赛拉嗪（Rompun，龙朋）（如有售，并能正确使用）。
- 放倒马，并把四腿捆缚好（见保定章）。
- 用肥皂、清洁水、消毒液洗手和牲畜阴囊。
- （如有可能）在两个不同部位注射局部麻醉剂，如下：
  - 在每一睾丸沿将要切口处一线，给予皮下注射 2％麻醉剂 10 毫升。切口应扩大到整个睾丸长度（与阴囊中缝平行，每侧切口距中缝约 2 公分）。
  - 两侧睾丸的精索内各注射 10 毫升（注射点在两侧睾丸上方）。
- 等待数分钟、当麻醉剂生效后开始操作，沿皮下局部注射处作两个切口。使切口长度与睾丸等长（否则，术后排液不畅）。切口要切透皮肤，但不要切入包裹睾丸的白色有光泽的一层膜，称之为"总鞘膜"。
- 牵拉睾丸，使之与周围组织脱离。
- 切开总鞘膜，则睾丸逸出。
- 轻缓拖拉睾丸，使精索暴露（不要扯断精索）。
- 缝扎精索（包括包裹精索的白膜）2—3 次，保证精索扎牢，使切断后无血液流出。
- 在缝扎处下方，用烙铁（如有）灼烙断精索，这样其有助于止血。如无烙铁，在缝扎处下方，用钳夹住精索（压碎精索）2—3 分钟，在夹痕下方切断精索。
- 同样程序处理另侧睾丸。
- 将两侧睾丸的总鞘膜切去，以利排液和防止感染。
- 将悬挂在切口外的一切疏松组织剔除。
- 注射一剂长效青霉素，以防破伤风。
- 松开绳子，小心地帮助马在不伤着自己的情况下站起来。
- 术后观察数小时，检查有无出血。
- 术后两周内每天牵马走动，以减少肿胀并有利于排液。
- 如果切口封闭或已感染，必须再次放倒马。切开并清洁切口，并再次注射青霉素。

注： 避免感染的关键是保持清洁与排液。为此，必须完善地进行冲洗与消毒、作长切口、除去多余组织（如总鞘膜）、注射青霉素、让马运动（减轻肿胀）。

马的去势程序

1. 正确放倒马

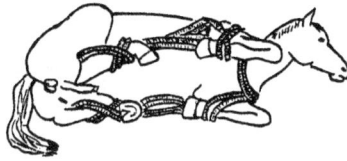

2. 牢靠地固定其腿

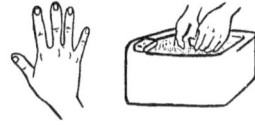

3. 冲洗双手和去势畜的
阴囊部位

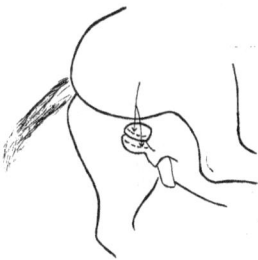

4 局部麻醉阴囊缝际两侧

5. 切开阴囊，切口长度同睾丸

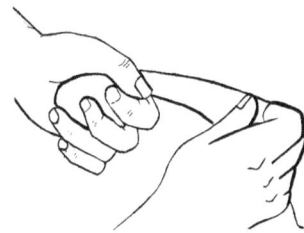

6. 挤出睾丸

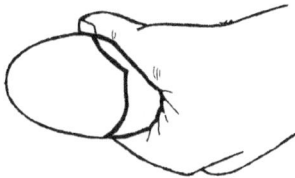

7. 切开总鞘膜
逸出睾丸

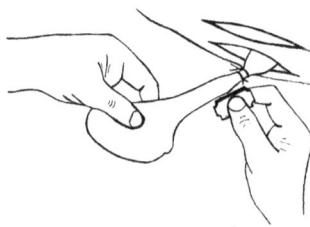

8. 夹碎精索在夹碎区
下方切断精索

9. 用驱蝇剂处理术畜
防止旋蝇蛆

注射青霉素
penicillin injection

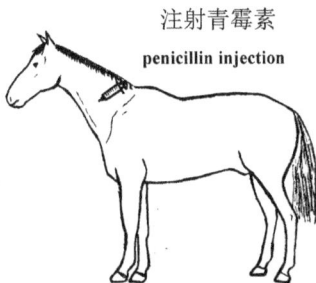

10. 给马注射青霉素

11. 术后，让马运动 5 天
以减少肿胀

172

猪的去势

- 多数人喜欢将小公猪去势，理由如下：
  - 减少非种猪所带来的不必要的危险（公猪会伤害其他动物或人）。
  - 防止公猪与其同母姐妹、亲母或亲女交配，造成近交。
  - 促进快速生长。
  - 防止公猪肉出现的异味与性臭味（公猪必须于屠宰前至少一个月去势）。
- 最好在公猪两周到两月龄内去势。幼公猪去势，受到的损伤程度轻。

幼公猪的去势程序

- 由一人倒提猪体，两手握住两后腿的飞节上方。如必要，将猪体夹于助手的两腿间。

- 摸到阴囊，检查看有无肠管（即疝气）。如果有阴囊疝，则不要去势，找有经验者来处理阴囊疝。

- 用肥皂、清洁水或消毒液洗手和动物的阴囊。

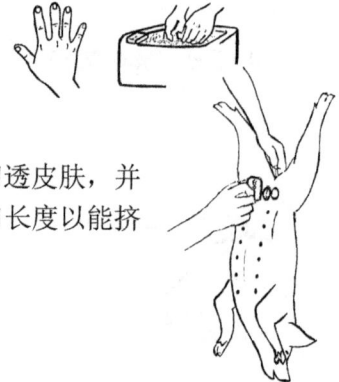

- 将睾丸夹于拇指和其余手指之间，挤进阴囊袋中。作切口，切透皮肤，并深达睾丸实质。切口与阴囊缝际平行，离缝际 0.5-1 厘米。切口长度以能挤出睾丸为度。

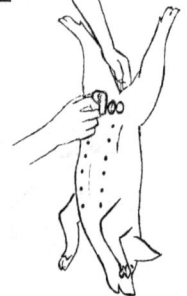

- 将睾丸拉出，在近体侧切断（或拉断）精索。另侧睾丸在对侧另作切口，同法处理。切口要在猪站立时，保持最低位置，以利排液，这有助于伤口及早愈合。

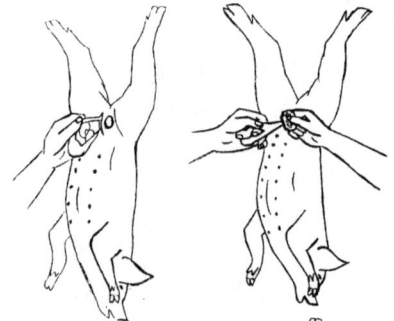

- 术后，洗净切口周边血迹。有血，则会引来苍蝇，伤口会充满蝇蛆。喷洒、涂敷林丹等驱蝇剂。在伤口痊愈前注意圈舍清洁、干燥。

173

大公猪的去势

给大公猪去势其流血和感染的风险很大，像去势大龄牛一样，最好用局部麻醉，血管要用猫肠线（有人喜欢用钓鱼线）结扎。切口要长，以利于排液。术后一周内驱赶公猪运动，以减少肿胀并利于排液。注射长效青霉素以防止感染，包括防破伤风。伤口每天要用药来防止蝇蛆侵袭。

10.11 人工授精 ARTIFICIAL INSEMINATION（A.I.）

人工授精包括从公畜取精液的过程，和**适时**将精液输送到母畜生殖道里去的过程。如果处理正确与适时，公畜的精子和母畜的卵子结合，就能产生幼仔。

精液的采集：精液内含有大量的精子和多种腺体来的液体。精液的采集方法必须能保持精子的存活和健康。第一步是从公畜采集精液，通常是将公畜驱赶到发情的母畜那里去，公畜爬跨时，将公畜的阴茎引向如阴道那样的容器，称之为"人工阴道"。其精液进入一个与人工阴道连接的小瓶里。精液要放在特制的容液里以保持其存活和健康并要进行稀释（因为，一次采集的精液含有足量的精子供许多母畜受精）。

精液的贮存：稀释了的精液可以立即使用，或冷冻起来，在含有特殊的冷冻剂，叫"液态氮"的容器中贮存多年。制液态氮需要有专门的机械设备，液氮罐要定期检查，还要定期地加入液氮。因为开罐时会有化学物质蒸发，如果不定期检查，液态氮可能完全蒸发掉而致精子死亡。

母畜的配种：当给母畜配种时，必须把贮存的精液仔细解冻，然后放在一种特制的细长的管里称之为"吸管或细导管"。将内有精液的细导管插入母畜的阴道内，抵达子宫颈。当导管的尖端穿过子宫颈时，将导管里的精液推出（像用长针头打针一样）。精子穿过子宫进入输卵管，在那里与卵子结合。

适时输精：对母畜人工授精必须在靠近排卵（即由卵巢排出卵子）的时间进行。尽管动物品种间有所不同，但一般来说，排卵发生在发情期末。例如，对母牛的配种，最好在发情后8-12小时。

一个常见的问题是有些农民不认识发情的征兆，结果不能正确掌握人工授精的时间。或者动物已被偷配（而不是人工授精）。

成功的人工授精技术要求农民能识别发情征兆。至于检测发情，见133和164页

人工授精的优点：

- 可以减少公畜的需要量，从一头公畜一次採集的精液，经过稀释能用于数头母畜。
- 可以节约开支，因为单家农户无需饲养一头公畜来为少数几头母畜配种。
- 精液可以从远方运来，而不必将活畜牵来。这对交通不便的边远地区极为重要，还可防止由活畜带来新病。
- 人工授精可以防止多种性病的传播。
- 不引进种畜也可开展杂交项目，而且引进的种畜，往往不能适应当地条件而生病。

人工授精的缺点：

- 畜主必须正确识别母畜的发情征兆，否则，贵重的精液会因使用时间错误而被浪费。
- 通常需要有常备的特殊设备和材料，尤其是必须提供液态氮，否则，精液会因温度升高而死亡，这在许多发展中国家，是个大问题。
- 必须有受过培训的人工授精技术人员，才能将细管内的精液注入到动物体内去。
- 通常需要有效率的通讯系统和运输条件，才能将母畜在正确的时间配上种。在边远地区靠走路传递信息和提供物资就更困难了。

10.12 与妊娠有关的代谢病 METABOLIC DISORDERS RELATED TO PREGNANCY

低血钙—"乳热症"

- 见 270 页。

牛的酮病

- 见 253，271 页。

低镁症/青草抽搐症

- 见 272 页。

绵羊的妊娠毒血症

- 见 253，271 页。

畜体系统及其有关兽医问题
第十一章　消化系统 11.0 DIGESTION SYSTEM

综述

任何妨碍食物在整个消化系统**运行**的问题，包括食物的**分解**，或养分的**吸收**，都将妨碍身体对食物的充分利用。如果持续下去，最终是使动物消瘦与病态，患营养不良症，见 125,191 页。

> **消化**是食物被分解成细小物质和在消化系统中被身体吸收的过程。

消化系统的功能

·将食物分解成细小物质，这些细小物质就称作养分。
·将养分输送到血液。
·将未消化的食物送到直肠，形成粪便排出体外。

换言之，下列情况必须发生：
·在消化道内食物必须**正常地运转**。
·各种腺体和器官必须充分地**分泌消化液（酶）。**
·消化液（有时是有益微生物）必须**将食物分解成细小物质，称"养分"。**
·养分必须被**吸收入血液循环。**

家畜消化系统的两大类型

动物的消化系统类型是处理动物消化系统问题的依据。

草食动物

草食动物有着能适应摄入大量饲草和其他粗饲料的消化系统（虽然草食动物也能食入谷物和其他饲料）。草食动物包括牛、水牛、绵羊、山羊、羊驼、骆驼、马、与骡。

非草食动物

　　非草食动物能消化一些未成熟的、质地柔嫩的青草以及蔬菜，但是，对成熟的草料消化得很差。非草食动物需要其它不同饲料，如粮食、蔬菜、肉类来赖以生存。这类动物包括猪、鸡、狗、猫和大多数鸟类。它们有一个单胃，称"单胃动物"。'

有益微生物--不要杀灭它们！

　　草食动物之所以能够摄入大量粗饲草，是因为它们的胃肠内有着有益的微生物（细菌和原虫）。咀嚼食团的草食动物，称之为"反刍动物"，反刍动物含绵羊、山羊、牛、水牛、牦牛、骆驼，以及羊驼。在咀嚼食团时，它们将有益的微生物与摄入饲料充分混匀。马与兔的大肠内也生活着类似的微生物。

　　这些有益微生物起着消化饲草和树叶中的粗糙成份的作用。此外，这些微生物还生产部分蛋白质和 B 族维生素，有助于草食动物生长和保持健康。如果有益细菌和原生虫死亡，草食动物就无法消化其饲料。例如：兽防员给草食动物（口服）抗菌素，有益细菌可能死亡，动物就会消化不良。

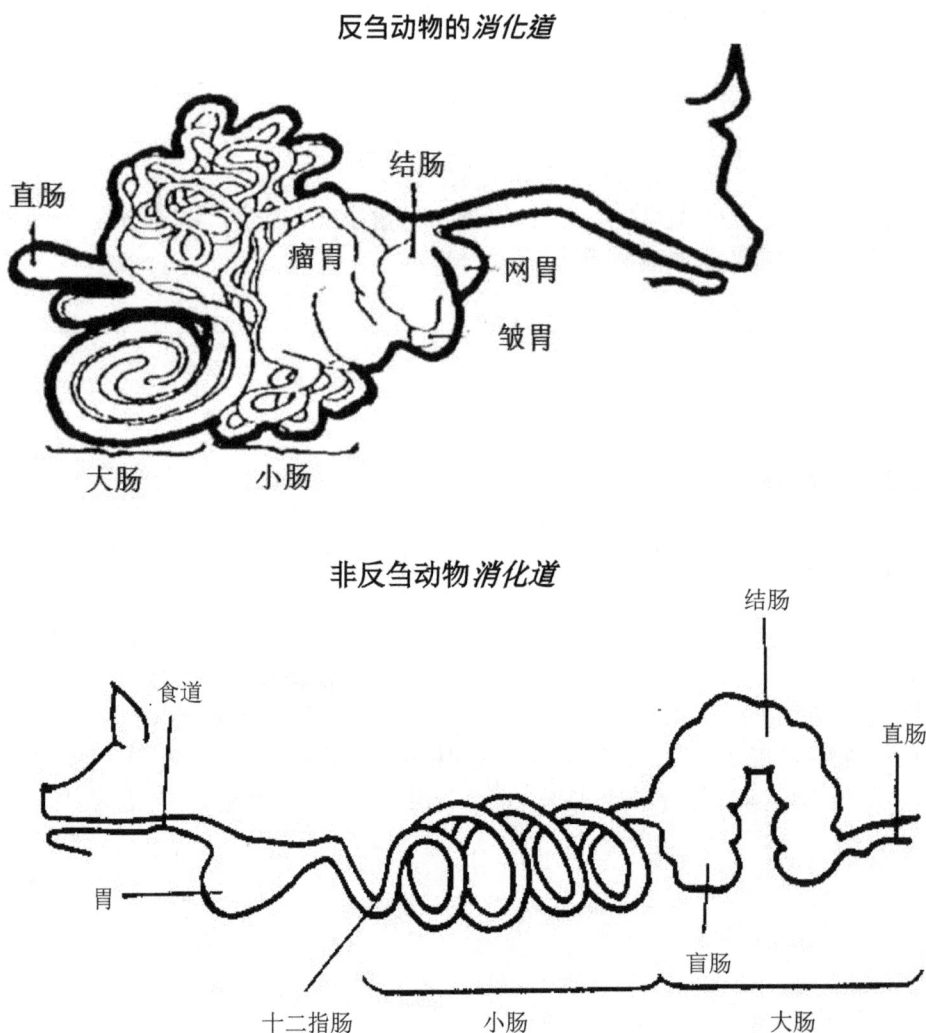

反刍动物的*消化道*

非反刍动物*消化道*

177

消化系统问题

11.1 食欲缺乏（厌食）LACK OF APPETITE (ANOREXIA)

以下问题可致动物失去食欲甚至拒食。

口腔溃疡：有口腔溃疡的动物不能充分吃食。

坏饲料：动物往往不吃有怪味、腐烂、或盐分太多的饲料。同样，如果饲料容器肮脏、有异味，动物也会拒食。

疼痛：身体任何部位的疼痛均可致动物减食。寄生虫、损伤、感染、便秘、以及其他问题都可引起疼痛。

牙病：有坏牙的动物不能充分吃食。

缺少饮水（脱水）会引起动物失去食欲。

发烧：正在发烧的动物通常停止正常饮食。

总结：
如果动物不吃食，且无食欲，查出的问题往往是由上述问题中一种。

11.2 口腔出现的问题（咬合、咀嚼以及吞咽障碍）
PROBLEMS OF THE MOUTH (BITING,CHEWING AND SWALLOWING DISORDERS)

　　唇、齿、舌都关系到咬合、咀嚼以及吞咽诸动作的功能。如果口涎从嘴中流涎不止，或取食后不能咀嚼与吞咽，应仔细检查口腔。

检查口腔之前，要仔细了解病史来确认动物不是患狂犬病！患狂犬病的动物可出现梗阻症状，或不能吞咽。见 52，251，253 页。如果怀疑狂犬病，必须戴上塑料手套，以防接触患畜的唾液。

检查家畜和马的口腔

确认动物并非患狂犬病后，按照以下作法：
1. 将动物置于保定架或放倒固定。
2. 抓牢舌头，轻轻拉出口外，检查舌头。寻找口腔内的溃疡与感染处。
3. 把舌头置于一侧，置于臼齿（后牙）之间，以防磨动牙齿，或意外咬伤检查者（通常动物不会咬自己的舌头）。
4. 将手小心地在舌面上滑动，可直到咽喉，将手保持在口腔中部，尽可能地远离牙齿。
5. 仔细探摸判断咽喉有无溃疡和有无异物梗阻。

动物出现咬合、咀嚼以及吞咽诸问题的一般处理：

　　当动物出现咬合、咀嚼以及吞咽问题时，给予**软食**。例如给予煮熟的粮食糊状饲料，动物无需咀嚼即可吞咽。

11.2.1 *口腔感染（口炎）*

口腔感染常称做"口炎"。引起身体其他部位患病的病原能引起口炎，如口蹄疫（一种病毒病）。异物也能引起口炎，如尖锐的草屑或木片造成口腔伤口感染。

症状：咬合和吞咽困难，不断流涎。

诊断：根据症状和口腔检查。

治疗：如果伤口已经感染，可用消毒液，如高锰酸钾溶液或盐水冲洗；感染严重者，应给予抗菌素注射，通常口炎用青霉素治疗非常有效。提供软性饲料。

11.2.2 *牙齿问题*

有时动物因牙病出现而不能充分咀嚼，变得消瘦与病态。以下是最常见的四种原因：

1. 上下牙齿因排列不合适，而不能很好地咀嚼。

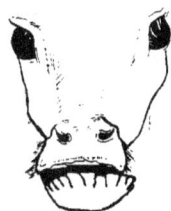

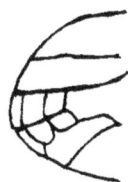

歪嘴母牛	*有正常牙齿的马*	*下牙前突"猴嘴"马*	*上牙前突"鹦鹉嘴"马*

牙齿排列不齐的治疗：无疗法。饲喂柔软、优质饲料对这些动物有帮助。这种动物不应作为种用。因为这些缺陷能遗传给后代。

2. 牙疼、缺牙或牙齿感染常出现在老龄动物，特别是在过度放牧的沙土牧场上牧养的动物中多见。钙/磷质缺乏，尤其在动物牙齿发育期，常引起牙齿问题。一般来说，提供矿物质预混料和避免在牧场上过度放牧，可减少牙病发生。

动物的牙齿会磨损或脱落（尤其是老龄动物，特别在沙地啃草的动物）。

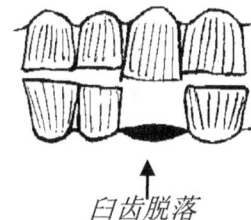

臼齿脱落

症状：啃草或吞咽困难，流涎。

180

诊断： 检查牙齿，查看有无腐蚀、折断或蛀掉。

治疗已感染并有疼痛的牙齿： 如有必要，将动物保定，用镊子、钳子或长柄钳将坏牙拔除。如动物发烧，注射青霉素往往很有效。饲以软食。

- 拔掉患牙。除非对患畜进行麻醉或放倒和保定患畜，要拔掉患牙是很难做到的。（固定患畜见 18，21，26，27 页。）

- **麻醉**或放倒动物并安全保定，以避免动物和人受伤。

- 以开口器或大木块**保持口腔张开**，要小心，不要伤到动物舌头。

- 以钳子**夹住患牙**并摇动。直到患牙松动到足以拔除的程度，然后拔出。

  治疗磨损牙或缺牙： 无疗法。老龄动物应从畜群中淘汰。饲以优质饲料和饮水对这些动物有帮助。

3. 牙龈感染或腐蚀。

   治疗已感染的疼痛牙龈： 如果动物发烧，注射抗菌素，青霉素往往很有效。饲以软饲料。

已感染牙龈

4. 马的特殊齿病：马的上颚宽于下颚。马的这种牙齿畸形可引起下后齿（臼齿）的内侧边缘和其上后齿（臼齿）外侧边缘，相互磨得锋利尖削。

   症状： 这种马两颊和舌头可能有溃疡，在取食时会有不少饲料掉落口外。有尖锐牙齿的马往往消瘦。

   诊断： 根据症状。

   治疗： 锉掉上臼齿外缘和下臼齿内缘，使用锉刀（锉平）。

上下颚牙齿尖利（箭头所指）   *用锉锉平马的牙齿*

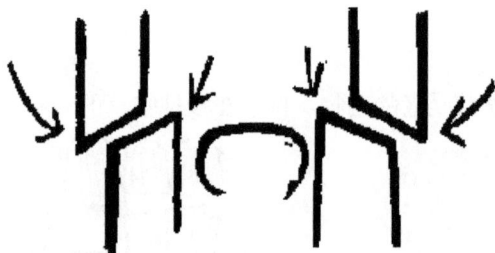

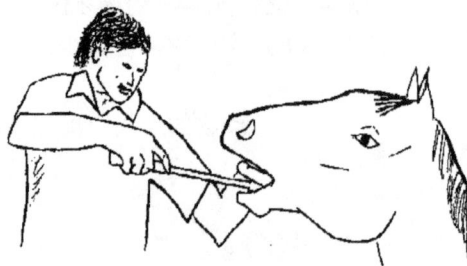

11.2.3 口腔的传染病

木舌症与大颌病

这是两种不同的慢性病。主要发生在牛，但也见于绵羊和山羊。两种病都能引起咀嚼和吞咽问题。

木舌病是由一种细菌，称之为放线杆菌（Actinobacillus）引起。细菌经由舌面的伤口进入。例如，有带有尖利种子的草可引起舌面的创伤，这些创伤可能被放线杆菌感染，使舌头变硬和肿胀—像木头样。

大颌病也是由细菌引起。这种细菌称为放线菌（Actimyces）。细菌通过伤口进入牙龈，并感染动物颌（颚）骨。这些创伤此后成为内有脓液的脓块。

症状：动物表现咀嚼和吞咽饲料困难。舌或颌（颚）骨肿胀，动物因不能充分取食而消瘦

诊断：根据症状。

治疗：

- 用碘化钠治疗患木舌病的动物，会出现奇迹般地快速康复。一头母牛，125 毫升 20％ 的碘化钠静脉注射。如果买不到碘化钠，用青链霉素合剂注射，或只用青霉素注射，疗程接近一周。
- 大颌病的治疗反应往往不佳，需要长时间抗菌素和碘化钠治疗。在这种情况下，除非贵重动物外，最好建议畜主考虑出售肉用。

传染性脓疱皮炎（ORF）

本病称为传染性脓疱皮炎或口疮，这是绵羊和山羊的一种急性病毒病，通常感染年幼动物。

症状：溃疡见于两唇的皮肤，也可扩散到口腔，溃疡里有脓液。感染动物减食或停止进食，流口水。四肢靠近蹄冠带的地方也许也有溃疡，这些溃疡引起患畜跛行。年幼动物容易感染（老龄羊有较多的免疫力），本病传染性较强，往往年幼动物互相接触而同时感染.

诊断：根据症状。

治疗：

不加治疗，患畜一般能自愈，但幼畜可能要诱其取食。如果溃疡严重，可用防腐剂，如高锰酸钾冲洗。如溃疡感染，充满脓汁，应注射青霉素。如果嘴唇皮肤上出现溃疡，用龙胆紫或抗生素或杀蝇油膏涂敷，效果很好。

注：兽防员应戴手套，因为传染性脓疱皮炎也能传染给人。

口蹄疫

本病发生于反刍动物和猪，可致口腔溃疡而影响正常取食，也能致近蹄处发生溃疡致动物跛行不能正常走动，见 **49，51，223** 页。

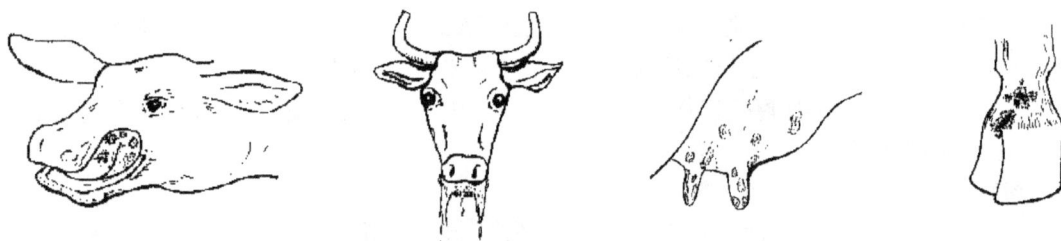

11.3 咽喉问题 THROAT PROBLEMS

有时动物不能正常吞咽是因为有伤口或异物卡在咽喉部。问题的发生可能因动物吃了如芒果或鳄梨之类的果核或强迫灌药所致。

11.3.1 *咽喉内的创伤*

症状：动物流涎不止，即使新鲜嫩草也不能吞咽（首先，充分了解病史，确认并非狂犬病！然后检查动物咽喉部，方法如前述）。

诊断：有时一小木片、金属或其他东西可在动物咽喉中找出。有时仅发现这些东西留下的创伤。

治疗：抓住异物，然后尽可能轻缓地拔出来，有时甚至有大片的腐朽组织随异物带出来。然后给动物注射抗菌素(如青菌素)，注射 **5-10** 天以防止感染。

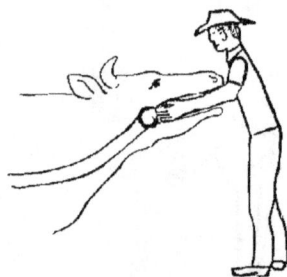

11.3.2 食道梗阻（"梗阻"）

随着动物吞咽食物，食物下行通过颈部左侧的食道，进入胃内。有时发生食物在食道内阻塞，使食物不能进入胃内。这种情况的术语称为"食道梗阻"或"梗阻"。

症状： 动物拒食并从口内流出口水，反刍动物很快会出现胀气（臌胀），因为动物不能下咽，它可能摇头和表现出不安，有时可能见到或摸到颈左侧食道内的隆起物。动物取食整个水果或蔬菜时（如芒果、鳄梨或马铃薯等）可发生梗阻。

诊断： 仔细了解病史并尽量排除狂犬病的可能性。沿左侧颈部皮肤摸触饲料块状物，试着沿食道插入胃管，如胃管在进入胃内之前突然被阻，就可能有东西堵塞食道。

治疗： 用手或光滑的棍子按摩块状物或用胃管一起将其推向食道下方趋赶入胃。

如果这样做不成功，唯一的选择就是等待了，同时，治疗动物的其他症状（如臌胀），很有可能块状物会自动入胃。

预防： 最好的方法是预防梗阻：
- 避免投喂可能引起梗阻的饲料；
- 在饲喂马铃薯之类的块茎饲料前最好先煮熟；
- 不要在可采食到芒果、鳄梨之类食物的地方或其他可形成梗阻的饲料的地方放牧。

11.4 胃的问题 STOMACH PROBLEMS

胃的问题随动物的胃的类型而不同（即反刍动物与非反刍动物）。

11.4.1 反刍动物胃的问题
过食

任何东西（即使是好饲料）吃得太多，都能引起问题，如臌胀、腹泻、消化不良，以及蹄叶炎（溃疡足）。如果过食粮食（谷物），应当作是紧急症状。

症状：症状随所吃食物不同而易，见以下各节。

治疗：见急救这一节，第80页。主要的治疗方法是**尽快将消化道的食物排出**。因为反刍动物难于呕吐，最易行的方法是喂引起腹泻的药物（如硫酸镁），腹泻就能排空消化系统。

大动物：大动物用250克硫酸镁溶解于水喂服。

小动物：小动物用25克硫酸镁溶解于水喂服。

有人喜欢用当地的药物来引起动物呕吐，这些药物也许有效，即使对反刍动物。

预防：经常提供新鲜饮水对防止过食有帮助。

臌胀（臌胀病）

臌胀发生于动物胃内（即瘤胃与网胃），集聚的气体太多。其可能发生在突然改变饲料，特别是营养丰富的饲料（如青绿饲料，叶饲料或谷物），或吃了有毒植物或有梗阻。气体聚积到一定程度可致动物不能正常呼吸甚至致死，除非迅速排除气体。

臌胀能造成动物很快死亡。

臌胀的原因

·梗阻

·突然改变食物

·玉米或其他谷物

·树叶

·豆科饲料（三叶草）

·过多的青草

·吃到有毒植物

注：三叶草容易产气与水泡混合在一起，所以动物不能正常地打嗝（反刍），这称之为"泡沫性臌胀"。

症状：（这是一种**急性**病）

1. 动物瘤胃肿胀看起来像气球，通常左侧肿胀，但是，在严重急性病症整个胃表现肿胀。
2. 症状严重时动物呼吸困难，口内流出唾涎。
3. 动物<u>没有</u>发高烧。

注：有些动物往往看起来是轻度臌胀，这称之为慢性臌胀。这种臌胀不致突然造成动物死亡。

诊断：

1. 轻敲动物的左侧近瘤胃处，听起来声音像敲鼓，因为胃内充满气体。
2. 检查动物有无"梗阻"。
3. 查明是否有突然改变饲料，是否动物有可能食入有毒植物。

严重臌胀病例的治疗：

动物胃内已积气很多，并表现呼吸困难。（如果动物已经倒地，它可能在几分钟内死亡。）

警示！——如果动物已经张口喘气严重，则不能灌服药物，因药剂将会进入肺内！

1. 如可能保持动物站立，抬高其头部，迅速插入**胃导管**或可弯曲的软管到胃里，见 60 页。转动胃管，使之进入气体聚积处，如进入气体聚积处，你会看到大量气体冲出来。

2. 如果动物接近死亡，而气体不能成功地由胃管排出，用小刀或一种特制的"套管针"在动物左侧上方刺穿瘤胃放气。如无现成的套管针，应毫不迟疑地使用小刀或其他尖锐的东西放气。

3. 臌胀问题缓解后，用以下办法投给药物。如果穿刺了瘤胃，不要缝合封闭它，而用油膏防感染与蝇类。

4. 给予抗菌素注射（青霉素），连续 5 天，以防止皮肤与腹部感染。

套管与套管针治疗牛臌胀

插入套管针或使用手术刀进入瘤胃的部位（仅用于紧急处理！）

在这里插入

将套管针放入套管内，迅速用力地在动物左侧标明的部位穿透皮肤与瘤胃，然后抽出套针，气体就会通过套管冲出。保留套管不动，直到气体放完，再拔出套管。如果用术刀，只要在适当部位刺穿皮肤、瘤胃壁，即有气体冲出。

套针   套管   套管内有套针

非严重臌胀病例的治疗

在不严重病例，动物已经取食，但无喘气式呼吸，仍有一定能量且能走动。

1. 如有可能，用胃管排除气体。

2. 用胃管喂服一定量的油类（食用油或矿物油）或某些专用于臌胀的药物。如果不可能用胃管，则小心地用瓶子或竹筒喂药。如果没有治臌胀药物或油类，喂给动物肥皂水。

3. 有些人还给动物喂服硫酸镁。硫酸镁致泻也能使产气的食物排出，有助于防止再次胀气。
   大动物：用 250 克硫酸镁。
   小动物：用 25 克硫酸镁。

臌胀的控制/预防

-避免突然改变日用饲料。

-避免在可能食入有毒植物或能造成臌胀的植物的地方放牧。

-在喂饲前让动物饮水。

嵌塞/便秘

便秘这条术语用于异常干的粪便。原因是食入干燥饲料而又饮水不足，或食入过少的粗饲料。

嵌塞指胃肠被固体食物填塞，不能在消化道内畅通移行。同便秘一样，通常由于动物缺少饮水和粗饲料所致。便秘如不及时治疗，可发展为嵌塞。

症状：动物无食欲，不咀嚼其食团（反刍），无粪便，有不适表现，并可能努力排粪，但排不出。如果按压动物左侧（在瘤胃外）有硬感，听起来没有像充气的鼓（即臌胀）那样的声音，因为胃里充满了固体食物。

诊断：根据症状和喂食干饲料、缺少饮水和粗饲料的历史。

治疗：喂给一般食用油或矿物油是非常有效的治疗方法。大动物 1—4 立升油类由胃管或用瓶子喂服。如果油类太贵，就用硫酸镁，见 185 页。提供数桶水，如果动物不愿自饮，用胃管、瓶子、竹筒灌入。每天二次。另外供给新鲜青草有助于激活消化道。

治疗

-水！

-矿物油或食用油

-硫酸镁

-新鲜青绿饲料

控制/预防：应每天提供充足的新鲜饮水。喂给新鲜青绿饲料与粗饲料也能保持胃肠的正常蠕动。

反刍动物的胃痛（反刍动物消化不良）

动物有时不倒嚼也不适当取食，这是嵌塞后常发生的现象，但也可能由于其它"肚子"疼痛引起：

- 突然改变饲料。
- 便秘
- 坏的或腐败的饲料。
- 寄生虫。
- 食用过多谷物。
- 饲喂了抗菌素。
- 创伤性胃炎（意外地吃了尖锐的东西）。见下文。

> 反刍动物的消化不良可能由于食入过多的抗菌素而引起，抗菌素能杀死体内一些好的微生物，或者也可能由于动物一次性地食入谷物食物过多，结果导致体内酸化，而使有益菌死亡。

症状：动物停止取食与倒嚼，往往表现胃痛，甚至由于疼痛发出呻吟，有时在瘤胃有过多积气。

诊断：根据身体检查和询问病史。

治疗：

1. 治疗其它明显的疾病。

2. 如果疼痛而呻吟，且发烧，注射抗菌素，青霉素可治疗瘤胃感染。

3. 给予新鲜青绿饲料。

4. 如可能，注射维生素 B 刺激食欲，见 312 页。但维生素 B 注射液太贵，用好吃的青绿饲草要便宜得多。

5. 有些胃刺激物，或其他类似当地药物，也可促进动物食欲。

6. 对已经多时不取食的严重患畜，可以喂给一些其他健康畜瘤胃内的草料来治疗。这些草料含有好的微生物，这样能够重新启动病畜瘤胃内好的微生物。这种草料可由屠宰场获得，或者，从健康动物口中取出正在倒嚼的食团，然后用胃管来喂给病畜。这种操作程序，叫瘤胃移植。

控制/预防：正确使用抗菌素、常规驱虫和监测控制饲料都能预防消化不良。

创伤性胃炎/心包炎：

有时像铁丝那样的锐器，被动物意外地吞入胃内。这样的锐器能刮伤或刺穿胃壁，引起疼痛与感染。最终，铁丝能穿透胃壁进入心脏，引起动物猝死。创伤性胃炎往往在近期建房的地区发生（像钉子以及铁丝等金属遗留的地方）。当使用机器剪草的时候，会将铁线剪成小段碎片，使动物食草时更容易偶然地吞入小金属片。

治疗：这样的患畜须请兽医诊治，有可能需要手术取出铁丝；或在胃内放置磁铁，吸住铁丝，使之不穿透胃壁。

• 如果动物发烧，用青霉素注射，如前述的胃痛治疗。

11.4.2 非反刍动物的胃失调

非反刍动物腹绞痛

*绞痛*是常见术语，指腹部（胃或肠）疼痛，是马的常见病，也见于其他动物。绞痛有许多原因，包括过度积气、便秘、嵌塞、缺少走向肠道的正常血液循环（由于寄生虫）或肠管扭转。

症状：绞痛的症状保括缺乏食欲、不安、打滚、踢腹、出汗、心跳快速（由于疼痛）、不能排粪与作狗坐。

诊断：主要根据症状。有经验的兽医可能会作直肠触诊，摸触消化道的积气部位或阻塞部位。但对于没有经验者，此操作是很危险的。

治疗：给予止痛剂，如阿斯匹林、赛拉嗪、*扑热息痛*或安乃近，见药物章。给动物喂服油类（食用油或矿物油，液体石腊）或硫酸镁。动物需要走动以激活消化道（有可能排出粪便或积气）。防止动物打滚和剧烈跳动。一旦动物有所康复，应给予驱虫药。

预防/控制：定期驱虫，参照区域要求。避免突然改变饲料。

呕吐

非反刍动物的呕吐是常见问题（除马不能呕吐外）。吃了腐烂变质或有毒食物，或消化道发生阻塞，都能引起呕吐。

症状/诊断：判断呕吐的原因。病史会有帮助，尤其是若畜主知道动物吃了什么食物。

治疗：根据发病原因治疗。如果中毒或吃了败坏的饲料所致的动物呕吐，可排空胃内食物。硫酸镁喂服能引起腹泻，使之排出有毒物。至于消化道梗阻，除了喂服硫酸镁或油类来帮助化解阻塞，没有其他什么办法。

11.5 肠的问题 INTESTINAL PROBLEMS
有关肠的问题，反刍动物和非反刍动物可以一起考虑。

11.5.1 *腹泻*
腹泻可由多种原因造成，是一个复杂的问题，发展中国家畜类最常见的腹泻多与**内寄生虫**有关。寄生虫能破坏肝脏以及胃壁和肠壁。

> 家畜腹泻的原因
> -寄生虫
> -肮脏的饲料和饮水
> -突然改变日用食物

> **与腹泻有关的问题**
> 急性腹泻→脱水
> 慢性腹泻→营养不良

急性腹泻的主要问题是**脱水**；而慢性腹泻的主要问题是**营养不良**。

脱水发生于肌体失水太多，体细胞不能正常工作，血液不能正常循环。对任何动物的急性腹泻（包括人），应给予充足的液体，防止继续脱水，见 55 页。即使慢性腹泻也必须给予充足的饮水。

> 腹泻的治疗（一般原则）
> 1. **补液**是最重要的治疗方法。许多动物仅给予充足饮水，就能获救。
> 2. 寄生虫药物，治疗。
> 3. 高岭土或类似药物可缓解腹泻。
> 4. 抗菌素治疗（如果发烧）。

急性腹泻
背景：家畜发生急性腹泻的通常原因是：
-突然改变饲料。
-吃了细菌或病毒污染的饲料和饮水。
-吃了难于消化的食物。
-吃了有毒植物。
-某些寄生虫（球虫病）。
-（极少发生）饮奶太多或吃了过量的营养丰富饲料，或初奶。
- · 幼山羊与幼绵羊，白天留在舍内而母羊在外放牧，常见发生腹泻，因为幼畜饥渴而饮了脏水或吃了陈腐饲料。
- · 猪在吃了腐烂的饲料后腹泻。

症状：动物腹泻或有发烧症状，有时腹泻物中带血。患畜可呈严重病态，且拒绝食物。

诊断：兽防员必须判断腹泻是由于饲料改变，还是传染性腹泻。这要根据病史（动物吃了什么），是否发烧，是否表现严重病态来诊断。

1．如果动物出现病态并发烧，那么腹泻可能由细菌或病毒引起。例外，当初生畜或幼畜（如猪、牛犊、绵羊羔、山羊羔、马驹）腹泻时，常发冷与虚弱，往往是细菌或病毒（或两者）引起。

2．如果泻出物带血，应怀疑球虫病。多见于幼牛、幼绵羊与山羊，雏鸡与兔，见 298 页。

3．患畜不表现病态，也不发高烧。这种腹泻可能因饲料改变或好饲料吃得太多引起。

治疗：

1．补液，（见 105 页）。即使是严重病态的幼畜，只要给与口服补液，都可能获救。最好是给予少量而多次，直到动物开始正常排尿为止。

2．高岭土或类似药物可助于止泻。

3．抗菌素。对有腹泻同时又发烧的患畜，给予抗菌素治疗极为重要，磺胺二甲嘧啶有效、价廉，也容易买到。（对球虫也有效）。

注意：给成年食草动物饲喂抗菌素可杀死其胃内有益微生物，造成消化不良。因此，仅对有严重腹泻且发高烧的草食家畜给予抗菌素治疗，见 189 页。

4．球虫药物：见 298 页。

控制/预防：最重要的措施是清洁卫生。动物要常有新鲜、清洁的饮水，饲料应该新鲜，并不要置于地面喂饲。

192

慢性腹泻

背景：慢性腹泻的最常见原因是寄生虫。

症状：患畜腹泻，并且曾有长期的便稀粪史。有时出现持续腹泻，有时断断续续。

诊断：根据症状与病史。记录病史时查明上次接受驱虫治疗的时间以及用药频率。还要了解腹泻有多久了，如果腹泻持续了数月，说明内部器官已受永久性损伤。这样，应告述畜主无论怎样治疗，康复的希望很小。并问清畜主未及早治疗的原因（提醒畜主此后要按时给牲畜驱虫）。

治疗：水是最重要的治疗方法。具体治疗要参照当地最常见的寄生虫种类、动物种类和动物的年龄，详见第九章关于寄生虫的治疗。

控制/预防：见内寄生虫节。最重要的要牢记：**防重于治**。

血性腹泻/痢疾

顾名思义，腹泻物中有血，称叫**痢疾**。

*慢性痢疾*往往是由寄生虫引起。

症状与诊断：患畜有慢性带血腹泻病史，长发生在没有定期驱虫治疗的牲畜。

治疗：根据患畜年龄和饲养的方式，针对最可能感染的寄生虫种类给予治疗

*急性痢疾*往往是由于：
-寄生虫（特别是球虫）。
-细菌与病毒（坏的饲料）。
-毒物与有毒植物。

症状：患畜的腹泻物中带血，可能伴有发烧、昏睡和拒食。如在泻出物中有黑色、带血的东西，看起来像（来自）肠管，这是非常严重的病症。

诊断：诊断靠症状与病史，查明动物是否食入毒物或有毒植物，并检查腹泻物。

治疗：治疗同急性腹泻---只是更为严重的病例，常常要给予抗菌素治疗。如果是幼畜，必须用抗球虫药治疗，同时给予补液和高岭土。

控制/预防：卫生最重要！在多雨季节，饲养员更应勤快一些。绝不让动物取食不安全的饲草。

11.5.2 粪便中带血（不腹泻）

如果**粪便呈红色或黑色**，说明有血液进入消化道。这可能有多种原因，包括中毒和精饲料。对于家畜，腹泻物中带血是极为严重的问题。

如果粪便看上去很黑，说明胃或小肠前段出血。如果偏红色，说明靠近直肠段出血，可能是大肠问题。

如果胃壁或小肠壁有伤口，这种伤口称为**溃疡**，血是从溃疡面流出的。创伤的形成也有可能由于寄生虫，但若如此动物往往会有腹泻。

症状/诊断：粪内有血液。

治疗：给动物的饲料不可太精，但要容易消化（如多给柔嫩青绿饲料）。

控制/预防：必须按期给所有动物药物驱虫。

11.6 消化系统的传染病 INFECTIOUS DISEASES OF THE DIGESTIVE SYSTEM

11.6.1 影响胃与肠的传染病：

肠毒血症/髓样肾/6 月病

这是一种由产气荚膜梭状芽胞杆菌（Clostridium perfringens）引起的传染病。本病多侵袭绵羊、山羊、猪与马。幼畜常常易感。这些细菌生活在泥土、粪便和反刍动物的肠内，能产生毒素。一般情况下，这个细菌不致病，对动物没有影响。然而，当提供给动物大量精饲料（奶，高营养的草场，不同的谷物），该细菌可迅速大量复制，产生大量毒素。这些毒素进入血液后致动物严重病态。

症状：常常在没有注意到症状前，动物已经死亡。有时动物表现呼吸加快，步态不稳、战栗、发烧、腹泻（有时带血）、胀气，随即死亡。剖检死畜，可见到部分肠管内充满微红色水样稀粪。肾脏呈柔软与腐烂。

诊断：诊断通常依据症状与病史。在有些国家可作实验室检测来证实诊断。在病史中可发现有喂养过精饲料的历史。本病多见于"良种"家畜，因常提供给它们优质饲料。数周龄的小猪常发生此病，也发生于 2-10 月龄的绵羊羔，由其是在新的青草刚刚长出的季节。这就是为什么此病叫 6 月病，因为一年中发生两次。

治疗/控制：治疗这种病畜极为困难。往往不管如何治疗，病畜还是死亡。仔猪可给予1毫升青霉素口服，一天三次，连服三天。轻度患病的牲畜可用硫酸镁以及胃激活剂治疗。控制极为困难，除非使用疫苗。许多国家有给孕畜注射的疫苗出售（特别是用于山羊的），也可用于1月龄左右动物。通常还需要重复免疫（按疫苗包装上的说明使用）。喂得好的泌乳山羊，产奶多，其哺乳的羔羊，容易得本病。

牛瘟

牛瘟是一种极具传染性的病毒病。因其有高度的致死性，是世界上最严重的疾病之一。牛、水牛、猪和其他有裂蹄的动物都能感染。

在一些国家，本病已被控制多年，主要是通过免疫。但是，在免疫停止后牛瘟又有重新发生。

病毒的传播是通过患畜的粪便、唾液以及呼吸。尽管身体的多个系统受到侵害，但是似乎受到侵害最严重的是消化系统。

症状：在接触病毒3至15天后（即潜伏期3至15天），动物开始出现症状，其包括高烧、眼鼻有分泌物，食欲缺乏，随之而来的是腹泻、脱水、呼吸困难，经常造成动物死亡。在病畜的唇、鼻、口和舌上出现小而红色的损伤，进而感染（使呼出的气味难闻）。

诊断：剖检死畜，皱胃红色，并在粘膜上有许多伤口（溃疡）。口腔、咽喉、阴道粘膜上也有溃疡。闻起来很臭。肝脏与脾脏肿胀。

治疗/控制：对病畜没有有效的治疗，几乎所有病畜都死亡。如果病畜确实康复，它们都有终身免疫力。在发生牛瘟的地方，所有达6月龄的幼年动物都要进行常规注射疫苗，一次疫苗接种后，可维持终身免疫力。在没有进行疫苗接种的地方，幼年动物则不能通过初奶获得其母体的抗牛瘟抗体。因此，幼年家畜即使未到6月龄，也应与其他家畜一起予以疫苗接种。

炭疽：

炭疽是一种急性传染病，能感染几乎所有哺乳动物。它由炭疽杆菌（Bacillus anthraces）引起，通常能致牛、水牛、绵羊和山羊死亡，但得病的猪与马则往往不致死亡。动物感染炭疽是由土壤或食入感染动物的血或骨产品（如血粉）。一旦患畜的血液与土壤混合，土壤即被污染，细菌（芽胞）在土壤中能存活多年。炭疽是一种**公共卫生病**（或人畜共患病），当人们接触炭疽病患畜的肉、血或毛时，很容易感染炭疽，见 99 页。

症状：有时动物不表现可见症状就突然死亡。但是从死畜鼻孔、口或肛门可能会流出黑色血液。若感病的动物还没死亡，动物会表现高烧、呼吸急促、困难、咽喉肿胀，在嘴或咽喉可见到黑色血液。如在某地区猪表现出不明原因的咽喉肿胀，而后又往往康复，应怀疑是炭疽病。

炭疽有时不易与出败区别。

患炭疽病的母牛，鼻有血样排出物和血样腹泻

诊断：根据症状。也可作血液涂片，新亚甲蓝染色，在高倍显微镜下检查（需要良好光源），防疫员即能看见带芽胞的杆菌。

注意！一旦血液接触空气，炭疽芽胞就开始形成。要是人吸入这些芽胞，就会在肺内形成炭疽，人接触感染动物的肉或血，也可能染上炭疽。如果怀疑动物是死于炭疽，就不要切开尸体，因为由此可造成土壤无限期的污染，并有本人自己感染炭疽的危险。

治疗：如果动物只表现出呼吸困难，用四环素治疗，如治疗肺炎一样。如果猪发生咽喉肿胀，以四环素或青霉素治疗。

预防：许多国家都有炭疽疫苗出售。按照包装内的说明书处理和使用疫苗。

注意：在炭疽病流行期进行疫苗注射，对兽防员有担当责任的风险。如炭疽杆菌已经在动物体内复制，则在注射疫苗后动物仍然会发病与死亡。畜主会认为是疫苗所致死亡并要求赔偿。最好争取在疫情出现前使用疫苗，不过这很难于办到，因为一些农民往往愿意在听到有炭疽病流行时，才要求注射疫苗。

猪瘟：

猪瘟是猪的一种病毒病，也称叫**猪霍乱**。是一种非常危险并传播很快的传染性疾病。病毒侵害整个身体，但因为也致腹泻，故列在本节论述。

症状：症状以高烧开始，然后发展为腹泻与虚弱。患猪的眼与鼻有分泌物。逐渐后腿无力与摇晃。大部分猪发病一周左右死亡，仅少数存活。

患猪霍乱母猪（高烧引起张口呼吸）

诊断：初步诊断可根据病史和症状。然后，死后解剖与检视病理标本加以证实。剖检可发现大肠与小肠结合处有小溃疡。通常病史会表明，大部分猪在某一地区内迅速、严重发病。

治疗方法：无。

预防/控制：向兽医人员或农业部门咨询有无疫苗。许多国家，此病必须立即报告给地区兽医部门。一切病猪都必须严格隔离，外人不得进入隔离区，因为该病能经由饲料、衣着、甚至鸟类传播。

肝脏疾病

肝病难于确定，因它常与其他病并发。但肝脏病可以考虑为消化系统的部分。

症状：**患急性肝病**的动物会显出极度病态，拒食。急性肝病多见于人与犬，在家畜或马中也有发生。在家畜中的肝病通常是**慢性**，造成肝脏的永久性损伤。慢性肝病最常见的病因是肝片形吸虫、大型圆虫的未成熟幼虫、或吃了有毒植物。肝病动物也会有咽喉肿胀。

诊断：肝病动物可能出现黄疸，在其眼睑下面（眼粘膜）呈黄色，眼睛的白色部分和牙龈也表现黄色。可能出现腹泻。如果动物已死，肝脏可能较硬，且易碎。

治疗：肝损伤一般是永久性的，损伤的范围也难于弄清。兽防员应学会治肝片形吸虫（如果已知该地区存在此病）和其他寄生虫病。有些治疗肝片形吸虫病的药物也影响肝脏（特别是四氯化碳，CarbonTetraChloride）。弄清你们地区有何种治疗肝片形吸虫的药物，尽量选那些不伤肝脏的药物。

预防/控制：常规驱虫。

第十二章　呼吸系统 12.0 RESPIRATORY SYSTEM

综述

当动物呼吸时，空气由鼻、口而入。氧气是空气中的气体之一，它对生命至关重要，身体要从食入的养分中获取能量，这个过程需要氧气的帮助来完成。

呼吸系统从鼻到肺提供通道，让氧气和其他气体进入身体。氧气到达肺后，进入肺内的红血球细胞，红血球细胞将氧传送到身体各部位。氧被利用后产生了二氧化碳（用过的气），"用过的气"又被红血球细胞送回入肺。在动物呼气时，这种"用过的"气体被送出体外。

当天气太热时，身体使用呼吸系统降温，使本身凉爽起来。像干活的公牛和猪，这样的动物出汗不多，而是靠呼出热气来降低体温。这就是为什么天气太热或动物发烧时，动物呼吸加快或张口呼吸的原因。

> **呼吸系统的功能**
> -将新鲜空气（氧）送到体内
> -排出用过的气体
> -保持身体凉爽

呼吸系统任何一个部位，从鼻到肺都可能受到种种疾病的侵袭。本章仅论述侵袭家畜最常见的呼吸道问题。

> **呼吸系统最常见的问题**
> -咽喉感染
> -肺感染
> -慢性肺损害
> -中毒
> -过敏反应

12.1 呼吸系统疾病的症状 SYMPTOMS OF RESPIRATORY DISEASE

程序：

保持一定距离，平静地旁观察动物。健康动物的呼吸几乎是不需要费力，但是，如果看到下列症状之一，可能有某种呼吸道病。

1. **呼吸速度加快**（过热、疼痛或恐惧也能增加呼吸速度）
2. **呼吸困难**

- 鼻孔煽动
- 张口呼吸
- 呼吸时伸长脖颈
- 肋肌抽搐或格外费力
- 动物的全部肋间肌肉线条格外明显（也称"慢性肺气肿线"，是一种慢性呼吸系统问题；在马，也称马的"气喘病"）。

症状
-增加呼吸速度
-呼吸困难
-眼鼻有排出物
-咳嗽与打喷嚏
-咽喉肿胀
-胃肿胀
-发烧

有"慢性肺气肿线"横过腹部的马

3. **鼻与眼有排出物。**
4. **咳嗽与打喷嚏**
5. **腹部胀气**，许多呼吸困难的动物（特别是牛和水牛）看起来有轻度臌胀。

这不是胃的问题，而是呼吸快速，部分气体进入胃而未进入肺。许多农民诉说他们的水牛或公牛发生"臌胀"，事实上，真正的问题在肺或咽喉！

6. **咽喉肿胀。**

7. 认真检查动物，包括是否发烧。

12.2 呼吸系统疾病的诊断：DIAGNOSIS OF RESPIRATORY DISEASE

当决定如何治疗动物呼吸道疾病时，充分了解病史尤为重要。一般来说：
- 慢性呼吸道疾病不易治好，并且治疗费用也高。
- 急性呼吸道疾病往往比慢性呼吸道疾病容易治疗，效果也好。

1. 了解病史，是急性还是慢性？

2. 仔细地、彻底地检查动物。记住要测体温。

3. 使用下表来指导治疗决策。

呼吸系统疾病的征状
-呼吸频率加快

-呼吸困难

-鼻与眼有排出物

-咳嗽和打喷嚏

-咽喉肿胀

1. 了解病史——急性或慢性？？

急性（不到四天）		慢性（多于四天）	
2. 测体温		2. 测体温	
急性发烧	急性不发烧	慢性发烧	慢性不发烧
诊断	诊断	诊断	诊断
支气管炎/肺炎 出血性败血症 炭疽	中毒 过敏	陈旧性肺炎 结核病 咽喉感染	肝片吸虫/其他寄生虫 肺虫 哮喘 结核
治疗 四环素	治疗 硫酸镁或其他解毒药 抗组胺药/类激素 抗菌素	治疗 四环素 （康复困难）	治疗 驱虫药 （康复困难）

200

12.3 呼吸系统疾病的控制/预防 CONTROL/PREVENTION OF RESPIRATORY DISEASE

一般原则:

致呼吸系统发生疾病尽管有**多种因素**,但是,有经验的农户能做许多事情来防止呼吸系统疾病。

1. **保护家畜不受过冷、过热**外界温度的影响,使病畜尽可能有一个舒适的环境,热天提供充足饮水和荫棚,冷天有畜舍避寒遮风。难忍受的外界气温能致弱家畜,使本来不致病的常见微生物致家畜患病。

2. 即使在极度寒冷的天气条件下,还要**提供新鲜空气**。保护动物不受寒风侵袭。但也不要关闭畜舍的一切门窗。

3. **隔离生病或咳嗽的病畜**,使它们不与健康家畜接触,防止疾病扩散。

4. **按期治疗寄生虫。肺虫和大圆虫(蛔虫)的幼虫**往往损害肺,致有害微生物引起呼吸系统感染。

5. **保持家畜营养良好**。已经由于**营养不良和/或寄生虫**而致弱的动物,更容易发生呼吸道疾病。

6. **接种当地常见病的疫苗。**

12.4 呼吸系统疾病 RESPIRATORY SYSTEM DISORDERS

12.4.1 咽喉肿胀
病因：

- 慢性寄生虫问题。　　　　　　　见第九章。
- ——传染病：

　　　　　出血性败血症。　　　　　　见 205 页。
　　　　　炭疽。　　　　　　　　　　见 196 页。
　　　　　马腺疫。　　　　　　　　　见 208 页

- ——咽部的异物、伤口或感染。　　见 183 页。

症状：

- 往往有咳嗽
- 发烧（如果是传染病引起）。
- 如果是传染病所致，通常会发现其他呼吸道症状。
- 当兽防员托起患畜的咽喉部位时，患畜咳嗽，是咽喉感染的征状。

治疗：

1. 如果没有高烧，应治疗最常见的寄生虫（如肝片形吸虫、小圆虫和/或肺线虫）。
2. 如果是传染病引起的，针对具体病治疗。
3. 如果咽喉部有异物，排除异物，并给予抗菌素治疗。

12.4.2 鼻或口流血

　　有时动物的鼻孔或口腔周围有血液，这多数是鼻内或咽喉部有出血造成。但也可能来自更深的肺，肺出血使动物咳出血液（例如，肺内有陈旧性脓肿，破裂后引起出血）

　　症状/诊断： 判别出血自一个鼻孔还是两侧鼻孔。如果是一侧出血，则可能是寄生虫（蚂蟥或蝇蛆）、创伤、或肿瘤在一侧鼻内。检查有无肿胀，查明蚂蟥（水蛭）在你们那个地方是否常见。

　　如果出血来自两侧鼻孔，且动物表现呼吸极度困难，则应怀疑是肺出血。

　　这是非常严重的病例，兽防员也力所不及了。

治疗：

蝇蛆   见 **118-119** 页。

鼻孔有蚂蟥   见 **122** 页。

肺部出血：保持动物安静，提供充足的饮水。

控制/预防：见蚂蟥与蝇蛆章节。

12.4.3 支气管炎

这通常是一种轻度的呼吸道疾病，是由肺的感染而引起。通常表现是急性病，但如不适当治疗，有可能发展成慢性病。

症状/诊断：呼吸速度通常加快，动物的呼吸方式略有轻度改变。常见轻度咳嗽、喷嚏、鼻有排出物，同时也出现发烧。

治疗：应该用抗菌素治疗。四环素对杀灭引起呼吸道感染的常见微生物是极好的抗菌药。用抗菌素治疗，应持续 3-5 天。

12.4.4 肺炎

这是一种较为严重的呼吸道病。通常是急性病程，也是由肺部感染引起。不加治疗，动物会很快死亡。

症状/诊断：呼吸频率通常很快，动物表现严重病态，往往"喘息式"呼吸，并有高烧。也可能咳嗽，咽喉也可能表现肿胀。

治疗：必须用抗菌素治疗，最好注射四环素。如没有注射的四环素药物，可服用四环素胶囊。要持续用药 3-5 天，即使动物很快好转也不要提前停药。

12.4.5 肺虫

动物有肺虫出现的症状看起来像肺炎或支气管炎，但是动物不发烧，见 332-333 页。肺虫使动物对肺炎和其他肺病更加敏感。

12.4.6 肺气肿

这是一种肺部感染的慢性病。肺组织已经受到损伤，所以不能正常工作。家畜中的肺气肿多见于水牛、牛和马。病因不清，可能与慢性肝片形吸虫病、结核病有关，或由肺炎造成的结果。在马，可能与某种过敏反应有关。

症状/诊断：呼吸频率加快，但通常不发烧。动物行走时，很快会表现疲倦。动物通常表现出呼气困难，因肺组织失去了弹性。动物每次呼气时，可见到腹部肌肉或肋肌用力超出寻常。也常表现出肋后的一条"起伏线（慢性肺气肿线）"，这是因为肋缘肌肉帮助动物呼气的缘故。

治疗：通常治疗没有明显效果。治疗寄生虫。如不过分劳累，充分供给饲料和饮水，患畜仍能产奶。有时用抗组胺剂治疗，且通风良好，马的慢性肺气肿会有好转。

12.4.7 中毒
某些毒物可引起呼吸系统问题，见81页。例如某些植物含有氰化物，能致呼吸困难。患畜流涎，且呼吸加快。查病史常可发现动物吃了某种有毒植物。

12.4.8 过敏反应
有些动物吃了某种植物、或被某些昆虫或毒蛇咬伤，身体会有所反应。反应可引起整个头部肿胀，甚至达到动物不能正常呼吸的程度，见82页。

12.4.9 出血性败血症

出血性败血症（HS），也称"败血性巴氏杆菌病"，是一种急性传染病，最常见于牛与水牛。水牛看来最易感，而幼龄牛死亡极快。出败（HS）会在全身致病，症状包括呼吸困难。

出败是由一种细菌，巴氏多杀杆菌，所引起。在得过出败后恢复的动物身上，这种细菌存活在这些动物的咽喉部位，动物的唾液与鼻腔排出物都有这种细菌，并从而进行传播，该病菌产生一种毒素在体内运行，导致动物严重病症。

经过长途运输后的动物，和受环境刺激或体弱的动物对本病易感染，所以也称为"运输热"，因为常发生在不良条件下经过转运后的动物。

症状：

— 突然死亡。

— 高烧（104-107°F；40—41.7℃ ）。

— 咽喉肿胀（有时表现整个头部肿胀）。

— 呼吸与吞咽困难。

— 口内流出口涎。

— 由于呼吸困难，胃可能出现肿胀。

— 腹泻物有时带血。

诊断： 诊断根据症状以及未曾受过出败疫苗注射的病史。有时出败很难与炭疽区别，但是，炭疽常见从口、鼻或肛门流出黑色血液，且炭疽在死后剖检时见有脾脏增大。

因出败的传染性很强，常常是多个动物发病，而且可能在整个村庄的动物中传开。

检查死畜： 皮下、肠管浆膜和心内膜，常见有出血小点。切开喉部肿胀组织有黄色粘稠液体流出，这样的液体也常见于心脏、肺与肠的周围组织。应从心或脾组织部位取血样制做涂片，送实验室作进一步检查。

治疗： 在一些出败病暴发期，治疗不一定有效。大剂量注射四环素可能有效，特别在病程早期。如果没有四环素，用手边现有的其他抗菌素也可。

免疫/控制： 重要的是立即隔离病畜。同样，要把健康牲畜与可能带菌的牲畜分开（因此，往往建议屠宰已由出败病康复的动物）。

许多政府的兽医部门提供抗出败病的疫苗（有几种抗出败疫苗）。注射疫苗至少要一周后，动物的免疫系统才能提供保护。因此，最好在疾病爆发前注射疫苗，而不要等以后才注射。

兽防员必须向农户解释清楚，注射疫苗后要等 2 至 4 周后才能保护动物不得出败病，这样农民才能理解注射疫苗后数天内死亡的动物，是由于疫苗尚未产生作用的原因。

12.4.10 结核病（TB）

这是一**种慢性传染病**，见于多种动物与人类。因为是在人畜间互相传播，故称为"**公共卫生病**"。结核是由一种叫分枝杆菌（Mycobacteria）所引起。分枝杆菌有三大类型：牛型（牛与水牛）、人型和禽型。这三型分枝杆菌都能感染家畜与人。

患肺结核的人与动物常出现慢性咳嗽，变得消瘦，慢慢地死亡。结核细菌也能存活在身体的其他部位，包括消化系统、生殖系统以及乳房，其症状随身体的感染部位而异。在牛，该菌易着落于肺；在禽，多趋向于侵入肠道。

许多国家无人知道患结核病家畜的确实数字。在另一些国家人畜结核都有很好的文献记载。

结核病的传播：
1. **空气传播**：病畜（或人）咳嗽时，散播在空气中的唾液微滴，通过呼吸而扩散感染。在寒冷地带的国家这是个大问题，在冬季，牛被关养在密闭的牛舍内达数月之久。如果牛舍的通风不良，牛群更易吸入污染了的空气。

2. **饲料或饮水**：在个别情况下，动物也能由食入含该菌的食物而发生感染。例如：猪、犊牛与人饮用患牛的牛奶而可能发生感染。生病的动物饮水时，口腔内的唾液污染了饮水，当其他动物饮用同一水源时可能被感染。

症状：症状依细菌在体内的部位可有不同，可以从症状不明显到全无明显症状。有时见到动物逐渐消瘦，出现慢性咳嗽，产奶牛的产奶量降低。如果细菌侵入消化道，则动物可能出现腹泻。

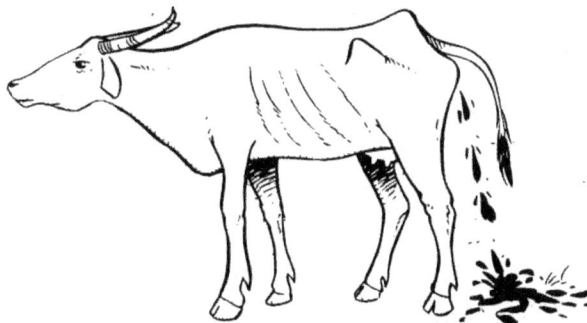

死后剖检：细菌所在之处，形成某种类型的脓肿。这些脓肿称之为"**结核结节**"。结核结节可小如砂粒，或大如鸡蛋。有时这些结节里含有浓稠的浓液，有时甚至硬如坚石。最终，这些结节毁损组织，甚至使器官不能正常发挥功能。

　　1．**呼吸系统结核**：结核开始出现于肺，患畜咳嗽与消瘦。

　　2．**消化系统结核**：在消化系统各器官周边形成结核（如肠结核），有时致动物腹泻。

诊断：观察症状。在死后剖检时，用10%的福尔马林或50%的甘油保存结节及周围组织，靠近结节的淋巴结也是好的样本。然后，将标本送往兽医实验室进行诊断。政府的兽医人员或许也要检测一些与患畜接触过的动物，以查明有多少动物确实感染了该病。

治疗：不建议对结核患畜进行治疗。应予以宰杀以杜绝该病的传播。

控制：根据一些国家法律，全部动物都要做结核菌素的检测。如果是阳性反应，或证实患结核病，为了制止疾病传播，不能出售，而予以宰杀。通过严格检测和屠宰结核阳性动物，本病能被控制。

在一些国家，结核病成为重要的健康问题，世界卫生组织（WTO）建议婴儿出生后都要用卡介苗（BCG）进行免疫。同样，有慢性咳嗽的人应将唾液作结核检测。此外，动物乳必须彻底煮沸；肉必须充分煮熟，以防止结核病的传播。

12.4.11 短暂热：

　　这是一种牛的急性病毒病，一般零星发病；有时数头动物同时发病，也称"三日病"。最常见于雨季，有人认为此病是由昆虫传播的。大多数动物在没有经过治疗的情况下康复。

　　症状：被感染动物突然发高烧，呼吸困难，食欲缺乏，以及跛行与四肢僵硬（有时动物不能站立）。泌乳牲畜的产乳量大大下降。还可能有其他症状，如打颤、眼鼻有排出物、过多流涎、吞咽困难，以及皮下积液尤其是在关节周围。

　　诊断：诊断困难，而是根据症状作出综合判断，症状包括跛行、发烧和呼吸困难，以及绝大多数动物能自行康复。

治疗/控制/预防：暂无治疗方法。尽可能保持动物舒适，喂服阿司匹林或其他能缓解疼痛和退烧的药物。如果病畜不能站立，可提供柔软的畜床，同时供给饮水、荫棚（在热天）和避风（在冷天）条件。

12.4.12 马腺疫

这是一种马的急性传染病，致病菌是细菌，链球菌（Streptococcus），主要感染年青的马。本病致马的颈部淋巴结脓肿，最后破裂，由皮肤或鼻孔流出脓液。脓肿中的脓液含有细菌，当健康的马食入被脓液污染的饲料会得病，使菌得以传播。

症状：被感染马失去食欲、高烧，由鼻孔排出脓液。咽喉区通常出现肿胀，并极度疼痛，马常常伸脖子来减轻疼痛。脓肿出现在咽区周围，裂开后由皮肤与鼻孔排出脓液。一旦脓肿裂开并排脓，患畜会很快康复。

诊断：诊断一般不困难，要根据症状。

治疗：出现症状后，立即用青霉素治疗，直到患马康复。脓肿区热敷（小心操作，因为该病区极疼痛），以促使脓肿成熟，以便及早切开引流，见脓肿，220 页。

预防：诊断为马腺疫的病马应予隔离，以免其他马受到脓液的污染。

第十三章　肌系统　13.0 MUSCULAR SYSTEM

综述

肌肉系统的功能是让身体及其内部器官做正常运作。

肌肉的正常工作，需要以下几个条件：

1．神经传递信息。

2．通过血液将养分和氧气输送给肌肉。

3．静脉把用过的养分带走。

4．为了保持能力和健康，需要经常运动。

13.1　肌肉系统疾病　MUSCULAR SYSTEM DISORDERS

13.1.1 萎缩/麻痹

肌肉功能有障碍时，发生收缩与衰弱，称之为**萎缩**。

损伤是萎缩的原因之一

萎缩的常见原因是损伤。

1．麻痹，这条术语用于身体某一部分不能运动的情况。这往往由于损伤了连接肌肉的神经，或损伤了脊柱内的主要神经（脊髓）。

2．骨骼或关节的严重损伤（即骨折或关节炎），可致动物不能活动其肌肉。之后，肌肉发生收缩（即萎缩）。如果动物康复，并开始活动其肌肉，也可能再恢复正常。关于麻痹的详细讨论，见 259 页。

3．萎缩可能由于肌肉本身的损伤，或附着于肌肉的筋腱的损伤，或进出肌肉的血管的损伤。

营养缺乏引起肌萎缩

某些维生素和矿物质（如维生素 E 和硒）对肌肉的正常功能很重要。如幼牛、羔羊饲粮里缺乏维生素 E 和/或硒，则肌肉不能正常工作。由此引起的麻痹病没有受损伤的征兆。

13.1.2 肿块与包块

脓肿/疝气/血清肿

有时在动物的腹部靠近脐孔处或近阴囊处，会出现一个肿块。形成这种肿块有多种原因，如脓肿、疝气、血清肿、或囊肿，详细论述见 220 页"皮肤系统"部分。

13.1.3 肌肉的疾病、

梭菌（<u>Clostridium</u>）可引起多种疾病。其中两种，称为**黑腿病**与**恶性水肿**，是密切相关并有类似症状的病。

黑腿病 （BQ）

在某些地理区域，黑腿病是一种多见急性传染病，主要发生于牛，在水牛、绵羊中也有类似的发病，但极少见于猪。

引起本病的细菌（鸣疽梭状芽胞杆菌，<u>Clostridium chauvoei（feseri）</u>），能从动物的肠内和泥土中找到。这种细菌形成保护性芽胞能在泥土里长期存活。细菌穿过肠壁，进入血液，再进入肌肉而致病，也能从皮肤伤口进入。

本病多见于 6 月龄到两岁的幼牛，也见于绵羊，特别剪毛后的绵羊。

症状：

- 跛行-通常是最早出现的症状。
- 发病快速，有时突然死亡（即 1-2 天内死亡）。
- 因疼痛而呻吟。
- 肿胀-可能是一条腿、颈、背、或腹侧。
- 高烧。
- 呼吸急促。
- 瘤胃蠕动停止。
- 皮肤的感染部位变黑、变干。在肌肉与皮下有气体积聚。当按压肿胀处时，由于有积气，有时能听到爆裂声。

诊断： 从肌肉肿胀处取血样作涂血片，送当地兽医检验。（血液涂片有助于区别黑腿病和炭疽）。

不要做死后剖检，因为有可能是炭疽病。如果确实是黑腿病，切开了患畜的肌肉，会看见肌肉变黑、干和有臭味。

控制与预防：

· 深埋死畜（深度多于 1 公尺），以防止狐狼和野狗掘食。如可能，先在尸体上撒上一层石灰，再盖上土与石块。

· 在发现黑腿病的地区，所有 6 月龄到 3 岁龄的牛，都必须注射疫苗。如可能，也要给绵羊注射疫苗。

治疗：

· 在发病早期，如果用大剂量青霉素和其他抗菌素，如四环素，可以挽救一些患畜。但即使给予这样治疗，大多数患畜仍会死亡。

恶性水肿

这是一种急性传染病，很难与黑腿病区别。恶性水肿常见于牛与绵羊，与黑腿病不同的是，恶性水肿也能使猪与马发病。

病原是败血梭状芽胞杆菌，**Clostridium septicum**，常见于动物肠内和泥土内。该细菌形成保护性芽胞能在泥土里长期存活。细菌经伤口进入体内，如由事故、断尾、去势引起的伤口，还有受了污染的疫苗。同样，助产者的手与手臂不洁净也可感染子宫。

症状：与黑腿病相似，但皮下不产生那么多的气体。而是在皮下肿胀处常含有胶样液体。

诊断：同黑腿病。

控制与预防：

- 同黑腿病一样，深埋死畜。
- 在黑腿病/恶性水肿发病地区，所有动物都必须注射疫苗，尤其是绵羊。
- 接产、去势、免疫都必须清洁操作。

疫苗

治疗：

- 如果早期治疗，用大剂量青霉素和其他抗菌素，如四环素，可以挽救部分患畜。但即使给予治疗，大多数患畜仍会死亡。。

破伤风（牙关紧闭）

破伤风是一种急性的传染病，世界各地均有发生。病原是破伤风（梭状芽胞）杆菌，**Clostidium tetani**，通常在深层伤口生长，引起发病。细菌产生一种毒性物质，称毒素，能够到达全身，并侵害神经，致使肌肉失去正常功能而变得僵直，进而痉挛抽搐。破伤风的详细讨论，见 258 页（神经系统）。

第十四章　皮肤系统（包括角与蹄）14.0 SKIN SYSTEM

前言：

皮肤完整地覆盖着动物的身体。身体总是由皮下层产生新的皮肤来取代磨损的旧皮肤。皮肤还含有汗腺、血管、淋巴管和神经纤维。角与蹄是皮肤的一部分，它们是由软组织发育而变成硬组织。这部分皮肤里有产生硬组织的特殊细胞。如果这些特殊细胞被破坏，则蹄与角就不能正常生长。

皮肤的功能：

- 皮肤**保护**内部器官不受细菌和其他有害物的侵害。
- 皮肤帮助**调节体温**（由汗腺行此功能）。

14.1 创伤的类型 TYPES OF FRESH WOUNDS

创伤有三种主要类型：1.锐器切口和撕裂；2.擦刮伤（擦破）；和 3.穿刺（深层）伤。锋利的锐器造成的创伤往往流血较多，深层穿刺伤容易感染破伤风。影响到关节的创伤是极为严重的损伤，即使伤口痊愈，动物的关节也可能永久性地受到伤害。

14.2 创伤的治疗 TREATMENT OF FRESH WOUNDS

> 多数新鲜创伤，如果保持伤口清洁、干燥都能自然痊愈。

1）适当地固定动物，小心避免进一步损伤。

2）防止过多地流血，见 **78** 页。

3）检查动物，确认除创伤外别无其他问题，伤口部位没有骨折。

4）以清洁的水和肥皂冲洗双手。

5）以清洁的水和肥皂冲洗伤口。

6）如可能，将伤口周围的毛剪去或剃去。将任何脏物，如石块、树枝、稻草、毛发或其他异物从伤口内清除。

7）以稀释过的消毒液，如高锰酸钾、*沙威隆*、碘液或普通肥皂水冲洗伤口。不要用浓溶液，因为浓溶液可进一步损伤伤口，从而延缓愈合。

8）决定伤口是否需要缝合（见 214 页关于缝合伤口的标准）。记住几乎任何伤口不加缝合都能痊愈。但是，缝合的好处是加快愈合与减少变形。

9）如果在有螺旋蝇蛆的地方，要覆盖伤口，并用有效的抗螺旋蝇蛆剂涂敷伤口周围，见 120 页。

10）如果是深层穿刺伤，而且能买到过氧化氢（双氧水）或其他消毒溶液，用消毒液尽可能深地倒入或冲洗伤口，这有助于减少破伤风感染的机会。

11）如果有抗菌素油膏或喷雾剂（人用、兽用均可），用来覆盖伤口。

12）如可能，伤口上置一绷带以保持伤口清洁。任何材料都可用来制作绷带，只要消毒清洁。绷带不应绑得过紧，过紧会损伤伤口周围的组织。根据伤口的严重程度、环境的清洁情况、以及处理动物的难易程度，应该考虑到每 1—3 天更换绷带。同时，伤口要进行检查、冲洗和消毒。

13）如果注射抗菌素（最好用青霉素），持续用药一周，或用到伤口干涸和不发炎为止。在破伤风发病区、脏环境、伤口深或伤及到关节，这样处理尤为重要。

重要提示：用湿、脏的绷带还不如不用绷带！如果环境湿、脏，伤口需要天天清洁，同时更换绷带。如不这样做，伤口更容易受感染。

14.3 缝合/缝料 SUTURING/STITCHING

定义
伤口的"缝合"与"缝"，或"缝闭"伤口都是同一词义。

只有某些种类的伤口能被成功地缝合。事实上，对有些伤口缝合，更容易引起感染。因此，设法不用缝合，除非符合以下六条标准。

213

缝合伤口的六条标准：

1．必须是**新鲜**伤口，必须在出现伤口后 12 小时内加以缝合。

2．必须是**清洁**伤口。

3．伤口是**豁开**（张开）的。不要缝合深层刺伤，因为深层刺伤缝合后更易感染，尤其是感染破伤风。

4．**伤口**周围的组织必须是**健康**的。如果极度淤血，并已损伤，那么伤口处的血液供给受损。在这样的条件下缝合伤口，将不会愈合得很好。

5．必须有**懂得如何缝合的人**。

6．必须有**可用的基本设备**。

需要的设备

基本需要：
-肥皂和清洁水
-消毒剂（当地的饮用酒也行）
-盛消毒剂和器械的金属、玻璃，或塑料容器
-缝合用具包（见后面）

供选择条件：
-局部麻醉药
-注射局部麻醉剂的消毒针头和注射器

缝合工具包

持针钳：在缝合中，持针用。如果没有持针钳，可用其他工具，如钳子、镊子也可。

鼠齿镊：用来夹持和矫正受伤组织。没有鼠齿镊，也可以用镊子代替。

其他钳子：用来钳夹组织和血管。几种型号的钳子都可以用，如"克氏钳"、"艾氏钳"、"蚊式钳"等。有一两把合用的钳子，用来抓持组织和钳夹正在流血的血管非常有用。

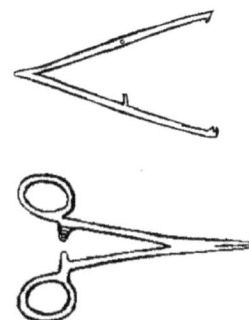

缝合针：用来缝合皮肤或其他组织。有两种类型：

1. **三棱缝针**：有锐利的且呈三角形的尖端，使其容易穿透皮肤。

2. **圆针**：这种针有光滑、锐利、逐渐变细的针尖，便于穿透肌肉和其他软组织。

缝合材料（即线）：有多种缝线可以使用，可分为能被身体吸收的和不被吸收的缝线。

1. **可吸收的缝线**（如肠线）：因为最终被吸收，故多用于体内。可吸收的缝线一般不用于皮肤，因为这种缝线对皮肤具有较强的刺激性。可吸收的缝线能保持其强度约 7—10 天。但是，如果伤口感染，最多三天，这种缝线的强度就会减弱。

2. **不被吸收的缝线**（如丝线、绵线、尼龙线、马尾）。这些缝线一般用于皮肤缝合，在伤口痊愈后就拆线（否则，会引起感染）。一般来说，不吸收的缝线强度要大一些。每种缝线各有利弊。例如，丝线缝合，容易操作，但由于吸湿能起到纱布条的作用，有可能造成感染；尼龙线引起炎症和感染的可能性小，但难于操作，且易滑动，打结不牢，容易松脱。

理想的情况下，缝料必须无菌，或在使用前浸泡在酒精里。缝合线有不同型号，通常标号如下：由粗到细。

```
3    2    1    0    00    000    0000
最粗  ←————————————————→  最细
```

大动物通常用 0—2 号线；小动物用 00—1 号线。

14.3.1 缝合的程序

1. 用压迫或钳夹法，止住正在流血的血管。如果流血的血管大，考虑绕血管结扎止血。

2. 选用合适的缝合针（三棱、尖圆，及其正确型号），三棱针容易穿透厚皮肤。

3. 选用适当型号或粗细的缝线。在一些地方，当地材料（马尾）作缝线很成功。

4. 将材料（针、缝料、持针钳等）置于消毒液内或酒精里至少 20 分钟。

5. 剃毛并彻底消毒伤口及其周围。先用肥皂水，再用无刺激性的消毒剂，确保伤口内的脏物被清除。

6. 考虑使用局部麻醉。如果伤口需要缝合多针，局部麻醉可以减少缝合时对动物和操做人的伤害（如缝合马的腿部或面部伤口），见 217 页关于局部麻醉的使用。

7. 用适当的缝合方式（见后述）。

8. 伤口缝合后，完成以下步骤：
   - 清洁伤口周围血迹，并使之干燥。
   - 涂敷抗菌素油膏、粉剂或喷雾剂，以及防蝇油膏、粉或喷雾剂以保护伤口。
   - 给予抗菌素注射，如长效青霉素。
   - 如可能，伤口上绷带，以保持清洁。
   - 告诉畜主，置手术后的动物于清洁、干燥处。

9. 7—10 天后，检查缝合处与伤口。
   - 如果痊愈，拆除缝线。
   - 如果未痊愈，仔细清洁。如有轻度感染，拆除部分缝线，让伤口排液。给予抗菌素注射。
   - 如果感染严重或原来不严重的感染恶化，拆去全部缝线，让伤口开放，以便充分排液，使伤口作为"开放性伤口"愈合。每天清洁伤口并上绷带，同时给予抗菌素治疗。

14.3.2 缝合方式的类型

简单的结节缝合方式： 这种方式适于缝合肌肉与皮肤。缝合牢固，但比其他缝合方式费时。

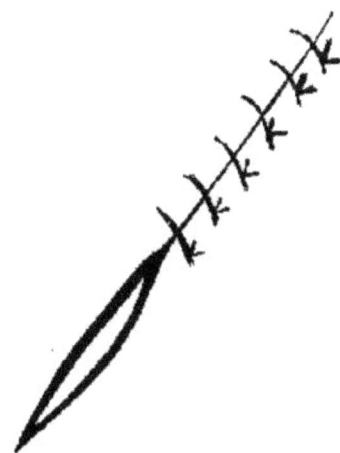

· 缝针穿透一侧组织层（如方便，用持针钳），靠近伤口边缘下针。

· 穿透伤口另侧的组织层。

· 拉动缝线，使伤口边缘靠拢（但不要拉得太紧，以致伤口"起皱纹"或"皱起"）。

· 如用尼龙线缝合，至少要打三个结，以防滑脱。

· 针脚距离，小动物应 5 毫米左右；大动物 10 毫米。

简单的连续缝合方式： 这种方式缝合肌肉与皮肤也很好。缝合牢固程度不如结节缝合，但完成操作较快。

· 缝针穿过一侧伤口边缘（如有条件，用持针钳或止血钳持针）。
· 再将缝针穿过对侧近伤口边缘的组织层。
· 持续缝合过程，直到抵达伤口末端才打结。拉动缝线，使松紧适度，伤口两侧边缘闭合（但不要"起皱"或有"皱纹"）。
· 针脚距离，小动物 5 毫米，大动物 10 毫米。
· 在伤口末端检查全部缝线。应伤口两侧闭合，缝线紧张适度，闭合处良好、平整。如有不当，调整缝线（即松紧，使之适度）。
· 打牢线结。尼龙线至少打三个结。因为尼龙线较滑，容易松脱。

褥垫缝合方式： 这种方式适用于皮层厚的动物，如牛与水牛，很好并牢固，能快速地操作。

· 将缝针扎进一侧伤口边缘组织层。
· 继续推进缝针，由另侧组织层穿出皮肤。
· 由同侧进针入组织层。
· 经过另侧皮下组织层穿出。
· 拉紧缝线，则伤口闭合。
· 打牢线结（尼龙线至少打三个结）。
· 重复这一过程，直到伤口末端。

14.3.3 缝合的局部麻醉

局部麻醉可减少动物在缝合中或小手术中的痛苦。通常是皮下注射，使局部麻木。这样动物就不会或很少感到疼痛，对进针时的挣扎或反应要轻些，使操作更加有效与安全。但注射麻醉剂本身还是有疼痛的（与缝合时的多次扎针比较，疼痛的程度要小得多）！因此，小伤口的缝合或切开脓肿不用麻醉。

市售的几种局部麻醉剂有利多卡因、盐酸普鲁卡因，以及布卡因。这些局部麻醉剂通常用其 2% 的溶液。如果成药含的浓度大，用蒸馏水稀释成 2%。

程序:

- 用肥皂水和消毒剂清洁皮肤。
- 剪去/剃去注射部位的被毛,并充分清洁伤口(见前述伤口缝合)。
- 选用两英寸长、直径为 **18** 或 **20** 号注射针头。**认真**保定动物,提示辅助人员在扎针时留心动物对疼痛的反应。
- 从伤口边缘进针深约 **1** 寸,直接插入皮下组织。针头一经插入,即开始注射。边注射,边慢慢抽动针头以便使麻醉剂随着进入伤口边缘。注射全部要缝合的伤口边缘。每英寸针迹约需 **2** 毫升麻醉剂。
- 针头完全抽出后,再以同样方式插入。不过,这时局部已经麻木(动物疼痛会减轻)。继续沿伤口边缘注射药物,散布麻醉剂。
- 等待数分钟,针刺皮肤(还是要注意动物伤人!)如动物不再有反应了(即伤口边缘已麻醉)就开始缝合。

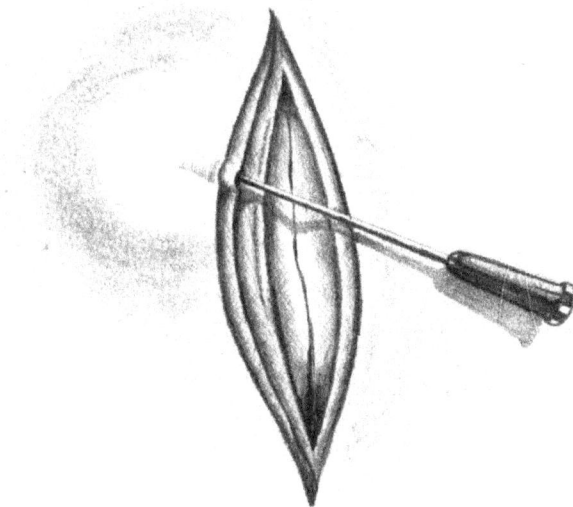

沿伤口边缘注射麻醉剂,以减少缝合时的疼痛

14.4 伤口流血/出血：急救病症 BLEEDING WOUNDS – EMERGENCY

这是急救病症，见 78-79 页，急救。

14.5 慢性伤口的治疗 TREATMENT OF CHRONIC WOUNDS

1. 伤口周围剃毛，并清洁。剔除一切坏死组织、脓液以及蝇蛆或螺旋蝇蛆。（见消毒剂和反腐剂）

   · *清除一切蛆虫：* 如果伤口内有蛆或螺旋蝇蛆是不会愈合的。因此，要除蛆，可用石炭酸/樟脑（樟脑丸）粉碎后与水混合，注入有蛆到达的洞穴内。尽管樟脑丸不太溶于水，但局部应用效果也不错。氯仿、煤油、酒精以及松节油也行。

   · *清除一切残碎组织，做好引流：* 可能有必要浸湿伤口或热敷数天，以减轻肿胀，软化组织，排除坏死组织及其残片，并切开创口，使之排液良好。如果创口已经排脓，插入一条浸以消毒剂的布条，以保持伤口开放，引流数日。

2. 绝不要缝合慢性伤口，任其开放排液和自愈。

3. 一旦停止排液，用含抗菌素的软膏、粉剂、喷撒剂以防感染。

4. 用软膏、粉剂、喷撒剂以防蝇蛆或螺旋蝇蛆。

5. 如果伤口已经感染，给予抗菌素注射，如用长效青霉素。

6. 提供良好的附助护理。即置动物于清洁干燥的环境中，并与其他动物分开，提供优质饲料，新鲜清洁的饮水。如果动物表现有疼痛，给予止痛药。

任何时候伤口形成了厚痂，其边缘有发炎、红肿、溃疡，一定是发生了感染。做检查时，揭开厚痂的一角，轻压伤口（但要谨防动物因疼痛作出反应，而受到伤害）。如果结痂下流出脓液，则要轻轻地将全部痂皮揭去，彻底清洁伤口。并需要对伤口引流数日。方法是放置浸泡了消毒剂的纱布条于伤口内，以保持伤口开放和引流。一旦伤口已充分引流，用抗菌素软膏。每天检查、清洁伤口，直到痊愈。

14.6 野生动物咬伤的伤口 WOUNDS FROM WILD ANIMAL BITES

治疗动物咬伤的伤口，如同治疗急性或慢性创伤，主要依据发生咬伤的时间。要牢记动物咬伤的伤口极易感染，往往非常疼痛。

14.7 烧伤 BURNS

烧伤可由热、火、爆炸、电，以及某些化学物质引起。表面烧伤（即烧伤仅在皮肤表面），通常不是严重问题。深层烧伤可能抱括皮肤的整个皮层、皮下组织、甚至肌肉与骨。深层烧伤可引起严重感染、体液流失，甚至死亡。对大多数烧伤，最重要的治疗方法是保持被烧伤区的清洁，在组织愈合过程中，防止感染。

烧伤发生时应立即采取以下措施：

·   立即用冷水浇在烧伤区，特别重要的是要用大量冷水淋洗化学物质造成的烧伤。

·   以中性、无刺激性的清洁剂淋洗烧伤区。

·   在肮脏环境下，敷用抗菌素软膏。并且，如可能用绷带保持伤口清洁。在干净环境下，考虑不用绷带，而在愈合过程中让伤口暴露在新鲜空气中。

·   如有必要，给动物注射抗菌素，以防止感染。

·   提供良好护理条件，如优质饲料、清洁饮水，以及远离其他动物的清洁、干燥的环境。

·   至少每两天要检查伤口，看是否有感染。如怀疑有感染，轻轻地起开一点结痂，若结痂下面有脓，就彻底清洗伤口，抹一些抗菌素软膏并注射抗菌素。

14.8 肿块与隆起 LUMPS AND BUMPS

（脓肿、疝气、血清肿或囊肿、血肿，癌性生长）

有时在动物的一侧或靠近脐孔的腹侧见有大的隆起，或在肌肉内有较小的隆起。这些肿块与隆起可能是以下难以区别的原因之一。

1. **脓肿**——脓肿是简单的脓液呈袋形。这通常先是小的创伤，此后被感染的结果。有时伤口小而未被注意，直到形成脓肿才被发现。脓肿有可能成为重要问题，尤其在山羊群内。建议最好不要在有脓肿问题的山羊群中购买山羊。

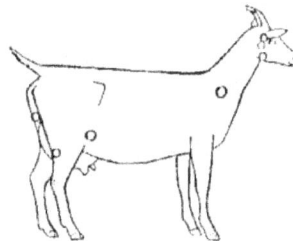

圆圈标明的是山羊脓肿常见部位

220

2. **疝气**——疝气这一术语指身体的某一部分，突破肌肉进入身体的另一部分。

   · 例如，如果动物的一侧遭撞击，该侧的肌肉破裂开，内部的肠管通过裂开的肌肉突逸出来，形成了一个皮下隆起。

   · 腹部，在脐孔处，这是疝气常发的地方。一般来说，仔猪出生后，就不再需要脐带了，周围的肌肉密闭了脐带处。然而，有时剩一小孔，肠管就通过这一小孔突逸了出来。这就叫"脐疝"。

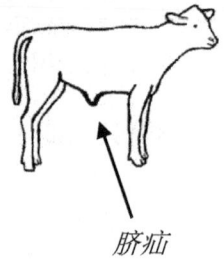

脐疝

   · 疝气也发生在公畜的阴囊，称阴囊疝气。那就是肠管通过体壁的一个小孔，即腹股沟管，挤入动物的阴囊。在去势中，特别是猪，就会发生问题。如果有阴囊疝气的猪，切开阴囊后，肠管逸出体外，或被误切到肠管。因此，在行去势术前，触摸睾丸，看有无阴囊疝气。

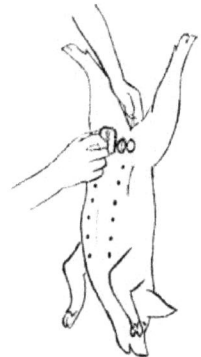

   · **疝气具有危险性**，因为如果肠管甚至胃在疝气孔内被堵塞，这些器官会被造成永久性损伤，甚至引起动物死亡。

3. **血清肿或囊肿**——血清肿或囊肿外形似脓肿，但不是充满脓汁，而是充满水样的液体。

4. **血肿**——血肿也像脓肿，但里面充满血液。是由血管损伤或破裂引起的。

5. **癌性生长**——癌是一种复杂的疾病，身体细胞出现不正常的增殖所致。有时这些细胞聚积在一起生长，在皮肤或肌肉里形成一个大的隆起物。这些癌性组织的隆起物称为"肿瘤"。除了用外科手术切除外，绝大多数类型的癌尚无好的疗法。有时癌细胞扩散到全身，最终引起死亡。

   · **"牛白血病"**是牛癌症的例子，周身扩散。是由一种在淋巴结里生长的病毒引起，致淋巴结增大。这些皮下增大了的淋巴结，看得见，摸得到。但无治疗方法。

- **犬的性病肿瘤--**是癌性生长的又一例子。这种癌肿通过配种传播。起始时肿瘤是一个小的生长物，最终发展成大而红色的异状物。在一些国家，这种肿瘤是用外科切除的方法治疗。

肿块的检查与治疗：

- **仔细了解病史：**动物出现肿块时，仔细询问病史，弄清是疝气或其他原因的肿块。如果曾经坠落或被撞过，且无伤口，则可能是疝气。

- **检查动物：**围绕肿块边缘，仔细探摸肌肉的破裂处。同时试着压迫肿块（即推挤肿块的内容物回体内。）如果在肌肉里摸到一个小孔，或能缩小肿块，说明可能是疝气。

- **检查热度（发炎）：**如果不能将肿块推进到体内去，仔细摸触肿胀部位有无热感（发炎）。如果是过热的，可能是脓肿（但陈旧性脓肿往往无过热感）。

- **准备插入针头：**剃去肿胀部位的被毛，然后用肥皂水、消毒液清洁手术部位。

- **鉴别肿块内的液体：**插入针头，穿过皮肤，进入肿块。如果有水样清澈的液体从针座内流出，这个肿块，可能是囊肿。或是尚未形成脓液（成熟）的脓肿，但这个脓肿还不能切开（因还未形成脓液）。如果有血液流出，肿块可能是血液瘤，这种瘤子，通常经过一段时间后消失，且不必切开。

- **应用热敷 3-4 天：**如果是脓肿，热敷有助于"成熟"（即化脓）。3 或 4 天后，重复清洁和插入针头的检查程序，检查肿块里的积液。

- **如果是脓，切开脓肿**：一旦发现脓汁，即可确认肿块是脓肿了。脓肿必须在最低的部位切开，切口尽可能宽一点，以利于最大限度地引流。引流越好脓肿痊愈得越快。切开前不用麻醉，而作切口要快速。在脓肿的周边挤压，将全部脓液排除，然后以清洁水或消毒溶液彻底冲洗脓肿内部。

在最低位置切开脓肿以达到最大限度引流

- **保持切开的脓肿开放和排液**：一旦脓肿被切开，保持开放状态，任其排液数日。每天以清洁水或消毒液冲洗数天排脓。如果脓肿封闭过早，内有积脓，置一经过消毒液浸泡的纱布条于脓肿内，这样可保持切口开放与引流状态。

· **_防止蛆虫或螺旋蝇蛆_**：应用喷雾、软膏、粉剂杀虫剂防蛆或防螺旋蝇侵袭。

驱蝇剂

14.9 溃疡/水泡 ULCERS / VESICLES

皮肤、嘴唇、牙龈、舌或阴门有时出现小溃疡，并无明显的损伤。这些问题在本书的其他章节已有所论述，但这里还要提一下。

· 皮肤上的小**水泡**充满液体。烧伤、虫咬、过敏，以及像口蹄疫或痘病等传染病会形成皮肤上的小水泡。

· **溃疡**指皮肤上的孔洞，有深有浅。溃疡可出现在水泡破裂之后（有时未注意到水泡）。深层溃疡发展成慢性的，且愈合所需时间长。

· 对水泡和溃疡的主要治疗方法就是保持清洁和防止感染。一般来说，最好保持溃疡开放，因为空气有助于愈合。然而，如果环境肮脏，苍蝇很多，最好用绷带覆盖溃疡面防止感染。

· 如果溃疡被感染，又有脓液等，这时溃疡应作为伤口处理，见 **219** 页。

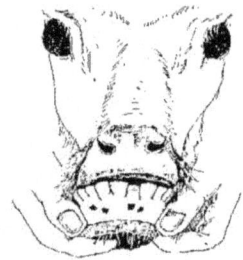

牙龈上的水泡能变成溃疡

14.10 痂斑 CRUSTY SPOTS

有数种病可引起家畜皮肤上出现痂斑和溃疡。

疣（肉赘）

· 疣是一种出现在皮肤上的干燥、结痂的组织隆起。主要发生在幼畜，由病毒引起，最常见于牛、马、犬，偶见于兔。
· 多数动物随着年龄的增长而产生对疣病毒的抵抗力，疣最终自行消失。有时抵抗力消退，动物又再次出现疣。但是，当抵抗力再次发展，疣则再次消失。

牛：疣通常出现在头、颈、肩、耳，以及有时出现在腹侧和背侧。疣也可能出现在青年公牛的阴茎和青年母牛的外阴，会影响配种。

马： 疣通常出现在马的鼻与唇上，在数周会后消失。

犬： 犬有两种疣。一种出现在口腔，往往引起口腔感染。
另一种出现在体表，外观与牛的疣相似。

疣的治疗/控制： 本病能自愈，没有必要治疗。控制的办法是将有疣的动物远离其他动物。

痘 Pox

痘病这个词用来描述皮肤上产生隆起，最终形成被结痂覆盖的痂性溃疡的一组疾病。这些病由病毒引起，动物间直接传播，有时由昆虫传播。

牛痘： 感染牛的痘病有两种。

- 一种比另一种要严重一些，但两者都能在乳房和乳头上产生溃疡。这些溃疡疼痛，造成挤奶困难。溃疡不治而愈。但要 1 或 2 个月的病程。有开放性溃疡的牛，通过挤奶能感染人。但是，人也会自然康复。

- 另一种相似的病毒致皮肤和消化系统、呼吸系统、生殖系统的内表层产生肿块。本病也称为**"皮肤结块病"**。结块通常会脱落，脱落后留下的底面会被感染（但最终可以自愈）。

绵羊痘与山羊痘： 都是由病毒引起的相似疾病。山羊的症状不如绵羊那样严重。

- **症状：** 眼睑肿胀，脓液或粘液由鼻孔流出。在鼻、耳以及那些不长毛部位发生结痂性溃疡。当痂皮从这些溃疡面上脱去后，留下"星状"痂痕。

· **治疗**：除护理疗法外，无其他方法治疗。绝大多数动物会自愈。

· **预防与控制**：一些国家有疫苗供应。

猪痘：这是一种较轻的病，致猪的皮肤出现结痂性溃疡。此后，痂皮脱落，看起来像"花斑猪"。绝大多数猪不加治疗而很容易康复。
· **预防与控制**：重点在控制虱子来防制扩大传播。

口疮（传染性脓疱皮炎）这种病主要在口腔周围引起溃疡能影响动物取食，见 **177** 页。

钱癣

接触性皮肤病，由真菌引起，能致干而结痂性溃疡，见 **123** 页。

14.11 角折 BROKEN HORNS

正常家畜的角是部分中空的，角尖部分约占全角长的 **1/3** 是实芯的；近角基的 **2/3** 部分则多中空，内有血管。家畜角折发生于角斗或被卡住（挣扎脱离时而断角），如果外层硬质部分被刮损或尖端断裂，通常不是严重问题。但是，如果靠角基部的 **2/3** 折断，可造成两种严重情况，都需要进行紧急处理。

· 发生严重出血（失血）。
· 角洞（即角窦）直接通向动物的头颅（鼻窦）。如果蝇蛆侵袭伤口，可致动物死亡。

角折的治疗：

1. 如果角的尖端折断，可以用锉锉至光滑平整。
2. 如果外层硬质部分脱落，首先止血。可用压迫止血或用晶体高锰酸钾置于湿的脱脂棉包扎止血。脱脂棉留置原处，直到出血停止。再保护损伤部分，使不被蝇蛆侵袭。
3. 如果近角的基底部的 **2/3** 角折，就必须沿角基去角，待其愈合。
4. 如果有特制的"碎胎线锯"或"去角器"，可用来沿角的基底部把角切除。如没有，一般锯也可（手锯也行）。

· 剪去角基部的被毛，用消毒剂洗净
· 用 **5—10** 毫升局部麻醉剂沿角基部麻醉。
· 沿角基部的皮肤作切口。
· 将碎胎线锯置于皮肤切口上.拉动系线锯的锯柄。
· 一旦开始锯动，就不要中途停止，否则，锯器会被粘住或断裂。

- 在锯到切口末端仅剩下皮肤时要助手将角托住，以免在最后的几锯中皮肤因角的重量而撕裂。

- 用晶体高锰酸钾控制出血，用烙铁烧灼数秒钟，或用止血钳夹住血管止血。

- 用一薄层纱布覆盖动物的颅骨洞，防止蝇害。纱布应薄而透气，便于伤口自然变干。龙胆紫敷伤口对保持伤口干燥很有效。

- 用杀蛆剂、防蝇油膏、粉剂，喷撒伤口防蛆。

- 3—4 天后除去药棉，如有感染（即化脓），彻底清创，并给予抗菌素治疗。

- 用新纱布覆盖颅洞，使用龙胆紫（如有的话）并防蝇蛆侵袭。

14.12 去角的方法 METHODS OF DEHORNING:

有些人喜欢除掉动物的角以免其伤人或其他动物，或提供较多空间（即占饲槽空间）。阻止角的生长，可以通过破坏产生硬质角组织的细胞来达到，这些细胞出现在围绕角基的皮肤里。去角的方法也称**去角术**。动物幼小时去角，最容易，受的损伤也小。如果去角适当，角就不会再长出。建议在行去角术前，先请有经验的人示范如何去角。

- **大动物**：年龄大于 6 个月，可用上述的碎胎锯切除全角——不管是否发生角折。也可用一种"去角器"（如有的话），甚至也可用锯。

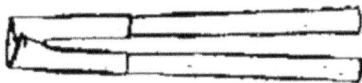   

去角器　　　　　　　　　　　　　　　锯

- **幼小动物去角**：用切除或烧烙或两种方法并用。非常幼小的动物（一周龄内）可用苛性钠（烧碱）来防止角的长出。

烙铁的用法

- 在一些地方，对 2 月龄内的幼畜用这种方法。对于山羊去角，必须十分小心，因为很容易致烙角的时间过长而致颅脑受到永久性损害。如果烙的时间过短，角又会生长或发育成"渣角"（即畸形，无角尖角）。随着经验，可学会烙铁接触皮肤需要多长时间。

· 有专门用作去角的电烙铁。兽防员可以制作烙铁，方法是在一根铁棒的一端加一个木柄。将铁的那端烧红，沿着正在长出角芽周围的皮肤灼烙（即近角基周边的皮细胞，能使角生长），灼热的烙铁仅能放置数秒钟，且要慢慢转动。

在煤炭火上加热金属棒	烧烙角周边的组织	烧烙后的角周边组织

· 烧烙后密切观察数日，确保去角动物的头部不要受到撞击而致出血。

切角

· 本法是用于幼畜的去角方法。
· 刚浮现出来的角称"角芽"，用利刀削去，或用圆柱形刀，也称"去角芽刀"。如果两角去除得仔细又去掉了角的周边约 1—2 厘米的组织，则角就不会再长出。

去角器

· 止血用灼烙皮肤的方法，或用止血钳钳住血管，或用晶体高锰酸钾。

苛性钠去角

苛性钠（氢氧化钠）是化学药品，又称为火碱或烧碱，能致组织死亡。用其糊剂或像铅笔那样的固体剂皆可，敷用于初生角的周边，致能长出角的细胞死亡，角就停止生长并掉落。

· 牛犊去角年龄应是幼牛（1 周龄左右）。
· 新生角周边的毛应剪去。（使角显露出来。）
· 以一定压力将笔样苛性钠在角的部位涂擦，并围绕新生角作圆周式移动。或者，按照说明书，敷用胶样苛性钠。
· 继续涂敷动作，直到形成一个浅窝，并停止了出血。
· 苛性钠的用量不宜过多，因为受潮后会流向面部，导至皮肤与眼睛受伤。
· 不能太用力涂敷，否则，皮肤可能破裂，组织会受到过多的损伤。

14.13 蹄与蹄的保护 HOOVES AND THEIR CARE

蹄是由蹄冠处的特殊细胞形成的。如果该处细胞由于创伤或疾病（例如口蹄疫）造成损伤，蹄会变形或皲裂而致跛行，见 236 页。

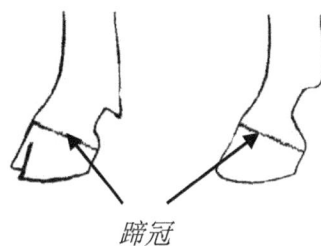

蹄冠

一般情况下，草食动物的蹄无需特殊护理。随着动物在硬地面行走，蹄被正常磨损，尚能保持正常长度和形状。但是，如果动物只在软地面行走，或是圈养，则蹄会长得太长而变得畸形。当蹄尖太长并上翘时，踝关节就会角度不正常，甚至引起损害。经常适当修蹄可预防多种蹄与跛行的问题。

修蹄

多种工具可用来修蹄，包括刀、锯、特制的修蹄器与锉。

山羊与绵羊的修蹄器

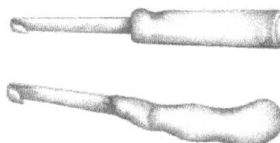

可用于任何蹄形的修蹄刀

蹄必须修得短而蹄形适当，以便能平稳着地，踝关节保持适当角度，这样动物的步态才能正常。在修蹄过程中，必须将动物适当固定，否则，会因惊吓而造成伤害。可以调教马在修蹄时站立不动，而牛与水牛通常要放倒。一些温驯的山羊和绵羊在修蹄中，可将其一腿提举保定，但有些羊则必须肚皮朝天保定。

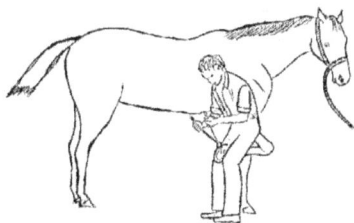

马的前肢修蹄术式

修好后的蹄形（蹄的底面视图）

修蹄的几点基本建议

修山羊前蹄的术式

修山羊后蹄的术式

修山羊或绵羊蹄

修山羊或绵羊蹄

修山羊或绵羊蹄

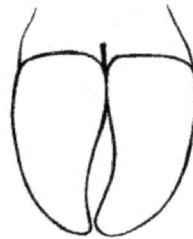

修好了的山羊、绵羊、奶牛、
马驼以及羊驼（从蹄底视图）

14.14 *腐蹄病* FOOTROT

腐蹄病是一种严重传染病，感染绵羊和山羊（也偶然感染牛与水牛）。是由两种细菌共同作用引起，即腐尸梭菌和结节杆菌（F.necrophorus and B.nodosos.）这两种细菌首先在趾间引起感染，然后蹄开始"腐烂"直到蹄与蹄底分离。

症状：

- 严重跛行，动物不愿站立。

- 体况不好，体重减轻，因为动物不能充分采食。

- 蹄冠周围和趾间红、肿。

- 蹄间溃疡，闻起来很臭，并流出脓液。

- 蹄壁分离或裂开。

诊断：

- 根据病史与症状。

治疗：

- 修好蹄，清洁好伤口。蹄要进行修剪，有时甚至要修剪到出血的程度。一切脓包要切开，坏死组织要清除。
- 用浸了消毒剂后的药棉包扎开放性伤口，并上绷带。
- 注射抗菌素有助于控制严重感染（青/链霉素合剂效果很好）。
- 置动物于清洁、干燥的环境中。
- 要更换湿的或脏的绷带。

预防/控制。

- 能够行走的动物，用 10％福尔马林脚浴。

- 保持动物的清洁、干燥环境。

- 定期修蹄。

- 不要从有腐蹄病感染的畜群中购进动物

第十五章 骨骼系统 15.0 SKELETAL SYSTEM

15.1 腿的畸形 DEFORMITIES OF LEGS

先天性畸形腿或弯腿

有时动物出生时腿就畸形，两腿向外弯曲呈"O 腿"或向内弯曲呈"X 腿"，或不能伸直其腿。有时，畸形使动物不能站立。如果腿关节并未僵化；稍加用力就可以把腿扳直，这样的情况也许可以治愈。

治疗：可以用骨折节描述的那种夹板，见 233 页。

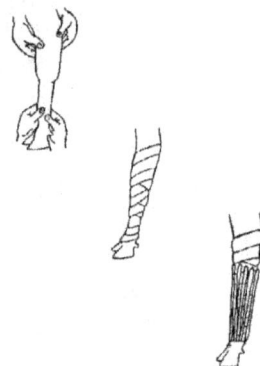

- 轻柔地尽量扳直其腿，这有助于伸展可能已收缩了的筋腱。

- 上夹板前，在腿周围放置充足的垫料，以防夹板下发生溃疡。

- 上夹板要位置恰当，固定良好。

- 每天抬起患畜，使之站立 3—4 次。

- 每 2—3 天松开夹板，检查夹板下有无溃疡。在夹板取掉时，按摩患腿，同时扳动腿，以伸展筋腱，不使其僵化。

- 每次重上夹板时，尽可能伸直病腿，使之呈正常姿势。

- 如此处理 2—3 周后，如无进展，患畜可能永不会有正常腿了。

僵腿

有时幼畜的关节非常僵硬，全然不能活动。对此，尚无好的治疗方法。

15.2 跛行 LAMENESS

有时动物不能正常步行，这种情况称之为"跛行"。
如果动物全然不能行动，称之为"麻痹"。
跛行有急性的或慢性的，这两种情况都必须首先检查是否
有骨折。

有骨折的跛行

骨的破裂叫**骨折**。骨折常抱括其周围组织的损伤，也
抱括骨骼周围的血管和神经。摔倒、被憧或被击打可造成
骨折。

跛行通常由于：
1．损伤：
·骨，　　见 233 页。
·肌，　　见 209 页。
·蹄，　　见 236 页。
·皮肤，见 235-236 页。
·神经，见 209,259 页。
2．骨或关节感染， 　　　见 234 页。
3．矿物质缺乏， 　　　见 242 页。
4．关节发炎， 　　　见 238 页。

骨折可分为三种类型：
　　1.单一骨折：骨折只发生在一处，且无皮肤损伤。
　　2.复杂骨折：骨折发生超过一处，但无皮肤损伤。
　　3.开放骨折：皮肤损伤使骨暴露，并骨折（单一骨折或复杂骨折）。而且容
易引起感染。

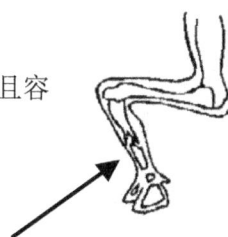

　　骨折的检查：当怀疑骨折时，要小心操作，以防止动物进一步受到损伤或伤及接触者。
有时患畜因疼痛而表现非常惊恐或刺激，在骨折未被固定前，患畜不会安静下来。彻底检查折
断部位，检查是否有伤口、出血和因骨折受到牵扯的关节，检查其他部位的损伤。

　　在无 x 光片的条件下，有些骨折难予诊断。x 光片是一种特殊机器拍摄骨头的照片。但是，
没有 x 光片时，以下征状有助于诊断骨折：

- 严重疼痛或局部触痛，造成动物跛行或患肢不能负重，不能
站立或在推摸患区时，引起强烈反应（骨裂、不全骨折）。

- 畸形或骨的角度不正常（全骨折、粉碎性骨折。）

- 局部肿胀。

- 处理患区时有爆裂声——由于断骨端互相磨擦。

骨折的通常治疗方法 General Treatment of Fractures

如果两断端相互对位，并结合得很好，又加以固定，大多数病例都能康复。但是，感染或牵扯到关节，可能使愈合复杂化。治疗骨折必须按照以下步骤。

1．清洁因骨折发生的伤口
2．复位断骨。
3．固定断骨。
4．对动物提供支持性护理，直到康复。

1．"**清洁创口**"（如果有的话）。开放性骨折需要特殊护理，以避免严重的骨感染。伤口必须彻底清洁与冲洗，必须外敷抗菌素软膏。伤口防蝇，并注射青霉素防止伤口感染。

2．"**复位**"：任何骨折，骨的断端必须校准复位，以便正确连接，尽可能相互结合紧密。这叫骨折"复位"。有时复位困难，因为肌肉收缩，拉开了骨的连接。这时可能要几个强壮的人用力将断骨再复位连接。

3．"**固定**"：一旦断骨复位了，必须加以固定（即在愈合过程中，保持原位不动），这叫"固定"或"固定断骨"，达到接好的断骨不移动的目地。最常用的方法之一是使用夹板，夹板是由木质条（像竹片）制作。木夹板不太贵，也容易找到，且比石膏轻。夹板受潮会坏（石膏也是一样）。木夹板检查处理骨折伤处时，拆卸方便。绷带作为夹板下的衬垫物，可以延伸到夹板外缘。绷带上应该喷雾或撒些杀虫粉，以防蝇蛆，尤其是有伤口的骨折。

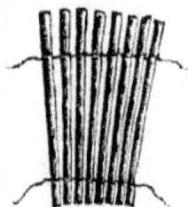

竹或木制的夹板

用绷带衬垫，以防形成溃疡。

喷雾或撒些杀虫粉以防蝇蛆

上夹板，应包括关节并高于和低于骨折部位，夹板下的绷带应伸出夹板外。

4．"**对患畜提供支持护理**"：见本页下文。这里指定期检查夹板，不时给患畜翻身，提供优质饲料、清洁饮水，并提供畜舍，防止其他动物再加以伤害或压力。

骨折患畜的护理疗法：

见 78 页，急救的一般常识。此外，以下是针对骨折患畜的指导原则：

1. **需要的时间**：一般来说，小动物上夹板至少要保持 1 个月；大而重的动物要 2 个月。但是，时间的长短主要依下列因素而定：

   - *患畜的年龄*：青年动物痊愈的时间比老年动物快。

   - *动物的大小*：小动物快于大动物。大动物如果不能站立，长期卧在硬地面上，又不翻身，可能造成永久性肌肉损伤。

   - *动物的性格*：治疗暴躁的动物的骨折，难于较温顺、容易接近的动物。

   - *骨折的类型*：单一骨折愈合快于开放性或复杂性骨折。

   - *骨折的部位*：大骨骨折或腿的高位骨折比小骨或低位骨折愈合的时间长。牵扯到关节的骨折愈合所需时间要长些。有永久性关节损害的动物，可能发生关节炎。

   - *充分复位骨折部的技术*：如复位不好，需要长时间治愈。

   - *固定骨折部的技术*：骨折部位固定不好，治愈需要的时间长。

   - *血液供给*：患区血液供给良好，比不良者治愈时间快得多。

   - *感染*：若骨、软组织、关节受感染，会延迟愈合时间，甚至不能愈合。

在治疗骨折前，要考虑上述诸因素。在综合考虑了上述诸因素后，决定治愈所需的时间长短，甚至不能治愈。在这种情况下，畜主最好选择屠宰患畜。

   - 让患畜卧于软地面，并每天翻身数次；这样可防止卧侧的褥疮，还可促进向患部供血，促进治愈。若动物不能站立（尤其是体重大的动物），提供软的地面极为重要；体重压迫，会致永久性肌肉损伤。

2. **抬举动物**：如可能，每天至少一次抬起动物使它站立，如能以其他健肢支持体重，可助于血液循环和活动肌肉。

3. **提供优质饲料、饮水、畜舍和防止其他动物侵害**：骨折动物在愈合期间，同样需要优质饲料、新鲜清洁饮水和防热荫棚，避免过分日晒、过冷。还要防其他动物侵害。

4. **观察/嗅闻蝇蛆侵袭、伤口感染与组织坏死**：每天都要观察伤口，检视蝇蛆和伤口感染。绷带和伤口本身都要喷撒杀虫粉或杀虫液，以防蝇蛆。上夹板和上绷带都要正确、适当，避免血液循环受阻。给受开放骨折的动物注射抗菌素，如青霉素治疗。

如果患畜突然停止吃食、发烧、有臭味（即来自骨折区的腐烂气味），或表现异常疼痛，就立即将夹板撤去，检查骨折处有无感染、蝇蛆侵袭、溃疡或血液循环障碍等。夹板与绷带捆得太紧或压迫了主要血管，可能造成循环障碍。也可能夹板下垫得太少。有时供给骨与周围组织的动脉血管在骨折时受损，如果是永久性损伤，骨折可能永远不能治愈。

关节脱臼

有时骨未折断，但从其关节窝内的正常位置脱出，这叫"脱臼"。如果支撑关节的肌肉和筋腱也被撕裂（不仅是拉伸），则可能是严重问题。

脱臼的治疗：首先，试着推拉关节，使之复位（如果拉动其骨时，噼啪有声，说明兼有骨折）。患畜的治疗，就按治疗骨折处理：

1. 腿的上部关节问题，也只有让动物休息，给予好的日常护理。
2. 腿的下部关节，保持复位状态，并上夹板。
3. 像骨折患畜一样，提供好的护理疗法。

无明显骨折的跛行

创伤的跛行

腿的任何部位的创伤都会引起跛行，依创伤的性质，也许要进行缝合，见 213-214 页。

治疗：一切创伤都必须要清洁干净；任何蝇蛆都必须清除。涂敷油膏、撒粉剂防蝇蛆。

如果伤口已感染，用抗菌素注射（尤其有感染破伤风危险）

创伤或蹄周脓肿引起的跛行：

蹄的创伤或近蹄处的脓肿是跛行的常见原因之一。（蹄是皮肤系统的一部分，但这里也包括在跛行问题）

蹄的检查

- 马、山羊、绵羊可以在站立状态下，提起一肢离地，进行检查。牛、水牛，将任一条腿用绳子提起，或将动物放倒检查。

- 放倒动物后，彻底将蹄洗净；用手按压不同部位，检查有无疼痛点（如果压到痛处，动物会立即抽动其腿）。
- 再寻找蹄底的小黑斑，黑斑说明有脓肿或挫伤，特别注意任何痛点。用修蹄刀仔细修削，直到黑斑打开或出现浅窝。如有脓出来，说明是脓肿，如有血则是挫伤。

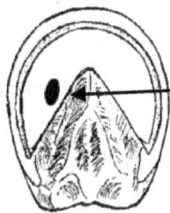

黑斑说明有脓肿或挫伤

马蹄　　　　　　　　　　　　　　*牛、山羊、绵羊、马驼、羊驼蹄*

- 在马的蹄底部，推挤软的三角形部位（称"蹄叉"）。如果有脓流出，说明蹄叉内有感染。详细治疗方法见下页。保持马厩干燥、清洁.

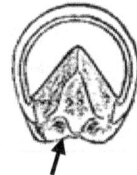

蹄叉

- 偶蹄动物的两趾间应该仔细检查，看有无异物引起的创伤（如刺）。

- 检查蹄冠有无伤口。

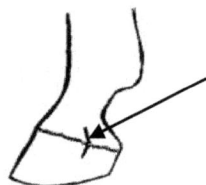

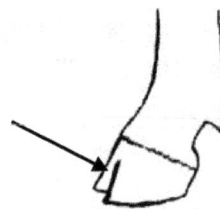

- ·检查全蹄有无皲裂或裂口。如果开裂严重会引起跛行，偶而会感染。

治疗：

- **蹄叉脓肿或感染**：最主要的治疗方法是修蹄或修蹄叉，使之引流良好。如可能将蹄浸入硫酸镁溶液（如方便）或消毒液中。保持动物的清洁干燥环境。如果 2—3 天内无明显进展，给患畜注射长效青霉素。

修剪已感染的蹄叉便于充分排液

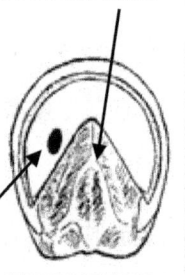

切开脓肿，充分引流

如可能，将患蹄浸泡在硫酸镁或稀释后的消毒液内

- **青肿**：最主要的治疗是让动物休息。在恢复期中，避免在石头或其他坚硬表面行走。如动物疼痛，可给予止痛剂。

- **伤口**：应该清洁伤口，清除蝇蛆，并敷用杀蛆/蝇剂，防止再感染。如果是感染，注射抗菌素（即青霉素）。如果蹄冠感染，要认真对待，因为蹄冠的永久性损伤能引起畸形或裂蹄。应尽一切努力防止感染，促进早日治愈。

- **蹄裂**：蹄裂的治疗首先是修剪蹄成为正常形状，然后在裂口上方锉一条水平沟以防裂缝增长。把裂缝下方锉成"V"字形，这样不会使裂缝触地。

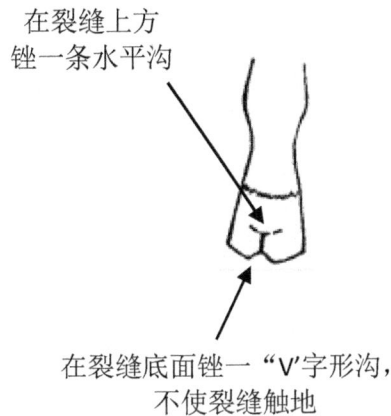

在裂缝上方
锉一条水平沟

在裂缝底面锉一"V"字形沟，
不使裂缝触地

扭伤和拉伤引起的跛行
当肌肉、筋腱、韧带过度扭转或剧烈伸张，发生疼痛和肿胀以致跛行，我们称之为**拉伤**或**扭伤**。

扭伤的治疗：主要治疗方法是休息，可用止痛剂，也可以用擦剂（见后面的药物部分），患区可在冷水里浸泡（例如冷的溪水），保持地面柔软。

因关节炎出现的跛行
老的公牛、母牛和水牛关节疼痛与肿大并不少见。这种病称为关节炎，为多数村民所熟知。关节炎有两种类型：
- 传染性关节炎
- 非传染性关节炎（也称退行化性关节炎）。

传染性关节炎：最常见于幼畜，是由脐带感染引起，这种病称"脐病"，见 53，56 页。

非传染性关节炎/退化性关节炎常见于老年动物，是由于正常磨损和牵扯过程。关节里的软骨开始退化，不能提供正常的缓冲作用，结果致关节增大，动物跛行。

年幼动物可能由于关节损伤或过度劳作和扭伤而发生退化性关节炎。由于体重对关节压迫过大，肥胖或超体重动物较易发生关节炎。此外，如动物腿形结构不好而造成对关节压力大，这样患关节炎的年龄较早。

常期居于硬地面，如水泥地面的动物也容易患关节炎。有关节炎的动物因疼痛不能行动，而出现肌肉萎缩。

治疗：对此病没有真正有效的疗法，给予止痛剂可缓解症状。

预防：

- 适当治疗与关节相关的伤口/损伤有利于防止关节炎。
- 不要将动物常期关在水泥地面的畜舍内。
- 不要使动物过度劳累。
- 不要购买或育种腿型结构不好的种畜。不好的体型结构可以遗传给后代。

体型结构

| *好腿型结构* | *坏腿型结构（后腿角度太大）* | *坏腿型结构（后腿太直）* |

| *全身结构良好* | *好腿型结构* | *坏腿型结构* |

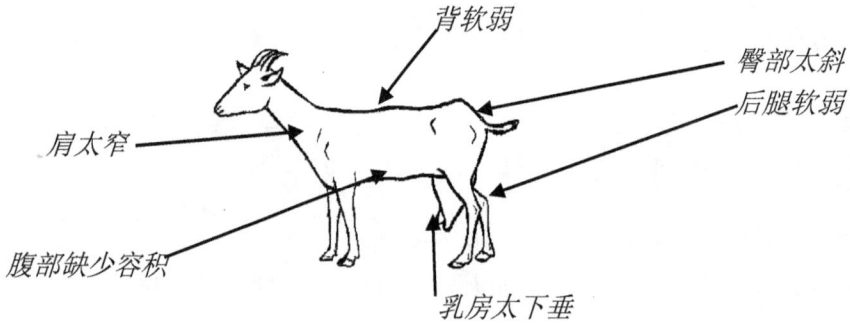

背软弱
臀部太斜
后腿软弱
肩太窄
腹部缺少容积
乳房太下垂

| *好腿型结构* | *坏腿型结构（后腿太弱）* |

好腿型结构　　　　　坏腿型结构（趾内向，内八字）　　　坏腿型结构（趾外向，外八字）

好腿型结构　　　　　坏腿型结构（外八字）　　　　　坏褪型结构（内八字）

好腿与蹄型结构　　　坏腿型结构（太倾斜）　　　　　坏腿型结构（太直）

马骨骼系统的其他缺陷

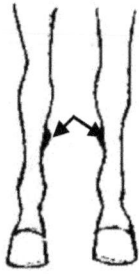

掌骨炎（发炎可
能是掌骨骨折）

肘后肿（前腿肘关节损伤）

突起胫（胫骨软弱和/或
在硬地面上过度役用）

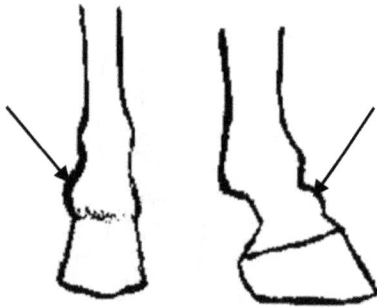

系关节关节炎

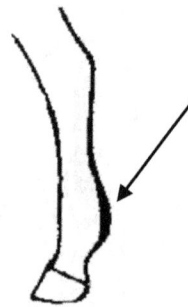

屈腱炎（腱发炎，
并可能断裂）

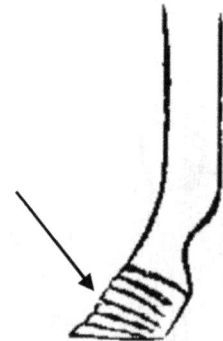

畸形蹄（有蹄叶炎史）

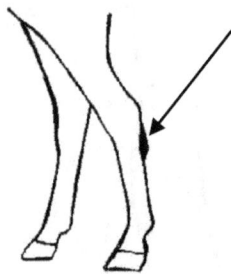

骨瘤（韧带损伤）

关节浮肿
（关节劳损，积液）

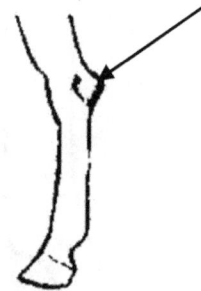

关节后肿
（炎症，通常由早先损伤引起）

15.3 营养缺乏引起的跛行 LAMENESS DUE TO NUTRITIONAL DEFICIENCIES

如果多处骨骼与关节发生弯曲或畸形，动物可能有营养问题。有关矿物质缺乏的细节见306-310页。一般来说，缺乏钙/磷和维生素 D 能引起跛行。

- **钙缺乏**是极少见的。偶见于赛马和饲以大量谷物的肥育牛，以及只喂粮食而无矿物质的幼绵羊和泌乳母猪，和在产犊期间的高产奶牛，（见产乳热或称产后轻瘫，见 148，270 页）。
- **缺磷**则多见，因为许多类型的土壤缺磷，见 309 页。
- **维生素 D** 是使身体能充分利用钙和磷的必需物质。因此，维生素 D 缺乏也关系到磷缺乏。长期圈养又永不见阳光的动物也会出现缺磷。

15.3.1 佝偻病

这是幼畜和正在生长中的动物最常见的，关系到骨质的缺乏病，称佝偻病。由于缺乏磷和/或维生素 D 所致。幼畜跛行，膝关节肿胀，肋骨起包块，背拱起以及表现不愿走动等症状。

15.3.2 骨质软化

骨质软化指"软骨病"，在**成年动物**由于长期磷/维生素缺乏所致。多见于妊娠母畜和泌乳母畜，患畜跛行也表现僵腿，能引起不育。

治疗：佝偻病和骨质软化的可疑病例，应给予矿物质补料（即骨粉），见 306-308 页。要让动物经常接触阳光（或如可能，给予维生素 D 口服）。**治疗佝偻病或骨软化症不必静脉注射钙剂和磷剂，而是要在食物里提供这些矿物质。**

15.4 骨的感染 INFECTIONS OF THE BONE

骨的感染，称之为"骨髓炎"。骨感染在家畜或马等动物中不常见，除非是受到损伤，特别是"开放性"骨折之后。

骨髓炎也可能发生于锐器刺穿皮肤所致的损伤之后。

症状：

- 感染区热、肿、痛。
- 发烧
- 有可能流脓

注：动物会出现慢性流脓，因为死骨片（例如陈旧性骨折）的存在。了解病史时，向畜主询问患畜流脓部位有无损伤史（即使是数月前的损伤）。

治疗：给予青霉素注射。一定要将穿透皮肤的任何异物取出。青霉素有助于防止破伤风。如果慢性流脓是由于存在死骨的关系，务必取出死骨；否则，排脓不会停止。

第十六章 泌尿系统 16.0 URINARY SYSTEM

简介

- 肾脏清洁血液并产生尿液，也行使调节体内水和盐分的功能。
- 尿由两肾产生，经由输尿管进入膀胱。
- 尿液从膀胱经由尿道排出体外。
- 母畜的尿道大，且向阴道排空。
- 公畜的尿道小，且易堵塞，尿道位于阴茎内。见 247 页。

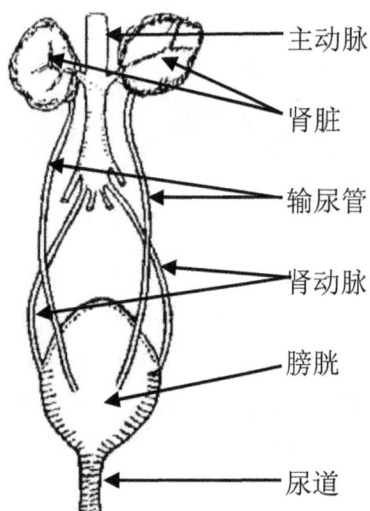

主动脉

肾脏

输尿管

肾动脉

膀胱

尿道

16.1 尿的颜色 URINE COLOR

如果动物饮了大量水，产生的尿量就多，尿也较为稀释。相反，饮水不足，尿量也少，色也浓（即呈鲜黄色）。因此，尿液的外观能表现出动物所饮水量的多少。如果尿液鲜黄，说明饮水不足；如果微浅黄，说明饮水充足。

> 一般来说，尿量的多少取决于动物饮水多少。

有几种疾病也能使尿的颜色改变，如动物有肝炎，尿液则浑浊、棕黄色（尽管家畜和马极少发生肝炎）。动物吃了某些有毒植物或泌尿系统发生感染，可出现红色尿（即尿内有血液）。

16.2 病畜也需要饮水 SICK ANIMALS NEED TO DRINK WATER, TOO

在某些文化背景下，人们认为某些类型的疾病不应给予饮水。但是，病畜也像健康动物一样，需要产生尿液。否则，体内的毒素就要积蓄起来，使动物病得更利害，致肾停止工作，甚至引起死亡。因此，不管动物是健康或患病，都必须给予充足、新鲜、清洁的饮水。

16.3 红尿 REDWATER

"红尿"是有关泌尿系统的常见问题，指尿液呈红色。在使用贵重药品之前，确定红尿的起因极为重要。有一种简单的野外测试法，能帮助鉴别红尿的某些原因，见 287 页。尿内有血细胞，称为"血尿"（含尿道性、膀胱性与肾性血尿。）

16.3.1 牛与水牛的血尿

尿路有伤：致尿路出血的任何原因都可引起血尿。长时间（例如，2-3个月）大量取食蕨类植物可引起一种慢性病，特别是牛与水牛（绵羊较少见）。蕨类植物引起体内出血。既使停止取食蕨类植物很长时间以后，这种症状仍可持续很长时间。这可能与膀胱癌有关。

注：动物一般不会取食蕨类植物，但极饿时会吃蕨类（例如，干旱季节无饲料可食时）。

症状：主要症状是红色尿，同时伴有热度。病程是慢性过程，动物逐渐消瘦。有时可表现康复，但往往又有复发。

诊断：血尿的诊断是靠显微镜观察尿内的红血细胞。若无显微镜静也可用容器取尿，让其放置 1 小时，查找容器底层的红细胞。蕨类植物中毒的诊断是根据动物取食蕨类植物史。

用清洁容器的取尿标本　　　　　　　　　红血细胞沉淀于底层

治疗：治疗的选择是有限的。兽防员可给予动物充足的新鲜饮水和休息。如果已呈慢性过程，康复的可能性很小。如果有低烧，可注射青霉素（假定有某种感染与中毒并发）。当地的草药利尿药（即能使动物多产生尿液的药物）可以试用。

预防： 在干旱季节（即动物很可能取食有毒植物时期），一定要留心不在已知的有毒蕨类植物地段放牧。

16.3.2 猪的血尿（尿中带血）

猪的血尿问题最常见于配种后 2—3 周的母猪。是由于膀胱和肾脏感染了一种棒状杆菌（<u>Corynebacterium suis</u>）。多数（近 80%）公猪其阴茎周围的组织里有这种细菌。在配种过程中，母猪或初产母猪，即使受到轻度刺激或损伤，细菌就可能进入膀胱和肾脏，引起感染和血尿。

治疗： 抗菌素，如青霉素或四环素注射一周，通常能暂时解决问题，但有可能数周或数月后复发。母猪逐渐消瘦。最好治疗后或复发前屠宰（即肉内已无抗菌素残留，且又在复发与消瘦前）。

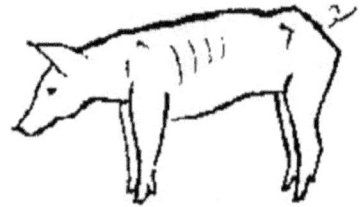

慢性血尿后的母猪

预防： 没有可靠的预防方法。有慢性血尿病例的畜群，一切配种公猪的阴鞘，用一克四环素的溶液冲洗，每半年一次。方法是将胶囊内的四环素倒出来，兑成 1∶100 的水溶液冲洗（即含药量 250 毫克的 4 个胶囊或含量 500 毫克的 2 个胶囊加入 100 毫升水中，摇匀，用注射器（不用针头）冲洗阴茎周边的阴鞘）。这种疗法尚未进行有控制性的临床研究，但有经验的兽医认为对减少群畜发病有效。

16.3.3 焦虫病：(壁虱热·德州热)

焦虫病是一种由生活在红血细胞内的细小微生物，称为巴贝西虫（焦虫）所致。巴贝西虫致红血细胞破裂，破裂后细胞内的血红素出现在尿液里。

焦虫病由壁虱（蜱）叮咬而传播： 壁虱吸了患病动物的血液后，再叮咬其他动物，从而传播了巴贝西虫。

症状：
- 突然发病，高烧和停止取食，呼吸、脉搏加快。
- 有时出现神经症状，表现类似狂犬病。
- 大多数患畜（马例外）有红色尿。

- 因为红血细胞破裂，动物也表现贫血，像其他贫血动物一样，眼睑和牙龈苍白。如果患畜不死于高烧和感染，此后也可能死于贫血。死畜的脾脏肿大，并充血。

诊断：

根据症状和知道当地有焦虫病传播，可以作出初步诊断。

一种简单的野外测试方法含：将尿的标本采集在一只容器里，将容器静置 1 小时以上。有血尿的动物红血细胞会出现在容器的底部。但在焦虫病动物，试管的底部无红血球（因红细胞已被破坏），而尿液呈均匀红色。因为一种红血细胞成份，称为"血红蛋白"存在于尿内。因此，称之为"血红蛋白尿"。

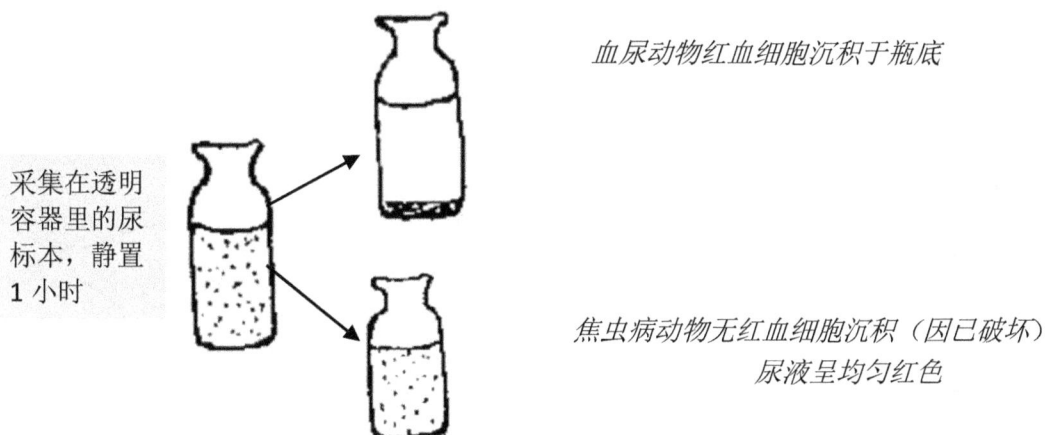

采集在透明容器里的尿标本，静置 1 小时

血尿动物红血细胞沉积于瓶底

焦虫病动物无红血细胞沉积（因已破坏）
尿液呈均匀红色

血抹片检查可证实诊断。将血抹片送到实验室进行显微镜检查。可以在红细胞内发现焦虫（巴贝西虫）。如果无法得到实验室诊断证实，仍然要根据焦虫病的症状治疗。如果疗效好，也帮助证实诊断。

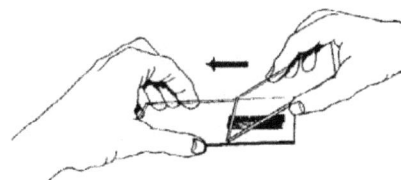

治疗： 有多种特效药可用来治疗焦虫病（如*贝尼尔 Berenil*）。好的护理（例如，优质饲料、饮水、圈舍）都很重要，因为病畜极度虚弱。

控制：控制壁虱（蜱）有助于减少焦虫病的传播，可以进行抗焦虫病免疫（但是许多国家仍无此类疫苗）。有时兽防员也无好的防此病方法。

> **注**：由焦虫病康复的动物，通常会产生对该病的免疫力。但是，新购进动物无此抵抗力，可能死亡。当买进新畜，一出现症状，就必须立即治疗；否则，患病会非常严重并可能死亡。

16.3.4 红尿病的其他原因
除了蕨类植物外，当地还可能有其他植物可以引起尿液变红。应当请教其他兽防员或兽医了解关于你们地区有毒植物的情况。

16.4 "无尿！"/无尿症 "NO URINE/ANURIA
畜主可能诉说家畜无尿是"尿路不通"。这时就要判断是否尿路堵塞（从而尿不能排出）或者动物本身不产生尿液。

16.4.1 脱水
少尿最常见的原因是脱水。弄清病史，找出引起动物脱水的原因（如腹泻）。

如果动物因脱水而少尿，应给予补液疗法为主，见 268 页。注：不要给脱水动物以"利尿药"（促使排尿的药物）。这只能使动物更严重地脱水，甚至可致死动物。

腹泻而致脱水的动物
（有无尿症状）

16.4.2 尿道堵塞：(尿结石，尿道结石病)
有时膀胱里形成坚硬的"石头"，称"结石"。结石有大如黄豆，小如砂子。这些石子有时堵住尿道，阻止尿液通过。尿道堵塞常见于公畜。因为公畜的尿道细，特别在阴茎里的那段尿道。由于尿结石堵塞尿道常见于幼龄去势的公畜。

> **治疗**：治疗尿结石需要一些特殊器械，并需经过培训。用一根细塑料管，称导管，沿阴茎内的尿道而上，直到将导管触及石子，再轻轻地推动导管，石子也可能被弄掉或被移走。如果无导管，也可轻轻地按摩阴茎，也有助于弄掉结石或使结石沿尿道移走。

> **注**：有时利尿剂也能致尿量增加而有足够的压力，将石子冲走。但是，这种方法不一定都有效，有可能引起膀胱破裂。

16.5 阴茎折断（包茎闭锁，包茎箝顿）BROKEN PENIS
公牛追逐发情母牛，爬跨和插入阴道时，如果未插入阴道，有可能造成阴茎青肿、折断或肿胀。公马或公牛也可能由于其他损伤，像被踢伤，而引起阴茎肿胀。这种肿胀会影响阴茎的血液循环，致组织坏死。

· 如果阴茎伸出，由于肿胀而不能缩回，这称之为**包皮箝顿**。如果已缩回的阴茎，肿胀了起来，而不能伸出，这称之为**包茎闭锁**。

症状/诊断：阴茎和/或围绕阴茎的周围组织可能肿胀。在一些病例，患畜可能有排尿困难，患畜的整个腹部也可能出现肿胀。如果阴茎出现组织坏死，会发生感染，也可能被蝇蛆侵袭。

治疗：治疗不易。外科手术往往无法进行。
- 阴茎及其周围组织必须彻底冲洗，一切黑色的坏死组织加以切除。
- 给患畜注射抗菌素。长效青霉素是个好选择，因为可以防止破伤风。
- 清除蝇蛆，患区进行防蛆防蝇处理。
- 对于箝顿包茎病例，阴茎伸出体外，无法缩回，应设法减轻肿胀，轻轻地将阴茎推回阴鞘。减轻肿胀可用冷水浸泡患区，用冰或浸了硫酸镁的布冷敷，再用/或服用利尿剂呋喃苯胺酸。如果阴茎再次逸出，推回原位后，阴鞘作一缝合，以保持阴茎缩回状态数日。一旦肿胀消失，就撤去缝线。如果阴茎不能缩回阴鞘，必须定时浸浴，以防组织干涸和减轻肿胀。
- 对于包茎，阴茎阻塞在体内，设法缓缓地拉开阴茎。有时需要在靠近阴囊处按摩，甚至要在高处阻塞部位按摩。

16.6 膀胱破裂 RUPTURED BLADDER
有时尿道完全被结石或肿胀而阻塞，致患畜完全不能排尿。结果膀胱愈来愈胀满，患畜处在痛苦中，试图排尿又不能排出。最终，膀胱破裂，尿液流入腹腔，浸泡胃与肠。多数患畜因而死亡。

诊断：患畜作排尿状，但排不出，表现痛苦。

治疗：无好的疗法。如果是公羊或水牛完全堵塞，最好在膀胱破裂前屠宰食用。

16.7 膀胱炎 CYSTITIS
膀胱炎是膀胱感染的总称。

症状：患畜可能有发烧症状，尿频，尿内有脓液或血液，有费力排尿症状，表现疼痛。如果尿内有脓，就要充分了解病史。因为子宫感染的动物，阴道内有脓（尿内也出现脓液）。

诊断：根据症状，或采集尿标本，置显微镜下检查有无白血球出现。

治疗/控制：给予抗菌素治疗，并充分给予饮水。也有人在饮水内放少量硫酸镁或其他盐类致患畜感渴，以刺激多饮水多排尿，借以冲洗出病原微生物和冲洗膀胱可能出现的伤口。其他药物利尿剂，如呋喃苯胺酸和当地药物都有帮助动物多排尿的作用。

第十七章 神经系统 17.0 NERVOUS SYSTEM

简介：

诊断和治疗神经系统的问题据有挑战性，因为不同的问题可能有相似的症状。此外，同一神经系统的问题在不同动物间又有不同症状！本书将神经系统的问题分作如下五大类型论述，尽管各类型间有交错重复。

对于任何神经性问题，**弄清病史**都非常重要。例如，某一动物最初有攻击行为或有异常兴奋状态，弄清这些情况非常有用，即使在检查时该动物已处于麻痹状态。或许病史可以提供关键资料，如接触毒物，或被猛犬咬伤。同样，**检查动物的环境**也很重要（包括过去一个月在哪里）以及彻底的**身体检查**。

神经系统问题的五大类型

1.异常、攻击、兴奋或疯狂行为，见 250 页。
这些动物往往出现痉挛、昏睡或此后的麻痹

• 狂犬病	见 251 页
• 中毒	见 83 页
• 咽喉异物梗阻	见 184 页
• 肝病/衰竭（马）	见 197 页
• 低血糖/酮病（牛）	见 253 页
• 食盐中毒（猪）	见 269 页
• 产乳热	见 270 页
• 缺镁病	见 271 页
• 维生素 A 缺乏	见 311 页
• 伪狂犬病	见 252 页

2.转圈、失明或以头抵触物体。
见 256 页。

• 李氏杆菌病	见 280 页
• 寄生虫（颅内）	见 338 页
• 维生素 A 缺乏	见 311 页

3.歪头，见 257 页

• 耳感染	见 257 页
• 寄生虫（颅内）	见 338 页

4.僵直、发抖、惊厥、以及昏睡，
见 83 页
以下问题往往是这些病的结果：

• 中毒	见 83 页
• 破伤风	见 258 页
• 狂犬病	见 251 页
• 伪狂犬病	见 249 页
• 产乳热	见 270 页
• 缺镁病	见 271 页
• 食盐中毒	见 313 页

5.麻痹，见 259 页

• 损伤或撞击伤	见 78 页
• 寄生虫（脊髓内）	见 121 页

17.1 异常、攻击性或疯狂性患畜 STRANGE, AGGRESSIVE, EXCITED OR CRAZY ANIMAL

有几种不同的病都能致动物行为异常，甚至疯狂。*如果当地有狂犬病，就要考虑此病的可能性。*但是，不是有行为异常的动物都有狂犬病。在世界的某些地方，极少有狂犬病，甚

注意！有神经系统问题的动物有可能伤人和其他动物。

至没有发生。有时处理行为异常的动物是很棘手的。因为一则诊断困难，二则动物可能是危险的，此种情况还可引起社区不安。

致动物行为异常或疯狂的问题   • **狂犬病**！   • 中毒（植物或某种杀虫剂）   • 骨或其他异物卡住咽喉致吞咽困难   • 由于肝片形吸虫或其他病因致肝衰竭   • 低血糖/酮病（牛）   • 猪食盐中毒   • 低镁病（草场抽搐症），   • 产乳热（低血钙）   • 维生素 A 缺乏   • 伪狂犬病

怎么办？

1. 充分了解**病史**，务必弄清以下问题：
    - 患畜近期被咬伤了吗（同时寻找被咬伤口）？
    - 患畜近期受到损伤吗（寻找受伤体征）？
    - 过去、现在该地区其他动物有类似症状吗（如有，也要检查）？

    - 近期该地区有过狂犬病病例吗？
    - 患畜出现这些症状已有多久？
    - 有无接触杀虫剂、毒物或有毒植物的线索（问清上个月患畜的舍饲处与在何处放牧，并实地去检查）？

    - 如果患畜是猪，问是否饮水缺乏？（饲料里有食盐吗？）
    - 过去三个月患畜吃的何种饲料？
    - 患畜近期分娩了吗？现在在泌乳吗？
    - 最近一次给予驱虫药物的具体日期？

2.彻底检查动物。

如果有狂犬病的任何可能性，检查动物时都要戴上塑料手套（或用塑料袋）。

注：如果该地区有人被异常行为的动物咬伤，应通知最邻近的医务人员。

17.1.1 狂犬病 RABIES

动物表现异常或疯狂行为时，兽防员怎么办？野狗进村，咬伤了人或家畜，人们应该做些什么？在有**狂犬病**地区的兽防员，常会遇到这种情况

狂犬病是由病毒引起的，这种病毒侵害被感染的各种家畜、马以及人的神经系统。（但狂犬病不侵害禽类）。狂犬病是一种使人震惊的公共卫生病，无论是人还是家畜一旦患狂犬病，就没有有效的治疗，死亡率近 **100%**。

狂犬病是通过患狂犬病动物的唾液传播的，通常通过咬伤。已知某些动物能传播狂犬病，如犬、臭鼬、蝙蝠与浣熊。

狂犬病病毒，以神经为途径从咬伤部位进入大脑，其过程一般要 3—8 周，但有些病例，甚至长达半年。发病时，动物开始出现行为异常，表现虚弱，特别是后腿，然后（由于咽喉区肌肉麻痹）流涎、停食，并发生奇怪的声音。患狂犬病的动物表现似乎喉内有东西卡住。

> **注意！** 动物表现喉部有东西卡住，防疫员检查动物喉部，就已接触到了狂犬病病毒！

患畜何时具有传染性？

当症状出现时，动物就具有传染性。

如何才能判断是否接触病毒？

任何人，只要接触到病畜的唾液或神经组织（即脑组织）就应该认为此人"接触了"病毒，特别是病畜的唾液或神经组织接触到了人的伤口或粘膜（即人的眼睛周围组织、鼻腔或口腔）。

接触到狂犬病后怎么办？

如果接触到狂犬病，用肥皂水洗涤接触部位（肥皂水能杀死狂犬病病毒）；如可能，还可用消毒液冲洗。*立即寻求接触到狂犬病后使用的疫苗，立即注射*。**不要等到出现症状后才注射**。人与动物在出现症状前，注射了疫苗，病毒就停止了活动，不会再达到大脑，才会保住人畜的生命。一旦出现了狂犬病症状，无论是人、是畜，都会死亡。

症状：症状不一，但是，所有患畜表现出行为变化，并几乎都停止吃食，牛往往表现后腿无力。一般来说，动物表现"**狂暴型狂犬病**"或"**早瘫型狂犬病**"，"**狂暴型狂犬病**"指病畜具有攻击性，"**早瘫型狂犬病**"指病畜行动呆滞、倦怠和虚弱，有时动物下颌下垂，甚至不能闭合。所有病畜都以瘫痪和死亡为结局。几乎都是在出现最初症状后 4—5 天内死亡。如果出现第一症状后活过 14 天，那么，该动物患的就可能不是狂犬病。

诊断：根据症状和病史可以建立初步诊断。如果动物有被咬伤史，该地区狂犬病又常见，就可假定该动物患了狂犬病。证实诊断可能通过小心地取出患畜的大脑（戴手套来避免直接接触到脑组织），由实验室做以下三种测验的任何一种来证实：

1. *荧光抗体法*：这是一种准确和快速的诊断法，但需要在冰内贮藏的新鲜脑组织。

2. *鼠脑接种法*：也是一种准确的诊断法，同样需要新鲜脑组织，但时间没有荧光抗体法快。

3. *内格里小体试验*：准确性较差（即可能漏检部分狂犬病病例）。其优点是不需要新鲜脑组织，脑组织可以放在 50％的甘油或 10％的福尔马林内，并能长途运送。既然这种测验的准确性差，即使测验是阴性，被咬人也应得到抗狂犬病疫苗。

在许多边远地区，不可能进行实验室检验，应采取以下措施。

对可疑狂犬病病例（不能得到实验室证实）采取的措施：

1. 受害者（家畜或人）被咬的伤口应立即、彻底地用肥皂水冲洗，如可能用消毒液彻底冲洗，冲洗伤口时戴手套，以免再接触狂犬病病毒。

2. 被咬人必须尽快给予*接触狂犬病后使用的疫苗*注射。
注：如果被咬部位近头部，更需要尽快注射疫苗，因为近头部的咬伤，病毒运行到脑组织更快。

> **用水、肥皂水彻底冲洗伤口**，如可能用消毒剂冲洗！

3. 如果动物已表现行为异常、疯狂，且有攻击性，必须及早予以扑杀，以防止狂犬病进一步危害与扩散。同时要确保接触过狂犬病毒的每个人完成*接触狂犬病后使用的疫苗*注射程序。要不然，将可疑动物用铁链锁在圈内观察 14 天。

继续给予饲料、饮水，如果 14 天后仍然存活，就可排除狂犬病的诊断。接受疫苗的人就可停止进行免疫。如果可疑动物在 14 天内瘫痪与死亡，就定为狂犬病。确保每位接触者都得到接触病毒后的系列疫苗注射程序。

狂犬病的疫苗注射

全球有多种疫苗用于狂犬病免疫。总的来说，可分为两类：

1. **接触病毒前疫苗**是一种定期（即每年）使用的常规注射液疫苗，是在可能接触狂犬病之前使用。至于你们地区有何种疫苗，可向当地兽医咨询。至于野生动物也有接触病毒前疫苗，混在食物里供野生动物自食。

2. **接触病毒后疫苗**是一种系列注射疫苗，是在可能接触了狂犬病病毒后注射的疫苗。当人或动物接触了病毒，在未出现症状前使用这种系列疫苗，对防止狂犬病发病通常有效。

   控制/预防：一个区域范围内的犬，都必须定期进行**接触病毒前的疫苗**注射。兽防员及其所在社区可以组织狗的免疫诊所，可要求政府兽医予以协助。

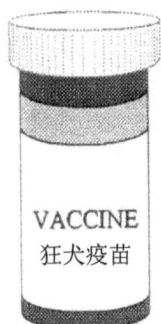

17.1.2 酮病/牛与绵羊丙酮血病（"疯牛病"、"妊娠毒血症" 或 "低血糖病"）

本病不是传染病，常在奶牛产犊后数周内和在绵羊(有时牛)的妊娠末期发生。妊娠末期发病称为 "妊娠毒血症"，主要发生在怀双羔或三羔的母羊。如妊娠早期的母牛或绵羊过肥，特别容易发生酮病。酮病在产犊后的奶牛往往与其他病伴发。如乳腺炎、子宫炎、肺炎或引起奶牛停食的胃的问题，结果引起低血糖（即 "酮病"）。绵羊的酮病是由于母羊摄入的热能不足以提供 2-3 个胎畜及其本身的热能需要，见 271，272 页

症状/诊断： 症状不明显。患酮病的大多数母牛和母绵羊停止取食，精神倦怠。但是，部分奶牛和绵羊受到神经性的影响（即动作不正常），产奶量减低。有妊娠毒血症的母绵羊（或奶牛）往往死亡。

母牛酮病的治疗：

1．给予 50％的葡萄糖 500 毫升静脉注射。

2．给予丙二醇或乙二醇每日口服两次。

3．治疗并发病。

治疗绵羊妊娠毒血症（有时奶牛）。

1．给予丙二醇或乙二醇，每日口服两次。

2．考虑施行剖腹产术，取出胎畜。特别是要保护贵重妊娠母畜。如果妊娠足月，胎畜很可能存活。

3．给予优质饲料和饮水，刺激病畜食欲（兽防员也可将饲料粉碎，通过胃管给予）。

4．提供好的圈舍。

注： 妊娠毒血症是难以治疗的疾病，患病动物很可能死亡，特别在未作早期治疗的情况下。

预防/控制： 在妊娠期间，避免使母绵羊和奶牛过肥。妊娠末期，应给予充足的饲料。如果刚分娩的奶牛患乳房炎、子宫炎等要及早治疗。

注： 有时驱赶羊群漫步一段是有益处的，认真观察绵羊的早期症状，以便及时治疗。

17.1.3 常见的毒性反应和中毒
摘要

"**毒性反应**"与中毒几乎同义。它指动物食入体内不能处理的（如有毒的）物质，导致对身体有害的或"中毒性"反应。有些物质在小剂量时没有毒性，但大剂量是有毒的。血液里有毒素称为"毒血症"。中毒的症状随进入体内的毒性物质类型而有不同。广泛地论述中毒超出了本书的范围，不过一些最常见的中毒，已列入了有关系统的章节里论述了。当你怀疑是中毒病例时，最重要的是仔细弄清病史。检查动物所在地的实际情况（如有毒植物、毒鼠剂等），查明食物、饮水，以及所接受到的药物等（抱括用量或剂量）。了解本地其他动物有无相似症状。对患畜进行彻底检查。

不同中毒类型的范例：

食盐中毒是猪中毒最常见的一种。一般说来，保持身体健康需要食盐。但是，如在猪的食物里含正常量的食盐，而得不到充足的饮水，食盐在体内浓度不断增大对动物身体就像毒素一样。病猪出现振颤、痉挛，甚至死亡。见 55，269，313 页。

蛇咬中毒是一种不同类型的中毒。毒物来自毒蛇，即使极小量，在体内还是造成危害。

毒血症是由不同疾病引起，如出血性败血症、子宫炎、乳房炎，以及脐带感染等。细菌产生的毒素进入血液对身体起着如毒物的作用。这些毒素影响着多种器官，致动物多个系统同时患病。毒血症是一种非常严重的疾病，往往引起死亡。

家畜中常见的中毒及毒物

常见的家畜中毒病由于：	
• 吃了太多的高能饲料（谷物吃得太多）	见 185 页
• 吃了毒性物质（植物或其他有毒物质）	见 80 页
• 蛇与昆虫咬伤	见 82 页
• 接触或食入了某些杀虫剂	见 83 页
• 吃了大量矿物质混合料，或多盐饲料而无足量饮水	见 55 页
• 由传染病引起的毒血症，如出败、子宫炎、乳房炎、脐感染等	见 267 页

17.2 转圈、盲瞎或将头部抵住物体 WALKING IN CIRCLES, BLINDNESS, OR PUSHING HEAD AGAINST OBJECTS

17.2.1 转圈病（李氏杆菌病）

本病多见于反刍动物，是由一种杆菌引起，往往与饲喂了腐烂的青贮饲料有关。本病也是公共卫生病，如果人吃/饮了未经高温消毒的奶酪或牛奶，或接触了感染家畜的流产胎畜或胎盘，也会致人流产与死亡（见 280 页）。

症状/诊断：本病易与狂犬病（见 251 页）、维生素 A 缺乏（见 311 页）、脑包虫（见 338 页），以及耳的深部感染相混淆（见 257）。

1．患畜虚弱、沉郁、发烧。

2．行为似有失明，病畜头偏向一侧，转圈行走。往往将头抵墙，面部肌肉瘫痪。

3．最终病畜虚脱而死。

4．一旦病畜表现极度病态，即使治疗也往往死亡。山羊和绵羊死亡快，病程 2—3 天，牛可拖到 2—3 周。

5．有时患李氏杆菌病的动物不表现任何症状，而只是流产而已。

治疗：在出现严重症状之前，如果用青霉素治疗，病畜可能存活。如无青霉素，可用四环素。

青霉素

预防/控制：不喂腐败青贮饲料。流产后的胎盘与死胎应予深埋。注意，人可感染此病。因此，接触胎盘和流产死胎时，必须带塑料手套。

17.2.2 颅脑寄生虫

有些寄生虫，在其幼虫阶段可进入动物脑内。出现颅内寄生虫时，动物通常失明、转圈或将头抵住墙面。例如：

颅内的绦虫包囊（"脑包虫"），见 338 页。

角折断后蝇蛆感染，见 225 页

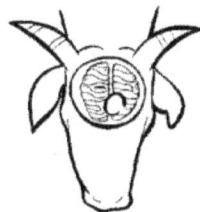

17.2.3 维生素 A 缺乏

维生素 A 缺乏能引起动物夜盲。有些动物，尤其是牛，表现步态异常，跌跌绊绊。

17.3 头偏向一侧 TILTED HEAD

动物行走时，头部呈奇怪有趣的姿势可由多种病引起，虽然它们行为异常，但这些动物通常没有的攻击性，不像狂犬病那样。

17.3.1 耳感染

耳感染称为耳炎。严重的耳炎感染能扩散到内耳，往往引起动物的头部偏向一侧。内耳感染的动物，常表现小心翼翼，但通常仍能吃喝，见第二十章。

控制耳螨对防止耳感染是很重要的，特别是家兔，见第九章。损伤和虫咬也能致耳感染，治疗应在感染未扩散到深耳之前进行。

症状：

- 有耳感染的动物常作摇头和抓搔耳的动作。
- 从耳内流出脓液或血液。
- 严重感染时，头部偏向一侧。
- 有发烧症状。

诊断： 根据症状。

治疗：

单纯的耳感染（头部不偏向一侧）

- 用稀释的消毒剂/防腐剂清洗外耳（不能给马、驴、骡的耳内注入液体）。
- 用抗菌素药膏（眼药膏也可）或苯甲酸苄脂（灭疥灭虱药）。
- 如体温升高，给予抗菌素注射。
- *严重感染*（头偏向一侧）：
- 用四环素或青霉素肌注两周。

控制： 处理螨类、壁虱（蜱）和其他寄生虫。

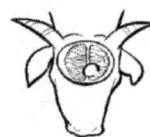

17.3.2 颅内寄生虫

见"脑包虫"，338页。

17.4 僵直、发抖、痉挛 STIFFNESS, TREMBLING, CONVULSIONS

17.4.1 痉挛与昏迷

动物的许多病都是以兴奋和发抖开始，继而僵直与痉挛。这些动物常常发展成昏迷最后死亡。对这些病例，了解病史十分重要。

以下诸病常导致痉挛与昏迷：

— 中毒   见 83 页。

— 破伤风   见 258 页。

— 狂犬病   见 251 页。

— 伪狂犬病   见 249 页。

— 产乳热（低血钙）   见 270 页。

— 草场抽搐症   见 271 页。

— 食盐中毒（猪）   见 313 页。

17.4.2 破伤风（锁口症·牙关紧闭）

这是一种传染病，世界各地均有发生。病原是一种破伤风梭状杆菌，在伤口中或不接触空气的地方生长。在人和动物的粪便中，以及泥土中有这种菌存在。

如果细菌进入深层伤口、子宫、脐带，或去势伤口，那里没有空气，就能增殖并产生"毒素"（有毒物质）。毒素扩撒到全身，并影响神经。

马对本病极度敏感，牛、绵羊、山羊和猪也有时发病。如果破伤风杆菌进入人的伤口与子宫，人会得此病。如果在不清洁的情况下处理脐带，母畜又未进行破伤风疫苗（类毒素免疫），新生畜可能会得此病。

症状：细菌进入体内一周后出现症状。有时看不到伤口。

1．失去食欲。
2．尾、耳、颌骨、颈、以及腿部肌肉僵直。在猪，其耳与尾立起。
3．第三眼睑（瞬膜）突出，覆盖眼球。（像一层红翳，由眼内边缘伸出）。
4．出现惊厥或颤抖，特别是对高声反应时，。
5．有受感染的伤口、脐带或子宫。
6．由于饥饿、缺水或窒息而死亡，因为与呼吸有关的肌肉系统受到侵害

诊断：根据症状。

治疗：

1．彻底清洁、消毒处理任何创伤。
2．大剂量青霉素肌注或皮下注射，向伤口内投放抗菌素（尤其是青霉素）。
3．在一些国家，有抗毒素出售，能有效地抑制毒素（即使破伤风杆菌已死，但体内仍有毒素）。但是用抗毒素来治疗大动物一般不可行，因为所需的剂量太大。
4．提供清洁的饲料和饮水，必要时，对动物的摄食和饮水给予帮助。

控制/预防：破伤风难予治疗，但能予预防。

1．**破伤风类毒素疫苗**：有些国家，所有马匹都种破伤风疫苗。在发展中国家，疫苗常用于孕妇，但不用于家禽和马匹。 如有可能种疫苗，应按标签说明使用。

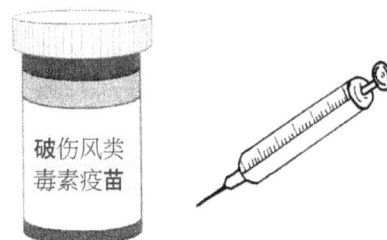

2. **去势时**，注意清洁。如果破伤风在你那地方是个大问题，在去势时，要给马和猪注射长效青霉素。

去势后注射
长效青霉素

17.5 瘫痪 PARALYSIS

动物身体各部分的动作，必须有肌肉的适当配合。另外，进入肌肉的神经必须充分协调。

瘫痪这条术语指动物不能运动其身体的某一部分，这往往由于神经的损伤引起。

症状/诊断：

1. **损伤**引起的瘫痪：有时只有一条腿瘫痪，但更多的时候是两后腿都瘫痪。这往往由于事故，因摔倒损伤了骨髓，或在分娩过程中损伤了腿的内部神经。

   注：体重的动物如因某种原因不能站立，可能由于受自身体重的压迫，造成肌肉和神经受到永久性损伤（尤其是倒在像水泥那样硬的地面）。

2. **营养缺乏**引起的瘫痪：
   a. **急性：**产犊期间缺钙（见 270 页）；或水草繁茂季节缺镁（见 272,310 页）。
   b. **慢性：**消瘦，营养不良，而且愈来愈瘦，最终动物不能行动。

3. **不明原因**的瘫痪：有时很难弄清瘫痪的原因。

   治疗：任何情况下，治疗的方法基本上是一致的（见 148 页"卧地母牛"）。如果是脊椎损伤，没有治疗方法。兽防员能够做到的不过是给予较好的护理，在动物表现很不舒服时，给予止痛剂，抗炎症药物（如阿司匹林），等待数周，看动物是否自身好转。

第十八章　循环、血液与淋巴系统
18.0 THE CIRCULATORY, BLOOD AND LYMPHATIC SYSTEMS

18.1 循环系统：THE CIRCULATORY SYSTEM

18.1.1 循环系统综述

循环系统将血液输送到身体的各个部位，血液向身体的细胞送去养分和水分，再将废物运走。循环、呼吸以及血液系统协同工作，向身体细胞提供氧。氧对细胞活性和功能是不可缺少的。循环系统由心脏、动脉、静脉和毛细血管组成。

循环系统图解

注： 有阴影的是主要动脉。无阴影的是主要静脉。

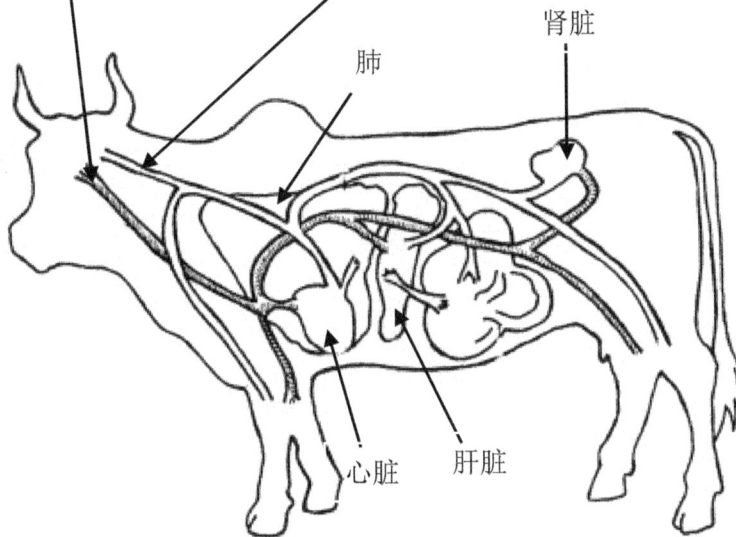

与循环系统有关的问题

循环系统的常见病不多。如心脏虫病（常见于犬，如犬心丝虫病），但本书未论及此病。

创伤性心包炎

　　如果心脏停止输出血液，动物就会立即死亡。家畜的心脏衰竭最常见的原因，与偶然食入钉子或铁丝（即金属）有关。金属一旦被食入，就会穿透胃壁和膈膜再戳入心脏。发生这种情况，称之为"创伤性心包炎"，也是消化系统中论述的"创伤性胃炎"，见189页。

体克

休克指循环系统不能充分行使功能。休克可发生于失血过多、严重传染病、突然破裂的体内脓肿或损伤。休克在急救部分论述，见 **85** 页。

18.2 血液系统 THE BLOOD SYSTEM

18.2.1 血液系统概述

血液系统由红血球、白血球、血小板以及血浆组成。

血液系统的功能：

- 向身体各组织输送养分和水分。

- 向身体各组织输送氧气。

- 将身体各组织里的二氧化碳和其他废物运走。

- 保护身体不受细菌和毒素侵害（免疫，见 **89** 页）。

- 向腺体提供必要的物质（产生分泌液）。

- 输送激素和酶。

- 在周身传输热。

- 形成血凝块止血。

18.2.2 侵害血液系统的疾病

贫血

贫血是由于血液中红血球数量不足的一种"血液稀薄"状态。血液稀薄就不能输送足量的氧到身体组织。贫血往往由内、外寄生虫以及慢性病或破坏红血球的微生物（如焦虫）引起。

症状： 在寄生虫章节里论述的症状见 **329** 页。

- 眼睑内层苍白（而不是健康状态下的粉红色）。

- 有时在颌下有过多的液体积聚（下颌水肿）。

- 精神萎顿。

诊断：

- 如果没有专门的实验室设备，依据症状诊断。

- 在实验室内技术人员进行红血球计数。或测血红素量（这是红血球内的物质）。

治疗：

- 治疗内寄生虫。
- 治疗外寄生虫，如存在的话。
- 治疗慢性病，如存在的话。
- 饲喂动物以平衡饲料。

控制：

- 常规治疗圆虫和吸虫，并控制外寄生虫，这样可防止许多问题。
- 防止贫血，好的饮食十分重要。

血癌：

某些侵袭血细胞的癌症叫血癌。一类是"白血病"，可以用检验血液的方法进行诊断。白血病干扰身体产生免疫力的能力。对患白血病的家畜没有好的治疗方法。见 273 页。

18.3 淋巴系统 THE LYMPHATIC SYSTEM

18.3.1 淋巴系统综述
淋巴系统由淋巴结和淋巴管组成。

淋巴系统的功能
- 淋巴系统和循环系统是互相配合，它携带组织里的水分和液体，将其送到血液中去。

- 淋巴系统有助于身体的防卫，它与白血细胞一起排除进入身体的各种有害微生物。

淋巴结
淋巴结（也称淋巴腺）遍布全身，包括颈部，两后腿之间，胸和腹部。淋巴结起着滤器的作用，排除不应存在血液里的死细胞和微生物（如病毒与细菌）。白血细胞在淋巴结里增殖。

如果任何淋巴结发生肿胀，有可能身体的某个部位有感染，或许，尽管极少见，是癌。剖检死畜时，检查增大了的淋巴结。诊断某些病，就要收集淋巴结，并置于福尔马林或酒精里（即采集标本）送实验室检验。如可能，向实验室问清采集什么标本和如何采集。

肉检
动物屠宰时，往往要进行肉检，检查有无能传播给人的疾病。检验员首先要检查淋巴结，寻找传染病的病征。如果有传染病的病征，肉则不能销售。

第十九章　内分泌系统 19.0 ENDOCRINE SYSTEM

19.1　内分泌系统概述 REVIEW OF THE ENDOCRINE SYSTEM

内分泌系统由腺体和激素组成。腺体遍布全身，产生"荷尔蒙"，即激素。激素是一种化学物质，一旦由腺体产生后，就立即进入血液循环，运行全身。激素起着"化学信使"的作用，调节着不同器官的工作。生殖激素在第十章论述，见 131 页。其他的激素调节着生长、血压、血液和组织的化学平衡，以及体内许多系统的协调。本章讨论与兽防员的工作有关的内分泌。

脑垂体后叶与催产素

催产素是脑垂体后叶产生的一种激素。幼畜开始吮乳时，母畜的垂体腺释放出能影响子宫和乳房的催产素。催产素有两大功能：

1．在分娩过程中，使子宫肌肉收缩（推出胎畜和胎盘）。

2．致乳汁从乳房经乳头放出（称"放乳"），使乳汁通畅地流出。

催产素的实践用途：在分娩过程中，给猪注射催产素，加快全部胎畜的娩出。催产素也用于帮助排出胎盘和子宫内的其他分泌物；在处理子宫垂脱后使用，能帮助子宫收缩。

甲状腺和甲状腺肿

甲状腺由两部分组成，气管两侧各有一块，位于咽喉正下方。甲状腺的功能是从血液里吸取碘，并用碘产生激素，称之为"生长激素"。这种激素对大脑和身体的正常发育是非常必要的。

*"甲状腺肿"*这条术语指甲状腺增大。甲状腺肿大是由于碘缺乏。既使缺乏碘，甲状腺仍试图生产足够量的生长激素造成甲状腺增大。甲状腺肿（或碘缺乏）对胎畜和幼年动物更为严重，可致死胎（即出生时已死）、发育停滞、四肢无力和智力发育迟缓。如果娩出的犊牛、绵羊羔或山羊羔是死胎，则必须检查甲状腺肿。如出现甲状腺肿，投服"碘盐"（即碘处理过的食盐）给妊娠母畜，见 310 页。

肾上腺和类固醇

肾上腺是靠近肾脏的两块小腺体。肾上腺产生的激素，通常称之为"类固醇"、"皮质类固醇"或"可的松"。

类固醇、皮质类固醇和可的松

兽防员必须了解这些激素，因为都是注射液，往往是常用的兽药，而且常被误用、滥用。它们常统称为"类固醇"注射液。兽医常用的一种类固醇，地塞米松，用来消肿和治疗过敏反应或休克，见 85 页。

注意：类固醇会降低动物的抗感染能力，并能引起动物流产。动物有感染或在妊娠期中，不要用类固醇。

第二十章　特殊感觉器官 20.0 ORGANS OF SPECIAL SENSE

提要

感觉神经把一般性感觉从身体各部位传向大脑，赋予四大特种感觉的器官是：

舌，味觉。

鼻，嗅觉。

眼，视觉。

耳，听觉。

20.1 舌 TONGUE

舌不仅在味觉上重要，且对舔、嚼、吞咽与发出声音也很重要。舌的疾病在消化系统的章节里论述，见 182 页。

20.2 鼻 NOSE

鼻对嗅、呼吸和增强食欲方面都重要。

20.3 眼 EYE

眼是一种复杂而敏感的器官，由其四周的骨、眼睑、眼睫毛、眉毛和眼泪起保护眼的作用。光线通过角膜（眼外层）进入眼内，再通过开口（瞳孔）、通过晶体，晶体把看到的东西进行清晰化或称聚焦。光线然后到达眼后的视网膜那里，视网膜把信息（所见的）通过视神经传达到大脑进行解释。瞳孔的功能是仅允许恰当量的光线进入眼内。当光线太强时，瞳孔收缩，仅允许小量光线进入；当光线太弱时，瞳孔张大，让最大量的光线进入。

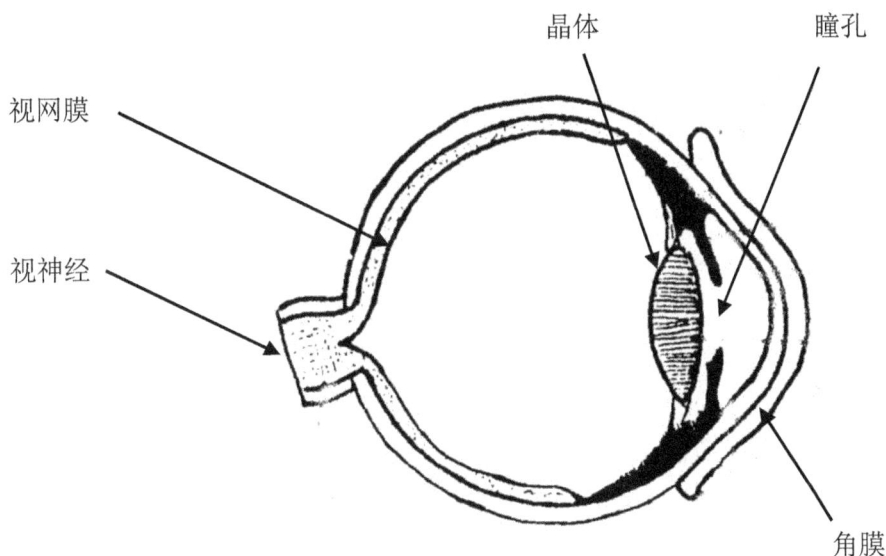

20.3.1 眼的损伤或感染

眼无论是受伤或发生感染都会引起大量流泪、眨眼、有排出物和/或出现眼混浊。眼周围的粉红色组织发炎，称"结膜炎"。在牛，某些蝇能把细菌带进眼内，引起"红眼病"。在一些地方，牛可患眼癌症，特别是眼周有白毛的牛，见 85 页。

诊断：

- 对动物进行适当固定，洗净双手。

- 检查眼内有无嵌进去的异物。也要检查角膜（眼的前表面）有无擦伤或溃疡。有擦伤和溃疡的角膜*非常*疼痛，会引起动物不停地眨眼，对光敏感、流泪和有时肿胀（有时动物甚至不愿睁眼）。损伤了的角膜也可能出现混浊。有时角膜上的抓痕给动物造成巨大痛苦，但抓痕却很难被发现。如果可能，用某种染料（即"荧光素"）置于眼内来探查抓伤（染料致伤痕表现明显绿色）。

- 如果没有损伤的证据，检查结膜（即眼周边的粉红色组织）。如果发红和有大量分泌物，可能是感染。

- 设法判断这种病况是急性还是慢性（向畜主问明这种情况有多久啦？）慢性难以治愈（有时治疗无效）。

- 有眼癌的牛（称癌眼），有严重的痂壳，侵入眼的周边组织和眼球表面。

受感染或受到损伤眼的治疗

- 适当固定动物。

- 用冷开水（沸后待冷）冲洗患眼。如方便，加硼酸使成 1：100 溶液。用清洁药棉或其他柔软的材料清洗眼睛。

- 如可能，取出异物（如有的话）。

- 以专用于眼科的抗菌素药膏或滴剂（即通常在标签上注明的"眼药"或"用于眼"）。药膏至少每天两次，滴剂每天 6 次（滴剂用于治疗家畜不太实用）。

- 将动物置于荫、暗的地方。因日光对受损伤的眼睛有刺激。

注：对"癌眼"无治疗方法。

注意：

- 只能用专用于眼睛的药膏或滴剂。

- 损伤或感染了的眼睛绝对不要用类激素药膏，因为类激素会使眼疾恶化。

20.3.2 清除眼内虫体

- 用蒸馏水稀释局部麻醉剂，使成 0.5％的溶液，滴数毫升于眼内。数分钟后用蒸馏水冲洗，虫体极可能被冲洗出，见 86 页。

20.4 耳 EAR

耳分为三部分：

1. 外耳是人们看得见的部分，在头部外缘有一个进入耳内的开口。

2. 中耳是由耳膜组成，称"耳鼓"，和细小的耳骨，耳骨与耳鼓相连。当声音进入时耳膜会振动。中耳有一个小管与咽喉连接。

3. 内耳的颅内部分直接与大脑相连。

20.4.1 耳炎

耳受到感染，称耳炎，通常由细菌引起。耳炎在家畜和马不很常见，但能由伤口或昆虫叮咬引起，耳螨也能引起感染，特别在家兔，见 257 页。

症状：

- 动物常摇头，因为奇痒而搔挠其耳。

- 严重感染病例，从耳内流出脓血。

- 动物可能有发烧症状。

诊断：

根据症状。

治疗：

- 以清洁水或稀释的消毒剂/防腐剂溶液（稀释后的过氧化氢也可）彻底洗耳。**例外，**不要把药液灌入马、驴、骡的耳内。

- 用棉签或清洁布把耳擦干。

- 用抗菌素或苯甲酸苄酯在耳内涂敷。

- 如果发烧，给予抗菌素注射。

第二十一章 杂项疾病 MISCELLANEOUS DISORDERS

本章论述的疾病不属于某一特定"体系统"，其中有些病较少见。

21.1 影响多个系统的疾病 CONDITIONS AFFECTING MORE THAN ONE SYSTEM

21.1.1 毒血症

毒素是一种物质，在体内起着毒性作用。"毒血症"指血液内有某种毒素，使多个身体系统出现严重病态，有时甚至引起死亡。毒血症可由疾病引起，如出血性败血症、子宫炎、乳房炎，或脐带感染，见 154-5 页，196 页，205 页。兽防员应该设法判断毒血症的原因。

症状/诊断：

· 脉搏细弱、快速，表明血液循环衰竭。

· 牙齿的牙龈、外阴户的内侧表面，或结膜（即眼周围组织）呈暗红色或微紫色。

· 有时病的初期可能发烧，随着毒血症的发展，体温下落，甚至低于正常。

· 呼吸快速。

· 通常是有引起毒血症的病因和因素。

注：提供动物饮水。如果动物饮水，是好的征兆，表明毒血症还未发展到特别严重程度。

治疗：毒血症可危及生命，如果体温下降到正常以下，表明已到特别严重的程度。
· 设法判断毒血症的主要原因（如子宫炎、乳房炎等），对症治疗。
· 如果不能判断引起毒血症的潜在原因，而动物仍很机灵并处于清醒状态，以大剂量抗菌素，如青霉素或四环素治疗。
· 动物毒血症通常康复或死亡都很快。如果出现好转，给予优质饲料和饮水。

21.1.2 脱水：缺水

水是最重要的养分，约占动物体重的 50%。在体内，水与氯化钠（食盐）以及其他矿物质（也称电解质）如钾和钙混在一起。动物失水时（例如腹泻、呕吐、出汗等）会同时失去这些有用的矿物质，或致这几种矿物质间失去平衡。这种不平衡会使细胞功能、血液循环、心跳与肾的功能等出现障碍。如果肾功能衰竭，废物就在血液里积聚，动物就出现败血症的征状，昏睡与死亡。心跳不正常也可造成死亡。

有些动物靠食入的饲草来获得水。但大多数动物必须饮水才能生存。病畜、产奶母畜与幼畜尤其需要新鲜、清洁的饮水。

脱水的症状：

· 嘴鼻干燥。

· 昏睡。

· 尿的颜色深或尿量减少。

· 当抓起皮肤皱摺处再放开，皮肤不能很快复原（即缺乏"弹性"），见 49 页。

· 眼球凹陷（严重脱水的体征）。

诊断：根据症状。

治疗：

脱水的主要疗法是提供饮水。但是在腹泻或出汗过程中，已经失去了体内的一些矿物质。口服补液（ORS）（Oral Rehydration solution）有助于恢复这些矿物质和恢复脱水动物的健康。如果没有补液，给予一般清洁的饮水。

小动物用的袋装口服补液

· 在许多国家一般有供人用的低价袋装口服补液出售（在医疗站或药房）。有些国家有自制的袋装补液。UNICEF 提供给一些国家口服补液，在袋装上标明 UNICEF。这些口服补液 ORS 袋可用于动物，按说明书配用。通常是将袋内药物倒入 1 公斤新鲜清洁饮水中配制。

盐口服补液

警示！！ 不要将补液 ORS 配得浓度太大，太浓会使动物的健康恶化。

自制溶液（特别用于大动物）

· 如果袋装口服补液（ORS）买不到，可以自制。方法是混两汤匙糖，一茶匙食盐，加一立升水。如可能，挤数滴酸柚汁或柠檬汁（提供钾）到溶液里去。（1 汤匙的容量相当于 3 茶匙或约 15 毫升。）

1 立升新鲜清洁的饮水　　2 汤匙糖　　　　1 茶匙食盐　　数滴酸柚或柠檬汁

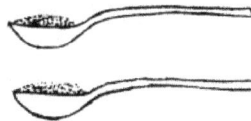

改进 ORS（口服补液）的自制方法

- 如果有大米粉，用 2 汤匙来代替糖，米粉一般不贵，能提供一些能量，还能使腹泻物变稠。
- 如果碳酸氢钠（发酵粉）方便，可用来代替半茶匙食盐，另一半仍用食盐。

补给的液量

应该给多少口服补液？理论上说，补给的量不少于腹泻失去的量。

> 腹泻越严重，口服补液越要多喂

如何喂给补液

- 如果动物太虚弱而不能自饮，则需要灌服。小动物或幼畜（如山羊羔或绵羊羔）可以慢慢地喂服。用汤匙或注射器（卸下针头），让动物有吞咽的时间。脱水动物往往很虚弱，抓捉时要轻一点，灌服时慢一点，给动物时间吞咽。大动物可用胃管投服，见 **66** 页。
- 有静脉注射经验的人可用静脉注射液。静脉注射也要缓慢，同时要监测心跳是否正常。如有异常，则要停止注射，待心跳正常后再注射。

脱水的预防：

- 当动物腹泻时，立即给动物饮水或补液（不要等到脱水时才补）。
- 帮助病畜和弱畜自饮。
- 提供新鲜清洁饮水。

21.1.3 猪的缺水与食盐中毒

- 猪从每日食物中得到食盐，但饮水不足会发生食盐中毒。"食盐中毒"、"缺水"，后一个名词似乎更恰当些。因为猪得到的是正常食盐量，只是饮水不足才发病。
- 食盐中毒可在缺水后数小时发生。该病常见于管理改变后，供水中断；或水内有电流；或饲喂了乳清或乳副产品内含盐量高等原因所致。

症状：

- 渴感和便秘。

- 步态摇晃。

- 失明。

- 发抖或抽搐。

- 倒卧一侧作浮游动作。

- 昏迷，数天内死亡。

注："缺水"的症状与狂犬病、伪狂犬病、猪霍乱、非洲猪瘟、以及水肿病在某些方面有相似之处。

诊断：

• 根据临床症状与缺水史。

治疗：

· 没有好的治疗方法。

· 已经出现缺水症状后再给动物饮水，往往使症状更趋恶化。

· 有一些兽防员用一种叫"地西泮"（valium）药，这是一种抗痉挛药，再配合"呋喃苯胺酸"，是利尿药。这两种药能排除体内多余体液和一些盐分。在某些情况下，这种治疗方法或许有帮助。

预防：

· 预防依靠好的精细的管理，能在缺水时作出及时反应。

· 如果缺水不可避免，在问题未解决前，则猪的饲料里不要放食盐。

21.2 与妊娠有关的一些疾病 SOME DISORDERS RELATED TO PREGNANCY

21.2.1 低血钙症—— "产乳热"

低血钙症发生在临产之前或产后，尤其在高产奶牛、水牛、山羊和绵羊中常见。当体内大量钙被用去产奶，血液中钙的水平下降得太低，导致肌肉与心跳无力。正常情况下体内90％的钙贮存于骨，当刚开始泌乳时，身体不能立即释放出钙而发生产乳热。该病 起病快速，如果不及时治疗，会致死亡。

症状：

● 四肢无力，有时不能站立。

● 体温低于正常。

● 便秘（有时）。

● 臌胀由于不能正常打嗝（有时）。

诊断：

● 根据病史和症状。

治疗：

· 如果非常严重与病危，静脉注射葡萄糖酸钙（如专门用于此病的注射液），按瓶签说明使用。

· 如果不太严重（仍能站立），皮下注射葡萄糖酸钙，在皮肤松弛的地方,分 3 或 4 处注射（颈、前腿后部等处）。用量按标签说明。

· 在产乳热未康复前，只挤出少量奶，而不挤尽。

提示：静脉注射钙剂应缓慢。注射时监测心跳。如果心跳不规则，立即停止，待心跳正常后再注射，在监测心跳的同时以极缓慢的速度进行注射。

预防：

- 妊娠末期，不要喂含高钙量的饲料（如紫苜蓿与三叶草）。

21.2.2 牛的酮病

酮病也称产后丙酮血症、消化不良或温热症（slow-fever）。通常在产后数天到数周之间发生。酮病是一种继发病，动物因其他原因而停止采食（如乳房炎、子宫炎、产乳热、胎盘滞留等），本病致血糖降低。当发病时，高产乳牛开始"燃烧"（转化）体内贮积的脂肪，这时就开始表现酮病的症状，见 253 页。

症状：

- 呼出的气体和尿出现酮味。
- 厌食（即无食欲）和便秘。
- 产奶量突然下降。
- 昏睡或神经质和颤抖。
- 步态不稳，不能站立。
- 潜在病如产乳热、乳腺炎、子宫炎，也可能出现真胃移位。

诊断：

- 根据症状与病史。
- 一种特制的验尿棒可用来证实酮病。将棒浸入尿内，立即会变成特定颜色。

丙二醇或
乙二醇

治疗：

给予 500 — 1000 毫升 40％的葡萄糖溶液静脉内注射。

- 如果好转，可能有酮病，每天可给予丙二醇 200—500 毫升口服，连服数日。
- 治疗其他导致酮病的病因（潜在病）。
- 如果对治疗无反应，再作检查。

预防/控制：

- 不要让妊娠母牛太肥，过肥会增加患酮病的危险。

21.2.3 绵羊妊娠毒血症（妊娠绵羊酮病）

本病也称为"绵羊双羔病"，因为最常见于产双羔或三羔的绵羊。妊娠毒血症常发生于妊娠的最后数周。此时胎畜快速生长，大量吸取母体体内的葡萄糖。母体的血糖下降，母体开始转化脂肪。其副产物酮在血液里积聚。

加上一些不利因素（如其他病、畜群转移或对母绵羊的逆境条件，暴风雨等）激发致母畜停止采食，见 253，254.

症状：
- 呼出的气体和尿内可能出现酮味。
- 虚弱，不能站立。
- 厌食（无食欲）。
- 神经症状，如转圈、抽搐、盲瞎、头抵住不动物体。

诊断：
- 根据症状和病史。

治疗：
- 无特效疗法，只有施行紧急手术，剖腹取出胎畜，或给予地塞米松，诱导母羊分娩。
- 静脉注射葡萄糖（40％葡萄糖注射液 200 毫升）。
- 如果在病程早期，给绵羊服用乙二醇或丙二醇，直到好转。

预防/控制：
- 不要让母羊在妊娠早期过肥。
- 让妊娠母羊经常运动。
- 妊娠后期给母羊充足的碳水化合物饲料。
- 如果一只以上绵羊患妊娠毒血症，就要考虑给所有绵羊增加谷物饲料，可以考虑给一定量的丙二醇（如买得到的话），并密切注意其症状，使治疗早期进行。

丙二醇

21.3 非传染性杂项疾病 MISCELLANEOUS NON-INFECTIOUS DISEASES
21.3.1 低血镁病（草场抽搐）
此病也以"青草搐搦病"著称。常在高产奶牛放牧于丰盛草场或麦地草场时发生，特别是那些施了氮肥和钾肥的草场。这些青饲料通常含镁量低，引起镁缺乏。有时也与妊娠母牛低血钙有关。

症状：
- 类似酮病
- 步态蹒跚、摇摆，似要晕倒状。
- 病畜可能倒地，疯狂地踹腿（如四肢抽搐）。
- 肌肉震颤。

诊断：根据症状和病史（弄清你们地区有无此病）。
治疗：
- 静脉注射商品矿物质注射液，含钙与镁（按标签说明使用）。

272

预防，控制：

· 有此病地区，日用饲料里需要补充镁。有许多补充镁的方法，如饲喂氧化镁或向饲料里添加镁的化合物，可咨询当地兽医。

21.3.2 癌症

癌症是身体的某种细胞不正常地增殖时的一种疾病。这些不正常的细胞称为"癌细胞"，其经由血液或淋巴向身体其他部位扩散。癌细胞向身体扩散的为"恶性"。不扩散的为良性。恶性癌细胞有侵入像肝脏、脑、心脏和肺等器官趋势，最终致动物死亡。癌细胞聚集在一处，通常称为"肿瘤"。

癌的命名依不正常增殖的细胞类型而定。例如，致白血球的癌，称白血病，淋巴结的癌，称淋巴肿瘤，某些皮肤细胞致的癌，称皮肤癌。骨细胞致的癌，称骨肉瘤。某些类型的癌在某种类动物、品种、家族（血缘）或某些区域内多见。另外，有些病毒可致癌症。

一般来说，无有效的和廉价的方法治疗患恶性肿瘤的家畜和马。动物会慢慢死亡（也可用无痛苦死或屠宰）。外科手术可以切除良性肿瘤。如果治疗得早，可防止癌细胞扩散。

制止癌细胞增殖，有用 x 射线治疗（称为"放射疗法"）或用某些化学药品治疗（称"化疗"）。但还没有用于家畜或马上。

21.3.3 牛的白血病（淋巴瘤）

在某些国家，牛白血病是家畜中最常见的一种癌症，是由病毒引起的。如用同一注射器和针头注射许多动物，能引起病毒在一个畜群里传播。症状往往很普通，不明显，要作出诊断颇为困难。病牛淋巴结肿大，可能常常得病，无治疗方法。

21.3.4 鳞状上皮细胞癌

鳞状上皮细胞癌是最常见的皮肤癌，在牛，多发生于眼的四周，特别那里是白毛的地方，能致眼球与眼周围部位完全变形/破坏。在马，多发生在眼周围或生殖道（母马的外阴户，公马/阉马的阴茎），病程进展缓慢，也无有效疗法，但是外科切除病区有一些帮助。在牛，常常挖除病眼，这样动物仍可继续产乳或延长其繁殖期。

21.3.5 马的黑色素瘤

黑（色素）瘤发生于灰色马。易发生于外阴区周围，然后向体内器官扩散。马体重减轻，依癌细胞的入侵器官而有各种不同症状（如腹绞痛）。

21.3.6 膀胱癌

膀胱癌发生于那些长期采食**蕨类**植物的牛。一旦这种肿瘤在膀胱内生长，无有效疗法。但是，偶然有动物自然好转一段时间，见 244 页。

21.3.7 犬的性病性肿瘤

这些肿瘤通过交配传播。肿瘤开始很小，逐步变成大而红的肿块。在有些国家能够进行外科手术切除。

21.4 杂项传染病 MISCELLANEOUS INFECTIOUS DISEASES

21.4.1 传染性萎缩性鼻炎
这是一种破坏猪的鼻骨的传染病，有时致猪的颌畸形。致病的原因有几种因素，但主要病因是由一种杆菌，称为"支气管波氏败血杆菌"（<u>Bordetella bronchiseptica</u>）引起。

症状：
- 症状从打喷嚏开始，此后鼻骨和颌骨变形，以致病畜不能正常采食。

诊断：
- 根据症状（如猪鼻变形）或在猪屠宰时可见到破坏了的/变了形的鼻骨。

治疗：
- 一旦出现鼻变形，无有效疗法。

预防：
- 控制与预防畜群发病，包括良好的卫生环境和通风，以及饲料里添加磺胺类药物等综合防治措施。在一些国家有疫苗出售。农民要避免在有萎缩性鼻炎疫情的畜群里购猪。

21.4.2 猪丹毒
猪丹毒是猪的一种细菌病。猪丹毒有两型：*急性*和*慢性*。世界上大多数国家都有此病存在。

症状：

急性型：

· 高烧。

· 呼吸困难。

· 关节热、肿。

· 皮肤变色（红与紫），尤其在耳、鼻、腹部位。

· 整个身体皮肤出现菱形疹块，高出皮面、微红（尤其在背与两肋）

· 6天内死亡。

慢性型：

· 全身皮肤都可能出现菱形疹块，高出皮面，微红色。

· 耳尖和尾尖有可能坏死脱落。

· 因关节炎发生跛行。

· 倦怠、呼吸困难，由于心脏瓣膜损害，皮肤出现蓝色（健康应是粉色）。

· 由于心脏瓣膜损害，有时突然死亡。

治疗：

· 青霉素是首选药物。如没有，可用四环素。

预防/控制：

· 可用疫苗预防，能减轻病的严重程度，或保护猪直到屠宰年龄不发病。育种用猪每年应再免疫。

21.4.3 锥虫病

家畜的锥虫病是由一种原虫（锥虫）引起，常发生于非洲的部分地区。通常是慢性病，见于牛、绵羊、犬、猪、骆驼、马和大多数野生动物。该病的传播是由一种叮咬昆虫，称采采蝇（舌蝇）。当地动物对病原微生物有相当强的抵抗力，因为皮厚起着一定的防蝇叮咬作用。有 12 种锥虫，最重要的有四种，即刚果锥虫、活动锥虫、布（鲁斯）锥虫和猴锥虫。(<u>T. congolense</u>, <u>T. vivax</u>, <u>T. brucei</u>, <u>T. simiae</u>.)

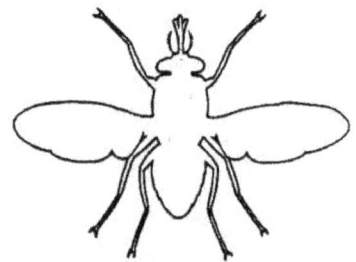

采采蝇（舌蝇）

症状：

· 发烧　　　　贫血和体弱。

· 流产　　　　淋巴结肿胀

· 体重减轻　　乳产量下降

诊断：

· 消瘦与贫血

· 血液涂片置显微镜下观察，可找到寄生虫。

治疗：

- 有数种药物可用于锥虫病.例如*血虫净*（*Berenil*），但是锥虫常产生抗性。如果你们地区有此病，可请教农业部官员，找出最有效的药物进行治疗。或向当地兽医或兽防员咨询。根据药物说明书用药。

控制/预防：

- 通过控制昆虫达到预防，见 118 页

21.4.4 犬瘟热

犬瘟热是一种高度传染性病毒病，侵害呼吸系统和神经系统，在世界各地均有发生。此病很容易通过空气中的唾液飞沫和污染了的物体所传播。大多数犬接触了病毒都会感染，尤其是幼犬，死亡率也高，未免疫过的年轻犬特别容易感染犬瘟热。

症状：

- 发烧期 1-3 天，此后热度消退，1 周后又发烧。
- 失去食欲与精神萎顿。
- 通常眼、鼻有浓厚的排出物，眼睛呈红色。
- 可能腹泻。
- 患犬从初始症状复原后，有可能发生致死性神经症状。其症状包括抽搐、癫痫与恍惚

诊断：

- 根据临床症状，尤其是幼犬易感。

治疗：

- 给予良好的保护疗法。
- 扑热息痛有助于解热。

控制/预防：

- 许多国家供应有效的抗犬瘟热疫苗。

21.4.5 小反刍动物瘟疫（PPR）

小反刍动物瘟疫，也称"假牛瘟"。是一种*急性小反刍动物病毒病*，致发烧、口内溃疡、肠道感染以及肺炎。PPR 病毒与牛瘟病毒密切相关。PPR 病毒可感染绵羊、山羊和一些品种的鹿，此病常与牛瘟或传染性肺炎相混。虽然这种病毒能感染牛，却不表现症状，也不传播。假牛瘟在非洲和中东常见，近期亚洲也有发病。

症状：

- 患病动物出现高烧，鼻口干燥。
- 有水样的鼻排出物，数天后排出有臭味的脓性分泌物。
- 口腔内可发现溃疡，屠宰或尸检时，整个消化系统可发现溃疡。
- 腹泻。
- 肺炎。
- 有时可在 21 天内死亡。

死后剖检发现：

- · 口腔和整个胃肠内呈腐烂性溃疡。
- · 肺炎。

诊断：

- · 根据症状和死后尸检的发现。
- · 如可能，应该由实验室分离出病毒，加以证实。

治疗：

一般无特效疗法。但使用抗菌素和抗寄生虫药物，可减少动物的死亡数。

预防：

有假牛瘟（PPR）疫苗供应。如无，牛瘟疫苗也有效。在发病期间有两种选择：

1. 在感染区的四周作围圈式疫苗免疫（感染区内不免疫）。

2. 在感染区内疫苗免疫，但只给看来是健康的动物注射疫苗。

注意：

- · 在疫区内注射疫苗可挽救较多的动物，但有风险；注射疫苗后动物发病，兽防员可能受到责怪。因此，在疫区注射疫苗，必须向社区说得很清楚，必须解释若注射疫苗时动物体内已有病毒潜伏，仍会发病与死亡（死于潜伏的病而非疫苗引起）。还必须说明，注射疫苗后数天动物才产生免疫力，动物未产生免疫力前仍会发病。
- · *不要用过期的 GTV 疫苗（山羊组织疫苗）预防牛瘟，过期疫苗会使情况更糟。*

21.5 猝死 SUDDEN DEATH

有时动物突然死亡——连畜主也未见到症状。其原因有的已在其他章节里论述了：

- 中毒，见 81 页。
- 急性病，像炭疽、黑腿病或出血性败血症。
- 由于创伤性心包炎或其他原因引起的心脏衰竭，见 189 页。
- 草场抽搐症，见 272 页。

坚持认真记录病史，考虑进行死后剖检（称"尸体解剖"）来判定死因。特别要留意患同样病的动物的救治工作。

注意： 如果怀疑病畜是死于炭疽病（病畜有黑色血液从口、鼻或身体其他天然孔流出），则不要解剖，见 196 页。

第二十二章　公共卫生病 22.0 PUBLIC HEALTH DISEASES

本书用了*公共卫生病*这个名词来指既感染家畜又感染人的病，且都是传染性微生物所引起。对于那些由动物传播到人的疾病，其技术术语是"*人畜共患病*"。

22.1 钩端螺旋体病 LEPTOSPIROSIS

钩端螺旋体病致家畜流产已作了论述，见 162 页。引起钩端螺旋体病的细菌（称为钩端螺旋体）也能使人发病。人接触患畜或患畜尿所污染了的水，最有可能感染钩端螺旋体病。这里包括屠宰工人、饲养员，以及兽防员，还有哪些在水稻田、下水道、坑道、甘蔗地里工作的人。钩端螺旋体病还会侵害哪些饮用了被污染的水，或在被污染的水中游泳的人。患病的犬、猫或其他动物的尿能污染水源。

症状：
- 突然发高烧 、头痛、结膜炎、肌肉疼痛、恶心/呕吐、腹泻。较为严重的病例有黄胆、皮肤有针尖样出血，并/或有威胁到生命的肾脏问题。

诊断：
需要实验室作具体检测。

治疗：
- 严重病例，需要护理疗法，包括补液、控制高烧、治疗肾衰竭与/或血液的电解质平衡。
- 病人必须休息并充分饮水。在症状出现后 1-2 个月内，全身症状（头痛、发烧、肌肉疼痛）可持续或反复出现。
- 抗菌素（强力霉素或称多西环素（doxycycline））有效，尽管用药后会引起体温升高（由于螺旋体微生物被杀灭过程中的反应）。

预防/控制：
- 向畜主和屠宰场工作人员告诫该病的有关知识，以及采取预防措施（即穿防护服，避免直接接触病畜组织及其尿液）。
- 在已知的钩端螺旋体病疫区，避免在池塘或溪水中饮水、洗澡或游泳。
- 保护饮水水源不受家畜的尿污染。
- 如可能，将低洼地水排除。
- 做好防鼠，包括食物和厨房废弃物的处理。
- 一些国家有人用与兽用的钩端螺旋体疫苗供应。

22.2 绦虫棘球蚴 HYDATID TAPEWORM

细粒棘球绦虫是绦虫的一种，其成虫寄生在犬的肠内，但不引起犬出现病症。绦虫卵随犬的粪便排出体外，如果这些卵被放牧的绵羊/山羊、猪、水牛、或牛食入体内，就在这些动物的体内发育成包囊。人若不小心用手碰了犬粪，然后手再碰到嘴里，也可能受到绦虫侵染。

棘球蚴包囊/棘球蚴病

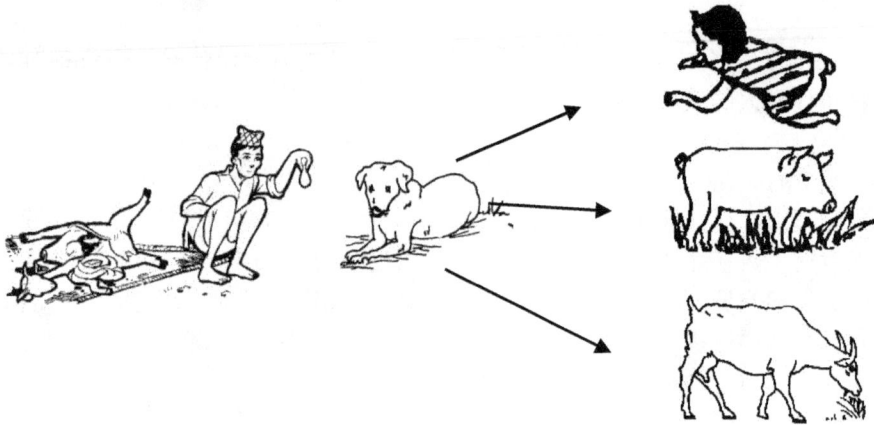

包囊会发育长大，破坏所在部位的组织。例如，人可患肺与肝的棘球蚴病，通过 x 光透视可查出肺与肝区的大包囊，这时就要用复杂的外科手术切除，才能保住患者的生命。这种病一直要持续到带包囊的动物被宰杀肉用。如果这些包囊丢弃后被犬食入，其生活周期又重新开始。

在一些国家包囊病是非常严重的公共卫生病。又称为"包虫病"，棘球蚴病或包虫囊肿病。包虫病常见于在牧羊人常于羊和狗密切接触的一些地区。

症状/诊断：

*   人的症状因包囊所在位置而定（通常在肺、肝与脑内），可根据 X 光透视结果，结合地方病史做出诊断。

治疗：

*   最常用的治疗方法是外科手术。一些新寄生虫药似乎也有效。

预防/控制：

控制本病有几种可行的方法：

*   用手触摸狗后或触及狗粪后洗手。
*   定期给狗驱绦虫，这样做可防止狗粪内的绦虫卵和绦虫节片扩散。吡喹酮是一种新药，安全、有效，每六周给犬服用一次。但不能杀死粪中的虫卵。因此，需要小心处理第一次治疗后的狗粪。
*   家畜屠宰后，包囊不要给狗吃，必须深埋或烧毁。

22.3 旋毛虫病 TRICHINOSIS

旋毛虫病是一种称为旋毛虫的小虫所致。旋毛虫病是野生动物和家畜（尤其是猪）的病，也侵染人类。因食入未煮熟的有旋毛虫包囊的肉（或垃圾）而造成感染。一旦食入，包囊脱去其外皮，发育成成虫，产卵。卵孵化成蚴虫，进入血液，再在肌肉或器官里形成包囊。包囊的外形小（大约 1 毫米长），呈白色，柠檬形胶囊。

症状：

- 幼虫在肠内引起呕吐、疼痛和腹泻。（症状出现在食入感染肉后 4 天前后）。
- 幼虫进入肌肉和组织（吃了被感染肉后的 7—10 天），引起肌肉疼痛、头痛、寒颤、发烧、以及眼睑浮肿。极少病例出现包囊虫疹，以及呼吸和神经症状。
- 症状通常持续 10 天左右，但有时肌肉疼痛可延续数月。

诊断：

- 根据食入生肉或未充分煮熟肉的病史。
- 有专门的实验室来诊断旋毛虫病。

治疗：

- 没有好的治疗方法，只有对症疗法（即控制疼痛）。

预防/控制：

- 在有些国家，本病已得到有效控制，方法是将食物垃圾（残羹、潲水、泔水）在喂猪前蒸煮；不允许将猪敞放饲养（即吃垃圾）。
- 肉品检验也有助于减少本病，有些国家用特制的显微镜检验旋毛虫感染。
- 为了防止人的感染，一切肉类必须在 70℃ 以上进行蒸煮。肉的冷冻也能杀死旋毛虫。

22.4 李氏杆菌病　LISTERIOSIS

李氏杆菌病已在家畜神经系统的章节里作了论述，该病又称为转圈病，见 256 页。也已提到是致人流产和死亡的病因。

李氏杆菌病由细菌（李氏杆菌）引起，该菌是许多家畜和人肠道内的常见细菌。一般该菌只引起不到 1 月龄的幼儿和由多种原因致体弱的老人患病。有时引起孕妇患病，发生死胎和新生儿产后不久死亡。尽管健康人体内有该菌，而李氏杆菌病病例往往与饮了未经高温灭菌的奶，或吃了感染动物的奶酪有关。

症状/诊断：

- 有死胎或产后不久死亡的婴儿。如被癌症或其他病致弱，成人可能会有类似严重流感的症状。
- 用从血液或脑脊液（即围绕脊髓和大脑的液体）内培养出细菌来建立诊断。采集这类标本需要专门技术。

治疗：

- 如果怀疑李氏杆菌病，给人注射抗菌素，氨苄青霉素效果很好。

控制：

- 良好卫生和高温灭菌奶和奶酪制品对本病的防治极为重要。把流产动物与其他动物隔离，死胎或胎盘应该深埋或焚毁，人必须避免直接接触死胎和胎盘组织（即戴手套后再接触）。

22.5 狂犬病 RABIES

狂犬病见第十七章，251-253 页。

治疗：

- 如果动物或人已经接触了狂犬病毒，最紧迫和最重要的，是用肥皂和水彻底冲洗被污染的伤口。狂犬病毒极易在肥皂水里死亡。
  - 下一步重要和急迫的是接受系列的抗狂犬病预防注射（接触病毒后疫苗），许多国家的卫生部门都提供对狂犬病的这些预防办法。

预防：

- 在大多数国家，狗是传播狂犬病最常见的传染源。如果在你工作的地方，时有狂犬病发生，应开展对狗的狂犬病免疫。同时，对敞放的狗和野狗应该围扑、关养、或扑杀。这是大多数国家控制狂犬病最有效的措施。

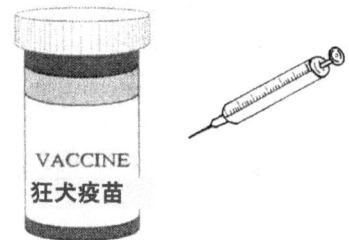

VACCINE
狂犬疫苗

22.6 布氏杆菌病 BRUCELLOSIS

布氏杆菌病在第十章里已作了论述，见 161 页。

治疗：

- 意外接触了布氏杆菌病的人，应口服 500 毫克四环素，日服 4 次，连服两周。

预防/控制：

- 若没有戴塑料手套或套袖，切**不要**处理刚流产的滞留胎盘。事后要冲洗两臂与双手。
- 许多国家政府要求血检，感染动物必须扑杀。
- 一些国家已经获准用于牛的**布氏杆菌**疫苗，但是必须按标签说明和你们国家的具体规定正确使用。
- 流产产出的动物及其胎盘必须深埋或焚毁，人与其他动物不可与之接触。
- 如果牛奶未经高温消毒，也应在饮用前煮沸，以杀灭布氏杆菌和其他有害细菌。

塑料手套/套袖

22.7 猪肉绦虫 PORK TAPEWORM

猪肉绦虫将在二十七章中论述，该病也称为囊尾蚴病，见 339 页。

综述： 绦虫的成虫寄生在人（宿主）的小肠内，致人腹泻和腹部不适。绦虫的整个节片断离后由粪便排出。每一个节片都含有许多绦虫卵。如果猪吃了有绦虫卵的人粪，则在猪的胃肠内孵化成幼虫。幼虫又移行到猪的各种肌肉内形成小的"水泡"或称"包囊"，并能存留多年。此后，猪被屠宰肉用，这些包囊被人食用。如果肉已充分煮熟，包囊已被杀死，就不会发生什么。但是，若只部分煮熟，或生吃，这些包囊在人的消化系统内裂开，并发育成绦虫成虫，则又开始了另一周期的循环。

猪食入有绦虫节片的人粪

有包囊的猪肉

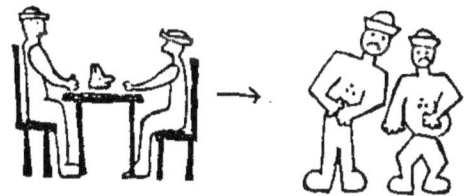
人吃了有包囊的猪肉而被感染

治疗：
用对绦虫有效的药物治疗被感染的人。

控制/预防：
不让猪吃人粪。确保人入厕、猪入圈（不让猪吃人粪）。

不让猪敞放

人入厕

- 猪肉彻底煮熟。50℃ 能杀死猪肉里的包囊。在煮猪肉前，将猪肉切成小块，确保充分煮熟。

第二十三章 实验室程序 23.0 Laboratory Procedures

兽防员可以采集标本送实验室检验，也可自己进行简单的实验室操作。利用实验室可证实诊断，还能选择好的治疗方法对已病动物进行治疗。实验室还有助于治定对接触同种感染病而未发病动物的预防措施。如可能，在采集标本之前与实验室取得联系，事先决定如何采集，如何运送，以及标本可能到达的时间。

23.1 报告 REPORTS

报告应该随标本送到实验室或送动物供死后剖检。报告应含以下信息：

- 动物的种类、品种、年龄、性别
- 完整的病例史
- 免疫情况
- 畜体检查的主要发现
- 病畜环境的主要发现（即护理情况，可能接触到的有毒植物或物质）
- 出现最初症状时的动物所在地
- 过去一个月动物所在地（判断有无受到感染可能）
- 有类似症状的动物种类与数量
- 有无治疗（何时、何药、剂量）以及对治疗的反应

23.2 死后检查 POST MORTEM EXAMINATIONS

死后检查，也称"尸体剖检"，是在动物死后进行的检查和解剖。尸体剖检的目的是寻找病因。在尸检中，可以采集标本送实验室检验。

注意：首先，就要意识到该动物可能死于人畜共患病（该病能传染人）。戴上塑料或橡皮手套（或塑料袋）再进行尸检，尤其对布氏杆菌病或狂犬病的怀疑病例。

如果怀疑是**炭疽**（即突然死亡，口内流出黑色血液），不要进行解剖！深埋动物，深度至少一公尺。污染炭疽的血液接触空气后，炭疽杆菌能形成芽胞，并将无限期地污染土壤。土壤里的芽胞在将来对人和对动物都是一种威胁。

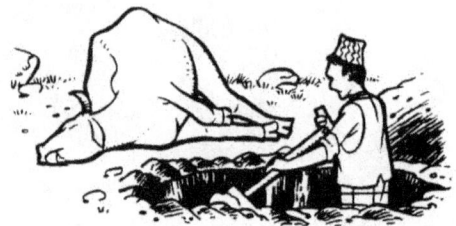

23.2.1 进行死后剖检（除禽外含一切动物）

1. 完整记录病史。

2. 仔细检查死畜的体表（即创伤、腹泻、外寄生虫）。

准备好动物

3. 摆好要进行剖检动物的位置，将动物放倒在它的右侧。

4. 沿腹部中线切透皮肤，从胸骨起直到腹股沟。小心地不切透肌肉、不切入内部器官。仔细地分离皮肤使之与皮下肌肉分离（用合适的刀具来进行此项操作）

5. 紧靠躯干，切透固定左前肢的皮肤和肌肉，把前腿平放向后，使之离开肋骨。

6. 同样切透腹股沟和髋关节，让后腿向后平放。

7. 在动物上面，用左侧已剥离的皮肤和已放平的前后肢，作成支架那样，用来放置供检查的组织和器官。

8. 沿胸骨至腹股沟切开腹肌，小心不要伤及胃与肠。

9. 在两侧肋骨间下刀，从近脊柱侧向胸骨切开，然后沿连接肋骨与胸骨的肋软骨切开

10. 使两侧肋骨分开，向后平放，使之在接近脊柱处断裂。

检查动物体内部

11. 先检查脾脏。如果有增大、变软、充血紫色，又动物突然死亡，可能是炭疽。立即停止尸检。取血涂片，深埋死畜。将血涂片送实验室检验。剖检者自己开始服用抗菌素（如青霉素或四环素）。

12. 将固定内脏器官的组织切断，将切下的内脏器官放在皮肤和左前后腿垫衬的"架子"上，不要刺穿胃。

13. 结扎连接胃的食道，在结扎处上方切断。

14. 在骨盆骨水平位置结扎直肠。在结扎处下方切断。

15. 切除胃肠，并放置一侧。

16. 切除肝、肾和看来有肿胀的淋巴结。

   · 同时检查睾丸或卵巢与子宫，以及膀胱。

   · 靠近输胆管处检查肝脏，查看有无肝片形吸虫。将肝切成条状，检查是否坚硬（正常肝不硬极易用手指压碎）。

   · 检查这些器官有无出血。

17. 切除与观察膈肌、心脏与肺。切开气管和支气管，并进行观察。气管里有无寄生虫。

18. 外观不正常的淋巴结与器官，都必须切下作为新鲜标本送实验室检验，参照下述。

19. 正常肺粉红色，病肺黑色（像肝色）。切下一小片肺，放入水中；好肺浮于水面，病肺下沉。

20. 如果是转圈病（脑包虫），打开颅骨，寻找包囊。

21. 狂犬病，必须打开颅骨，切除大脑。务必小心，**手上戴手套或套上塑料袋**。如果离实验室近，取一半大脑用冰包好送实验室。其余一半置于10％福尔马林溶液中，同时送检。

22. 切开瘤胃、真胃、肠管，检查寄生虫。

   · 有时真胃或肠管内有细小的线状虫体，如果仔细观察，在真胃的内表面能看到。

   · 也可取出一些真胃内表面上的内容物，放在窗纱上再用水冲洗后检查虫。

   · 消化系统内层或消化系统本身有无出血都应注意。

23. 如果关节肿胀，应予切开，检查有无脓液或液体。

24. 深埋死畜。

25. 先用水，再用消毒剂清洁工具、器材。

26. 彻底、认真清洗两手。

27. 所有异常发现都应作出详细记录，与病史一起，列入报告。

23.2.2 进行家禽的尸检

1. 拔除禽体腹部的羽毛，呈背仰位，两翅略微张开。

2. 沿着靠近胸骨处切开腹壁，打开尸体。

3. 切断肋骨，将肋骨向前向下平放两侧。

4. 提起并切除胸骨。

5. 抓住腹内器官，向上向外拖出。

6. 靠近肌胃处，抓牢消化系统，在肌胃上方切除之。

7. 观察心、肺、肝、肾。

8. 切开与观察食道、嗉囊、咽喉、气管与口腔。

9. 切开整个消化器官，并观察有无寄生虫与出血。

10. 仔细记载增大的淋巴结或其他异常发现。

11. 清洁与报告同上。

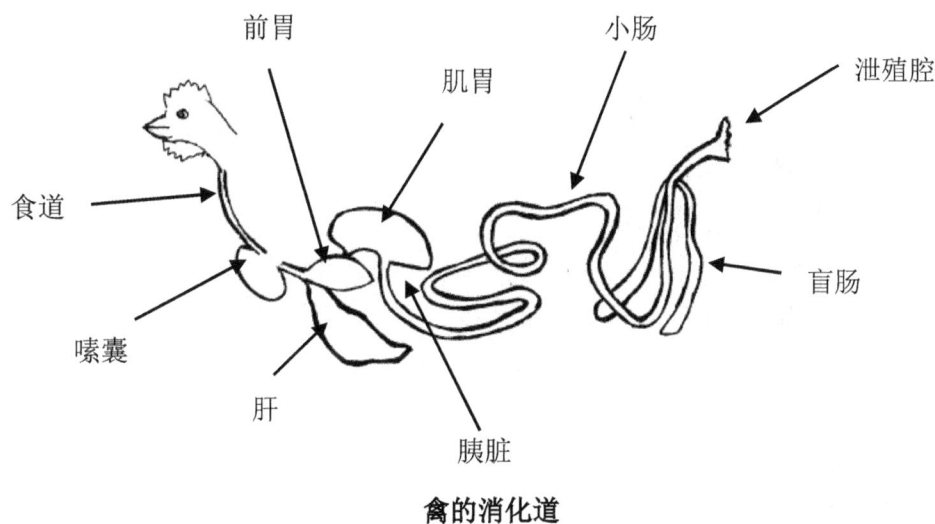

禽的消化道

23.3 组织标本 TISSUE SAMPLES

取一小块组织（1平方厘米）在冰里保存，送实验室。如不能，**用厚度不超过 1 厘米的标本置于 10%的福尔马林溶液内**送检。必须有足够的福尔马林溶液，才能防止标本腐败。因此，不管添加多少标本到 10%的福尔马林溶液内去，必须有 10 倍量的福尔马林溶液。瓶口必须密封，不得渗漏。报告与标本一起送检。

23.4 尿检标本 URINE SAMPLE

血尿定义是尿内有血。
血红蛋白尿定义是尿内有血红蛋白（仅红色而已）。

血尿和血红蛋白尿都致尿呈红色，但是，正确区分这两种"红尿"对治疗"红尿病"极为重要。下列实验室试验不需要离心机等设备，只要有一只旧药瓶或一只玻璃杯就行了。

血尿和血红蛋白尿的沉淀检查法

盛尿的玻璃瓶

静置至少 1 小时

血尿

红血球沉积于瓶底。尿液在沉淀物之上。

这种尿来自泌尿系统创伤。可能由于结石或癌（或吃了某种蕨类植物）。显微镜检查瓶底沉淀物有红血球。

血红蛋白尿

有红色尿液的玻璃瓶看起来颜色无变化，瓶底无红色沉淀物。这种尿液出自焦虫病或吃了某种红色植物。显微镜检查无红血球。

23.5 粪检标本 FECAL SAMPLES

许多种寄生虫产的卵都是由粪便排出。通过不同的检查粪便方法，可以确定动物体内的寄生虫种类。这就叫"**粪检**"。粪检需要具体设备，包括显微镜。

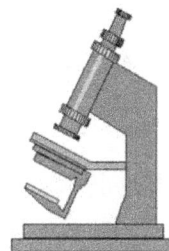

何时需要粪检？

· 如果动物表现了内寄生虫症状，粪检就不一定要进行。如果进行了抗寄生虫治疗已经有三周，而动物仍然有腹泻等症状，最好做一次粪检。

· 如果粪检阳性，考虑为什么。用的药是否正确？剂量如何？喂药时有无抛撒？还是喂完药后却发现有剩余在瓶里？

粪检方法的种类

有多种粪检方法，对兽防员来说，常用的也只有少数几种。本书只简述以下三种：

· 直接涂片

· 飘浮法

· 沉淀法

粪检需要新鲜粪便标本

针对某种寄生虫最好的检查效果是某种特定方法。无论检查何种寄生虫，新鲜粪标本极为重要。如果粪便陈旧，且已干燥，效果就不那么准确。一般来说，标本在排出后的 12 小时内粪检。（如果粪标本是放在冰箱内的，则保存时间长些）。

针对具体寄生虫的最佳检验方法：

· 吸虫（肝片形吸虫）　　沉淀法

· 线虫（圆虫、线虫）　　飘浮法

· 绦虫（有节绦虫）　　　不同绦虫用不同方法

· 球虫　　　　　　　　　飘浮法

23.5.1 寄生虫卵标本
你看到了什么？ 一般来说，以下规律是正确的（尽管有例外！）

吸虫卵相对地大而椭圆，在卵的一端有卵帽，卵盖。肝片形吸虫卵略小，但比双瘤胃吸虫卵更偏棕黄色一些。

大圆虫（蛔虫）卵，相对较圆，卵壳较厚。

小圆虫卵，一般较小，卵壳薄，略呈长圆形。

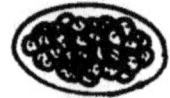

绦虫卵，一般比小圆虫卵略大一些，大致呈圆形，并有厚卵壳。有时在卵内可见到数条"线纹"。

23.5.2 直接涂片法
直接涂片是最简单的方法。多种虫卵的检查都可用此法。但是，此法不十分准确，有时还可能混淆。因为受检查的只是极少量粪样，即使有寄生虫卵，有时也会漏检。此外，与寄生虫卵一起看到的还有草屑、花粉、污物等。总之，极易混淆。

操作程序：
- 在载玻片上置少量粪样与数滴水混合。
- 在低倍镜下检查，如果认为是虫卵，转到高倍镜下仔细检查。

结果：
- 如果看到虫卵，则标本为阳性。但未见到虫卵，还不能说标本肯定是阴性，而你只能说未发现虫卵。**如果标本表现阴性，而动物又有内寄生虫的一切症状，你还得给动物治内寄生虫病或进一步作寄生虫粪检（像用沉淀法或飘浮法）。**

23.5.3 沉淀法：

此法对用于检查肝片形吸虫是个好方法，也容易操作。道理是有些寄生虫的卵比水重，所以会沉于粪水的底层。如果粪与水混合，吸虫卵与一些绦虫卵会缓慢地下沉于底层。

步骤：

- 放一茶匙新鲜粪标本于一清晰的玻璃茶杯里。

- 填加清洁水至玻璃杯一半，用清洁棍棒混匀。

- 将粪溶液通过一般的过滤茶叶的滤器（一层即可），过滤到另一清晰玻璃茶杯中。

- 通过滤器加水充满新的茶杯。

- 静置30—60分钟，让重的东西沉于杯底。

- 倒去上清液，留存沉淀物。

- 再次充水，再次静置30分钟，倒去上清液，留存沉淀物。若时间允许可再次重复。

- 添加新鲜配制的新亚甲蓝溶液到沉淀物中去（不一定必要，但有助于鉴别瘤胃吸虫卵）。

- 滴数滴沉淀液于载玻片上的清水内，混匀。

- 在中倍镜下检查整个载玻片上的肝片形吸虫、瘤胃吸虫卵。

- 如阴性（未发现虫卵），再做一次以上的载玻片检查，或许要重复两次至多次。

注：不必使粪样本沉淀处理三次，只不过为了更易于检查。

结果：

- 发现一个虫卵，就说明标本是阳性。但即使三张玻片皆阴性，仍不能说明动物体内没有肝片形吸虫。有时或许受检的那点粪便没有虫卵。如果怀疑，根据症状仍要按肝片形吸虫治疗。

23.5.4 飘浮法：

本法的原理是根据某些虫卵很轻，容易浮在粪水的表面。为了使虫卵更好地飘浮，可以把水的比重提高一点，使较轻的虫卵更快地飘浮到表面。圆虫卵、球虫卵和一些绦虫卵较轻，在溶液里更容易飘浮到液体表面。

加食盐、糖或硫酸镁于水中，制成浓度较高的"飘浮液"。一般用微温的水，且不断地搅动，加进糖或盐至不能再溶解为止（每500毫升水加350克糖）。有人认为糖溶液较好，因为粘稠，使虫卵更易粘附在载玻片上。

程序：

· 如上述配制成饱和溶液。

· 将少量新鲜粪样（1/4-1/2 茶匙）同数毫升饱和溶液混合在 10-12 毫升试管里。

· 再添加数毫升饱和溶液将试管充满，且略微高出试管一点。

· 轻轻地将一块清洁的盖玻片或载玻片置于试管顶部。如果在放盖玻片时发现气泡，拿开重新仔细再放。

· 静置 30—45 分钟。

· 小心地从试管顶部取下盖玻片或载玻片。（如果用的是盖玻片，则把它放在载玻片上；如果用的是载玻片，放一块盖玻片于其上）。

· 置于显微镜下检查，首先用低倍镜，如果认为是虫卵，再转用高倍镜检查。必须检查全片，不能只检查其一点。

结果：

· 如果标本不新鲜，或静置时间太久，虫卵会破裂而消失。球虫卵囊（卵）很小，难于发现，其外观常常像细小的气泡。

23.6 血液涂片 BLOOD SMEARS

制作血涂片，恰似放一滴血在载玻片上，然后将其"涂抹"成薄薄的一层。像焦虫病与锥虫病，采血涂片对实际发现微生物极为重要。如没有显微镜，要将血涂片送往实验室检验。

如何制作血液涂片：

· 焦虫病与锥虫病：需要足够厚的血液涂片，炭疽与其他病以薄薄的血液涂片较好。

· 活畜采血标本：仅需要一小滴血就够了。制作血液涂片从耳静脉采血比较容易。

· 找准耳静脉，用锐利的灭菌针头穿刺。

· 死畜：也可以由耳采血。要戴手套操作。如怀疑是炭疽，一小滴血涂抹载玻片就可以了。

供炭疽或其他病作检验的薄层血液涂片：

- 牢记：当怀疑是炭疽时，务必小心。从死畜的耳上取一小滴血就够了，保护好自己的手。
- 将很小的一滴血，置于清洁的载玻片的一端。
- 快速地用另一载玻片的一端，触及血滴并使之快速地扩散。
- 下片保持水平状态，上片呈 **45°** 的角度。
- 上片轻轻地向下片的另一端推动，使血液均匀地分布于下片。
- 让涂片干燥。还需要再作另一张涂片。
- 不要抹得过厚，过厚难于检查。
- 另一张血液涂片做好后，两张涂片背面对背面地叠放在一起，使血面向外，用薄层纸包好。

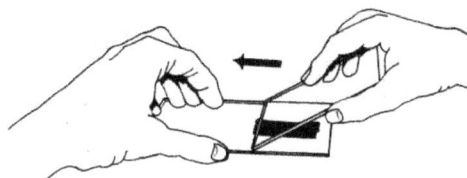

供焦虫病和锥虫病检验的厚层血液涂片：

- 一小滴血置于清洁的载玻片中央。
- 用一根清洁的火柴棍将血液展开（将火柴棍事先冲洗干净，并使之干燥）。
- 不可过厚，否则不便于检验。
- 使血片自然干燥..
- 需要作第二血片，也使之干燥，
- 第二张血液涂片做好后，两张涂片背面对背面地放在一起，使血面向外，用薄层纸包好。
- 这些标本连同病例报告一起送实验室检验。

23.7 昆虫与圆虫/吸虫标本 INSECT AND WORM / FLUKE SPECIMENS

市场购买的福尔马林一般是 40% 的溶液。购买的甘油是 100% 的。根据需要，都要进行稀释。制成 10% 的福尔马林溶液的方法是，取 25 毫升 40% 的溶液（市售）加 75 毫升水，即成 100 毫升 10% 的福尔马林溶液了。

内寄生虫：（圆虫、吸虫、蝇蛆、囊虫）福尔马林的保存浓度：线虫，3.5%；绦虫，3.5—10%；吸虫，10%。一个标本瓶内不要放得太多，太多了会溅出。寄生虫和不同浓度的福尔马林溶液比例不得少于 1∶10。

大型昆虫：小心捕捉，不使虫体损伤。用一细针，穿过胸部钉起来，放在特制的木盒内或放在瓶内保存，以防灰尘等。

小的软体昆虫：保存在 10% 的福而马林中。

小的硬体昆虫：保存在 5% 甘油中（如无甘油，用浓度较高的酒精，或当地的白酒也可）。瓶子要密封，以防挥发。

第二十四章　家禽的健康 24.0 Poultry Health

简介 INTRODUCTION

家禽的健康是难而复杂的课题。本章仅论述数种在大多数国家最常见的鸡的健康问题。如下：

· 传染性疾病，例如新城疫、鸡痘、鸡白痢、慢性呼吸道疾病、球虫病、冈鲍罗病，以及内外寄生虫病，如蠕虫和鸡虱；
· 营养缺乏症，很难获得营养全面、混合均匀的鸡饲料。（如果将鸡关养在室内，问题尤为严重）。

24.1 传染性疾病 INFECTIOUS DISEASES

良好的卫生和环境可以避免许多传染病。一般而言，分群饲养比混群饲养出的问题要少些。采取以下措施可以避免许多鸡的传染病。

- **避免与其它鸡接触**
- **杜绝无关人员进入鸡舍**
- **及时深埋死鸡，将病、弱鸡从鸡群内剔除或扑杀。**

有些传染性疾病可以通过感染的禽蛋传给后代。这些疾病被称作："经蛋传播疾病"。尽管这些蛋的外观和风味都很正常，但有可能存在导致鸡仔发病的病原微生物。防治这类疾病发生的有效办法是对母鸡进行检测。如果检测结果表明，母鸡带有该种疾病，尽管看起来健康，所产蛋也不留下来孵化。

24.1.1 新城疫

新城疫是一种急性、致死性疾病，各年龄阶段的鸡均可感染。这是一种病毒性疾病，该病传播迅速，死亡率极高。通常，鸡的神经系统和呼吸系统都遭到侵害。

临床症状：

- 体温升高、精神萎靡、失去食欲。
- 头部肿胀，有时还发生肉垂肿胀。
- 鼻腔和眼部有水样分泌物排出，并有呼吸困难。
- 出现神经症状，例如头、颈扭曲，瘫痪或醉步，翅膀松弛、下垂。
- 腹泻粪便呈绿色，有时便中带血。
- 突然死亡。

293

解剖发现：

- 食管壁、肌胃以及肠道的各部位肿胀，有点状出血点。新城疫的典型症状是在食道和肌胃的结合部位或附近有出血点。
- 小肠内有坏死性组织（黄色斑块），周围环绕着发炎性组织（红色）。
- 肌肉出血，肺积液（水肿）。
- 产蛋鸡感染该病时，有时可见腹腔内有破蛋。

诊断：

- 依据临床症状和剖检结果诊断。

- 未注射新城疫疫苗

治疗：

- 尚无有效的治疗办法。

- 宰杀并掩埋所有的病鸡。

预防与控制：

- 按照疫苗使用说明注射新城疫疫苗（通常在出生后一天到四天内给予疫苗，几天后再加强免疫）：

  ⇨ 将疫苗点入眼睛或鼻孔，
  ⇨ 或通过饮水免疫，也可通过特定装置进行喷雾免疫。

- 避免鸡群与其它鸡群接触。
- 杜绝无关人员进入鸡舍。及时掩埋死鸡，扑杀或转移病、弱鸡。

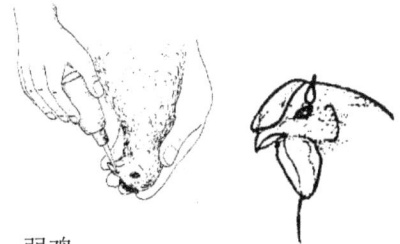

注意：疫苗一旦开封应立即使用，残留的疫苗绝不能再次使用。一种可添加于饲料中的疫苗即将面市。

24.1.2 鸡痘病

鸡痘病是一种通过蚊子传播较慢的疾病，是由病毒引起，可感染不同年龄的鸡。该病具有两种类型：**干型**可导致皮肤生疮（痂），而**湿型**可导致口腔和咽喉部溃疡。湿型可导致气管阻塞并引起窒息。

临床症状：

- 身体的无毛部分生疮（头、眼、腿、肛门），以后可发展为痂并有脓液流出。
- 舌头、嘴、气管出现溃疡，可引发窒息死亡。
- 眼为分泌物粘结，致患鸡看不见食物和饮水。
- 脚和腿受到侵害，并肿胀。

剖解发现：

- 在面部和脚有溃疡，特别是痂。
- 口腔和咽喉部溃疡。

诊断：

- 可依据临床症状、死后剖解和病史进行诊断。

治疗：

- 将感染鸡只与鸡群隔离。

- 给患鸡特殊照顾。

  ○ 提供方便的采食与饮水途径。

  ○ 清洗脓疮，并涂抹抗生素软膏或紫药水

  ○ 在眼部附近涂抹专门的*眼用抗生素软膏*。**勿记不要在眼内及其周围用普通皮肤软膏。**

预防与控制：

- 在饮水中添加抗生素或维生素有一些帮助。

- 根据厂家说明接种鸡痘疫苗（读疫苗说明书），一般在六周龄到八周龄期间进行第一次接种疫苗，6—8 周后进行加强免疫。

- 做好鸡舍周围孳生蚊子的排水来减少蚊子。在该病爆发期间，应在圈舍内外喷洒灭蚊药。

24.1.3 雏鸡白痢（菌性白痢—BWD）和鸡伤寒

鸡白痢和鸡伤寒是非常相似的两种疾病，并且它们的治疗和诊断也非常相似，因此本书将它们作为一种病进行论述。

鸡白痢又称"细菌性白痢"（BWD）。该病由鸡白痢沙门氏菌引起，呈急性或慢性症状。鸡伤寒也是一种传染性疾病，由另一种非常相近的病原菌，鸡沙门氏菌引起。这两种疾病都是蛋传疾病，指患鸡康复后仍带菌，并通过所产卵（蛋）将该病传播到子代。可以通过血液检验来测出带菌的母鸡，带菌母鸡所产的蛋不应再用来孵化。

鸡白痢的临床症状：

- 患病鸡精神萎靡（困倦），通常有白色腹泻物。
- 许多小鸡在出生后 2—3 周内死亡。
- 病鸡表现畏冷，拥挤在一起，停止饮食。

鸡伤寒的临床症状：

- 精神抑郁，无食欲。
- 口渴、可能是由发烧引起的。
- 拉黄绿色稀粪。
- 鸡冠苍白，羽毛零乱。

鸡白痢的剖解发现：

- 肠道发炎（红色）。
- 心脏、肺、肝上有黄色的小点

鸡伤寒的解剖发现：

- 肝脏肿大呈绿色。
- 脾脏、肾脏肿大。
- 小肠肿大，内容物呈水样。

鸡白痢和鸡伤寒的诊断：

依据临床症状和死后剖解进行诊断。

服磺胺片

鸡白痢和鸡伤寒的治疗：

用磺胺类或呋喃西林进行治疗。

⇨可以在饮水中添加磺胺类药物，也可直接将药片置于病鸡的口腔深处。用药剂量参照使用说明。

⇨呋喃西林可以加在饮水中饲喂。按照说明书用量，一般每升水添加 0.5 克呋喃西林。连续使用 5-10 天。

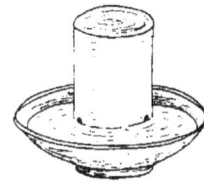

饮水中置呋喃西林

- 要点：给病鸡提供清洁、新鲜、方便的饮水。

预防与控制：

- 给出孵雏鸡饮用含有呋喃西林的饮水。
- 经"快速平板血液检测"呈阴性的母鸡的蛋可被选作用于孵化，呈阳性反应，或带有 BWD 的母鸡应及时宰杀，并且这些母鸡的蛋不能用于孵化。
- 环境卫生消毒。

24.1.4 慢性呼吸道病（C.R.D.）

慢性呼吸道病是由鸡败血性霉形体引起的，可以通过蛋传播。运输、拥挤、或其它因素均可激发其慢性呼吸道病流行。该病的引发需要满足 3 个或更多的条件，因此是一个相对复杂的病。第一个条件是有鸡败血性霉形体病原菌的存在；第二个是压力刺激；第三个条件有另一种细菌存在，例如，大肠杆菌。

症状：

- 鼻腔和眼部有分泌物流出。
- 呼吸困难。
- 采食量和饮水量下降。
- 精神萎靡，打寒战。
- 生长不良。

剖解发现：

- 心脏、肺、和气囊附近有粘稠、黄色的脓液。
- 气管发炎（呈红色）。
- 鼻窦发炎（红色），有痰分泌液。

诊断：

- 可依据症状进行诊断。

治疗：

- 抗生素
  - 注射泰乐菌素（如果可以买到并且经济上可以承受，应首选该药）。
  - 在饲料或饮水中添加四环素。
  - 注射青霉素。
  - 使用红霉素或呋喃唑酮。

疾病控制：

- 肉鸡：同一时间只饲养同龄的鸡（即"全进全出"的饲养模式）。在转入下一批鸡之前对圈舍进行彻底清洗和消毒。
- 在有信誉的鸡孵化公司买进鸡仔，以确保没有霉形体。鸡苗的价格会相应高一些。
- 对母鸡进行血液检测。阴性结果的母鸡的蛋可保留用于孵化。

24.1.5 球虫病 Coccidiosis

尽管该病在有关寄生虫的章节中已有论述，但球虫病对鸡是一种常见的致死性传染性疾病，因此在此进一步论述。球虫病是一种被称之为球虫的原虫引起的。球虫寄生在盲肠（大肠）是该病的一种特殊形式。这种盲肠性球虫病可引起血便和猝死，在成长中的鸡尤为常见。健康鸡可以通过接触感染鸡的粪便感染上球虫病。

症状：

- 拉带红色的稀粪（血便），以及死亡，特别是幼鸡。
- 沉郁，食欲下降。
- 日增重和产蛋量下降。
- 鸡冠可能苍白。

剖解发现：

- 盲肠肿大，内部出血。
- 盲肠附近的小肠肿胀、糜烂。
- 小肠壁上有白色的小点或条纹。
- 小肠的刮取物进行显微镜检查有球虫卵囊（卵）。

诊断：

- 依据临床症状和死后剖解发现。

治疗与预防：

- 有好几种药物都对球虫病有效。如*安普罗铵*，磺胺喹喔啉（SQ）以及磺胺二甲嘧啶（*sulmet*）。可询问那种药在本地出售，按照产品说明进行具体使用。
- 一种被称之为 *Cocci-Vac* 的疫苗正在研制中，不久就将被用来预防球虫病。
- 莫能星、拉沙洛西、盐霉素等几种药物可以添加在饲料或饮水中，用以治疗或预防球虫病。
- 不同时饲养不同批次的肉鸡（即采取"全进全出"的饲养模式）。在转入下一批鸡之前对圈舍进行彻底清洗和消毒。
- 最好采取笼饲和网上平养，避免接触地面，以减少鸡通过粪便感染球虫的机会。

能与鸡粪分隔的漏缝或网上笼饲

24.1.6 传染性法氏囊病（多发于幼鸡）Gumboro Disease

传染性法氏囊病是一种传染性极强的疾病，可在幼鸡中迅速传播。此病是由病毒感染引起，病毒可以通过人的衣物、昆虫或其它途径在鸡舍间传播。有时该病毒的致病力表现增强，使更多的鸡会在疾病暴发中死亡。

- 通常不足 3 周龄的雏鸡不会直接死于该病，但该病会导致机体丧失对其它疾病的抵抗能力。因此，即使经过免疫和治疗，那些勉强活过来的鸡可能因为感染其它疾病而死
- 3—6 周龄的鸡一旦出现症状后，就会迅速死亡。
- 6—18 周龄的鸡很少会表现出症状。

症状：

- 病鸡出现不协调。
- 严重的水样腹泻，泄殖腔附近有羽毛和稀粪的粘结物。
- 通常死亡率可达 20%以上，而其余的病鸡会在一周内康复。

死后剖解发现：

- 腔上囊肿胀，有时腔上囊内部还有红色小点。
- 胸肌和腿肌肿胀，内部有出血点。

诊断：

- 依据临床症状和剖解发现进行诊断。

治疗与预防：

- 尚无治疗方法。
- 有多种用于预防该病的疫苗。不同的疫苗保护力相差很大，带来很多混淆。选用时最好参考当地官方的建议，选用最适宜当地的疫苗品种。
- 育种鸡群在生长期内应接受一次以上的疫苗免疫。有免疫力的种鸡群，后代对于该病的抵抗力也会较强。
- 不定期的对育种鸡群进行血液检测，以确定它们是否接受过疫苗。
- 爆发过该病的鸡舍必须严格的消毒。在转入新的鸡群之前，鸡舍必须空置几个月以确保没有该病毒的存活。

24.1.7 内寄生虫

鸡的内寄生虫包括各种大小不同的线虫（大、小圆虫）和绦虫。盲肠中的鸡盲虫和小圆虫，是寄生在家禽盲肠内的寄生虫，该种寄生虫也可因为带有致病微生物引起火鸡的黑头病。为避免该病传染给鸡，应避免鸡与火鸡饲养在一起。通常，健康的鸡可通过接触感染鸡的粪便感染寄生虫，因为这些粪便中通常带有虫卵。因此，在地面饲养的鸡群，感染内寄生虫的情况要比网上平养高的多。

症状：

- 感染鸡体况瘦弱。不能增重和正常产蛋。
- 可能出现腹泻。
- 屠宰后检测肠道，肠道内可找到寄生虫。

诊断：

依据临床症状，以及剖解消化道有寄生虫发现。

绦虫

*圆虫（线虫）
或盲肠虫*

治疗：

- 感染线虫的鸡可使用哌嗪枸橼酸盐每2—3个月治疗一次。
- 有好几种草药对绦虫、盲肠寄生虫以及线虫都是有效的，例如用*驱虫草*制成的药丸，可以每2—3个月给鸡群投服一次，可以驱线虫、绦虫和盲肠虫。注意：在使用*驱虫草*时就不宜使用哌嗪枸橼酸盐了。

预防和治疗：

- 同球虫一样，网上平养可以避免鸡接触粪便从而使寄生虫病得到控制。

24.1.8 外寄生虫

虱、螨、蜱、蚤都是鸡常见的外寄生虫。虱和螨会咬伤鸡的皮肤。而螨、蜱、蚤吸食鸡的血液导致贫血（血液稀薄）和产蛋率下降。有些外寄生虫还会传播其它疾病，如鸡痘病和鸡螺旋体病。

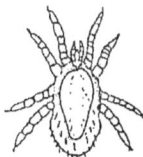

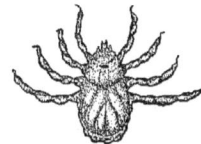

螨　　　　　　　蚤　　　　　　　虱　　　　　　　蜱

症状：

- 虱可导致肉眼可见的鳞屑状皮肤损伤。

- 鳞痂腿螨可引起鸡腿部皮肤粗糙、增厚。红螨（也叫夜螨）会在夜间活动，引起严重的贫血，患病鸡只表现体况和产蛋率下降。毛螨可以引起贫血和皮肤结痂，以致产蛋率下降。毛螨看起来就象移动的尘埃。

- 蚤可在皮肤上穴居，并引起皮肤溃疡。

- 蚊子会吸食家禽的血液，引起产蛋率下降甚至死亡。蚊子还会传播几种病毒性疾病如鸡痘病。

在肉垂和冠上的跳蚤

- 蜱在夜间吸食鸡的血液，可导致贫血和产蛋率下降。通常在蜱吸食处会留下红色的小点。蜱也会传播一种叫"螺旋体病"的疾病。

治疗：

参照使用说明喷洒杀虫剂，例如5％的马拉硫磷或5％的蝇毒磷。并按照说明进行反复杀虫（一般每4周一次）。

将鸡脚浸泡在煤油中可治疗鳞痂腿螨。但必须避免羽毛或皮肤沾上煤油。

注意：

杀虫剂使用不当对鸡是有毒的。57％的马拉硫磷不能直接使用。在使用前必须按使用说明进行稀释（一般四立升水中加30毫升的药液）。

24.2 营养缺乏症 NUTRITIONAL DEFICIENCIES

家禽一般生长迅速，有其特别的营养需要。因为家禽的快速生长，一旦发生营养缺乏就会很快表现症状。劣质饲料原料的使用、饲料厂生产过程中出现的问题，或一个月以上的高温储存导致的维生素损失（一般饲料的品质在两周后开始下降）等因素，都可导致鸡的营养缺乏。家禽的营养缺乏可影响受精率、孵化率、着羽以及生长。为有效的避免营养缺乏症的发生，应使用优质的饲料原料，包括维生素预混料，应适当混合，并及时饲用饲料以减少储存过程中维生素的损失。最好在知信度高的饲料生产商处购买饲料，因为他们最有可能使用优质的饲料原料

24.2.1 钙磷缺乏

钙、磷、维生素 D 的缺乏一般是同时发生的。如果这三种物质在饮食中的含量不当，将会使鸡不能正常生长。具体表现为骨质损害，引起"佝偻病"；产蛋鸡表现站立困难，产软壳蛋。笼中饲养的蛋鸡对于钙、磷的缺乏尤其敏感。

症状：

- 骨质疏松、柔软（象橡胶），跛行，走动僵直，关节肿胀，喙变软。
- 不能站立，这种现象在笼养蛋鸡中更为常见（有叫作笼养蛋鸡疲劳症）。
- 羽毛凌乱，增重率和产蛋率低，薄壳或软壳蛋。

 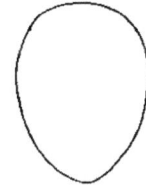

软腿母鸡   *软壳蛋*

诊断：
依据临床症状、剖解发现以及饲料分析结果（如果可能的话）进行诊断。

治疗与预防：

- 将笼中的病鸡移至平地；也可在笼中放置纸板，直至鸡只恢复健康。
- 购买品质优良的饲料以确保饲料中有足够量的维生素和微量元素。
- 在饮水中添加可溶解于水的维生素 D3。
- 贝壳是良好的钙源。可以在单独的饲槽中添加贝壳粒任鸡自食，也可以按照每 100 只成年鸡 1 磅（一斤）贝壳粉的比例掺入饲料中。

注意： 如果饲料在炎热的环境中储存超过 1 个月，在未使用新鲜饲料前，最好照说明在饮水中添加禽用维生素。

第二十五章 营养附录 25.0 Nutrition Appendix
再论基础营养
MORE DETAILS OF BASIC NUTRITION

25.1 家畜的分类 CLASSES OF LIVESTOCK
提要：要详细了解动物营养，必须先将动物分为两大类：

草食动物

草食动物有着能适应采食大量饲草和其他粗饲料的消化系统。草食动物的胃肠内有细菌和原虫来帮助消化这类饲料。草食动物含牛、水牛、绵羊、山羊、马驼、羊驼、马、驴、骡等。除了采食饲草外，这类动物还能消化谷物及价格更高一点的饲料。

注：兽防员给这些动物口服药物（如抗菌素类药物）时，要注意对草食动物胃肠内的有益细菌与原虫的有害作用。

非草食动物

非草食动物能采食少量质软鲜嫩的饲草，但是主要所需要的还是其他饲料。非草食动物含猪、鸡、狗、猫，以及大多数鸟类（人也属这类）。非草食动物不能消化像秸杆之类的粗饲料。相反，这类动物需要粮食、蔬菜或肉类来维持生存。

25.2 饲料的组成 COMPOSITION OF FOOD
根据饲料内的含水量，又将饲料分成两部分。

1. 水分
所有饲料都含有一定量的水分。

2. 干物质
在实验室里，把饲料中的水分除去后剩下的就是干物质。干物质里含有其他四种养分：蛋白质、能量、矿物质和维生素，以及身体不能利用的物质（废物）。废物作为粪便被排出体外。

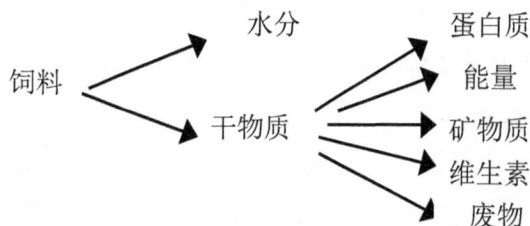

饲料 → 水分
饲料 → 干物质 → 蛋白质
干物质 → 能量
干物质 → 矿物质
干物质 → 维生素
干物质 → 废物

25.3 干物质 DRY MATTER

干物质的含量因饲料而有不同。例如新鲜青绿饲草约含 70％的水分和约 30％的干物质。干玉米粒含 15％的水，而有 85％的干物质；而干燥的玉米粒和玉米粉只含 10％的水分和 90％的干物质。秸秆也含 10％的水分和 90％的干物质。

85%的干物质　　　*30％的干物质*

为什么要知道这一些？饲料里的干物质越多，动物越需要饮水。如果动物缺少饮水，<u>即使饲料充足，也会失去食欲而致营养不良</u>。特别是当饲料干燥，如饲喂谷物和秸秆，更需要饮水。

有些农民不给动物饮水，认为动物可以从饲料中获得水。但是，<u>家畜必须每天得到新鲜的足量饮水才能健康而有生产力</u>！

25.4 可消化率 DIGESTIBILITY

身体将饲料裂解为细小微粒，吸收入血液，再被输送到身体的各个部位，这就叫**消化**。这些物质含有身体生长、发育和生产所需的五大养分。

有些饲料难于裂解，而另一些饲料容易被分解。上述概念用术语说，称为**消化率**。饲料越容易消化，就越能裂解为被身体所利用的基础养分。饲料里纤维多，如老、枯的饲草或秸秆，可消化性就低些。

了解这些有什么重要性呢？动物可以食入大量饲料，但仍然会发生体重减轻。这是因为枯老的粗饲料不易**消化**，大部分未被利用，由粪便排出体外了。

饲草的可消化率：一般来说，**饲草在开花前、开花时或开始开花时，收割来作为饲料最容易消化**。草在开花前，对草食动物来说是最容易消化的，且含的维生素也多。但是，在开花后，植株就逐渐失去水分，变得不容易消化和失去维生素。容易消化的成分被不容易消化的物质，如"木质素"所取代。

多数饲草在开花前、开花期或开始开花时收割最容易消化。

304

因此，饲草饲料应在未太成熟前饲喂。饲草在其生长的最佳时期投饲，可向草食家畜提供（除食盐外）所需的大部分养分。**注：即使制作干草，在仍嫩绿时割下，才能制成最富有养分和可口的干草。**

25.4.1 粗饲料与精饲料

一些营养工作者将动物饲料分为两大类：**粗饲料**和**精饲料**。

粗饲料是容积大的饲料，含有大量纤维素和少量养分。粗料对草食动物的意义在于刺激消化系统，并保持消化系统的功能正常。一些粗饲料（如柔嫩的青绿饲料和优质干草）营养十分丰富，是因为可消化性好。成熟的干枯植株作为粗饲料，其大部分是纤维素，不容易消化也没有丰富营养，这些难于消化的粗料，包括秸秆、成熟枯草、玉米桔杆、粗米糠和劣质青贮料。

精饲料是在小量的饲料里含有大量的养分。有能源性精料（含的能量高）如谷物粮食或谷物副产品，和优质米糠。还有蛋白质精料（含的蛋白质量高）如黄豆饼粉、鱼粉、血粉或菜籽饼粉。精料往往都含有维生素和矿物质。非草食动物（如猪、禽、狗、猫和人）在其日用饮食中需要精料。

精料应在有诚信的供货商那里购买，一切精料的成分和数量都要在标签上注明！

消化率的总结

1. 草食动物能消化较多的粗料，因为其胃肠内有细菌和原虫。兽防员给予口服药物时必须注意药物对这些有益细菌和原虫的有害作用。

2. 非草食、单胃动物（如人、鸡和猪）不能消化粗饲料，而需要精料来保持健康。

3. 青饲料愈幼嫩，养分也愈丰富，愈容易消化。幼嫩、青绿和容易消化的饲草能提供草食动物（除食盐外的）大部分养分。

25.5 营养缺乏 NUTRIENT DEFICIENCIES

评述：任何时候，家畜不能得到足量的某种养分，就称为某种养分缺乏。例如，不能得到足量的矿物质，就称为"矿物质缺乏"。不能得到足量的蛋白质，就称为"蛋白质缺乏"。动物缺乏某一种养分，往往引起另一些养分的缺乏。

25.5.1 蛋白质缺乏
这是最常见的营养缺乏症，特别在幼畜和生长中的家畜。防止蛋白质缺乏，要给幼畜从断奶到接近成年体重时期，饲喂额外的"蛋白质饲料"。母畜在妊娠的后 1/3 期与泌乳期需要较多的蛋白质。

25.5.2 能量缺乏
哺乳母畜，如果不在产奶期给予足够能量丰富的饲料，就会能量缺乏（逐渐消瘦）。能量缺乏的母猪往往仔猪断奶后数月仍不能配上种。能量不足的母牛多在犊牛断奶后数月才能再次怀孕。

青年动物，蛋白质和能量缺乏一般是同时发生，如再有寄生虫问题，会使情况更加恶化。有时也难以辨别哪一项缺乏是主要问题。但是，经验证明，对食草动物，如果喂给足量的嫩绿饲草（加上常规地进行驱虫），往往体况会迅速好转。

25.5.3 矿物质缺乏
一般原则：土壤中可能缺乏某些重要的矿物质，动物采食这些土壤中长出的饲草，也可能出现相应的矿物质缺乏症。在热带地区，土壤里往往缺乏磷。有时土壤里有的矿物质不是动物能够利用的形式。还有些地区，土壤未经分析，因而不明何种矿物质缺乏。

警示！店主往往竭力推销不必要的维生素和矿物质补充料，尤其是注射剂；而农民往往相信打针比口服有效。绝大多数维生素和矿物质注射剂的持效时间极短，也可能对有严重缺乏症起着启动康复的作用。但是，真正有效的是在动物日常的饮食中提供维生素和矿物质，这样作不是很昂贵的、且长期有效。

通常最重要的问题是动物缺乏能量和蛋白质，这不是打一次针所能解决的！而动物需要的是能量、蛋白质兼有的饲料。一旦解决了饲料问题，慢性矿物质缺乏也就解决了。不是注射液而是饲喂当地的矿物质源饲料。

怎么办? 在花钱买矿物质预混剂之前,做以下几件事:

寻求咨询, 找懂得家畜营养(和人的营养)并值得信赖的人,且不是受预混剂公司顾用的人咨询。

设法获得资料, 寻找农业部门关于你们地区土壤类型和矿物质缺乏的有关资料。

寻找当地价格不贵的矿物质源饲料。 要记住,大多数矿物质缺乏症不需要贵重的针剂!

> **治疗与预防矿物质缺乏症**
>
>   1. 咨询熟悉当地情况,既有能力又值得信赖的人。
>
>   2. 饲喂当地不贵的矿物质源饲料。不买昂贵的注射用矿物质剂!

例外! 为了挽救动物生命,特殊的缺乏症,如像产后缺钙,见产乳热,需要紧急注射。见148,270 页。

预防矿物质缺乏
下列矿物质预混料不贵,能预防矿物质缺乏,饲喂这些预混剂对**生长期、妊娠期、泌乳期**的动物特别有好处。

矿物质预混料可以"**自由选择**"地饲喂,如果是经常喂给粮食或青贮料的动物,可以将预混剂适量地混在这些饲料中。"**自由选择**"指动物可随时"自由采食"。这种方式补充矿物质的动物,很少出现矿物质缺乏或过多的问题。预混剂应放在饲料箱或其他容器里,便于动物采食,但不使受到雨淋。供"自由选择"矿物质时,应该随时供给清洁饮水。

> 有矿物质盐和水"**自由选择**"的动物极少出现矿物质缺乏或过多的问题。

1."微量矿物质盐"
在矿物质缺乏症的多发地区,用"微量矿物质盐"十分有益。这种盐内有多种矿物质,包括添加了碘,但通常不含磷与钙。这种特种盐常由政府的家畜服务部门以非常合理的价格供应。微量矿物质盐、碘盐或普通食盐,每 100 公斤饲料内含 0.5 公斤,常规地投饲,或"自由选择"地喂给。千万不要忘记供给盐类的同时,提供充足的饮水!

2."自己动手"制作矿物质预混剂

下列矿物质预混剂可以自己制作,十分有效——特别在怀疑缺磷的情况下,下列自制的预混剂,可以减少矿物质缺乏症:

1号预混料(最好)

- 1份去氟磷酸盐石粉
- 2份骨粉(或蒸骨粉)
- 2份加碘(或微量元素盐)食盐

2号预混料(较好)

- 1份骨粉.
- 2份碘盐、微量元素盐或普通盐

3号预混料(良)

- 1份碘盐、微量元素盐或普通盐
- 4份草木灰

上述三种预混剂中,1号预混剂最好;2号第二;3号次之。但是3号容易制作,比全然不喂矿物质的好。

- 在无商品矿物质出售的地方,每40公斤体重的动物每天喂1调羹(5毫升量)草木灰混在饲料内喂给。注意不要用已知含有有毒成份的树灰。

25.5.4 最常见的矿物质缺乏症

钙、磷缺乏

钙与磷对骨骼和牙齿以及对肌肉和神经的正常功能十分重要。尤其对妊娠、泌乳和生长期动物尤其重要。因为乳是钙与磷的良好来源,吮乳的动物极少出现钙、磷缺乏症状。论述钙与磷时,通常都放在一起讨论,因为在饮食里两者之间的比例非常重要。

钙缺乏:钙缺乏最常见于仅喂给谷物的猪与鸡。谷物里通常磷的含量高而钙的含量低。缺钙的母猪常作"狗坐"(因为后腿无力),有时甚至全然不能站立。鸡的缺钙引起行走困难,甚至不能行走,骨软、关节增大、生长不好、羽毛蓬乱、产软壳蛋。高产奶牛在产犊前后,出现因钙缺乏而产生的急性瘫痪较为少见。

母猪因缺钙引起的后腿瘫痪   *母鸡因缺钙引发的腿无力与关节肿张*

磷缺乏较为常见，许多热带土壤缺磷。磷缺乏通常表现慢性过程。

症状/诊断：

1. 食欲缺乏

2. 后腿无力与瘫痪，繁殖失败，产乳量减低

3. 啃木头、骨头或其他东西，力图找到磷

4. 跛行，年轻动物出现关节疼痛和肿胀（称之谓"佝偻病"）

钙/磷缺乏症的治疗：

磷缺乏的治疗是喂给含磷的矿物质预混剂。磷酸氢钙（CaHPO$_4$）与去氟磷酸石是磷的好饲料源。

食盐缺乏，家畜和人都需要食盐。食盐由两种主要元素组成，**钠与氯**。食盐对于肌肉和神经的正常功能都是必要的物质。

食盐缺乏可出现在大量使役的动物和过度出汗的动物，或动物的饲料里不含有足够食盐。

症状/诊断： 食盐缺乏的动物有食盐饥饿感，往往咀嚼和舐食各种东西，力图寻找盐分。食欲降低、消瘦、发抖与摇晃，甚至最终死亡。

食盐缺乏的治疗： 提供矿物质预混剂或让动物自由采食一般食盐。如果随时有充足的饮水提供，动物一般不会出现采食食盐太多。

碘缺乏：

对于正常的生长发育，动物的饮食里需要少量碘。这对于妊娠母畜尤其重要。

碘缺乏似乎仅发生在某些地区。卫生部或农业部一般都清楚在你们国家的哪一区域缺碘，（至少对人）已制定了预防措施。

症状/诊断：
1. 如果某一地区的人在其颈侧有大的肿块（甲状腺肿），则该地区可能缺碘。
2. 妊娠母畜缺碘往往产出弱畜或死胎。如果解剖死胎甲状腺可能红肿增大。

缺碘的治疗：
缺碘地区，一般能买到加了碘的食盐（称碘盐）；或食用"微量元素盐"。
如果无碘盐出售，幼畜又表现缺碘，可以向一般食盐里加进碘化钾，比例是每 10 公斤加入 2.2 克碘化钾。

镁缺乏：
镁也像钙一样，肌肉和神经的正常功能需要镁。

镁缺乏症在高产绵羊、山羊和奶牛中常见，尤其是从饲喂成熟饲草改成**放牧嫩草**时常见，通常称之为"草场抽搐症"或"缺镁病"。

症状/诊断：
部分动物突然死亡，死前并无明显症状。另一些动物缺镁，可表现行为异常，或几天的神经症状，而后突然倒地、震颤，数小时内死亡。痉挛含身体发抖和四肢不自主运动。

缺镁的治疗：
静脉注射专门为治疗此病的钙、镁制剂，小心按标签说明使用。静脉注射要缓慢，同时监测动物的心跳。如果心跳变得不正常，立即停止注射，等到心跳正常时再缓慢注射。不太严重的病例也可皮下注射钙、镁剂。

预防：
矿物质预混料内应包括镁，或牧草地里施用镁肥。

维生素 A 缺乏
- 视力障碍，眼内浑浊，严重流泪
- 头偏向一侧
- 不协调，步态蹒跚，昏眩
- 不育
- 蹄畸形，皮毛粗刚
- 胎畜畸形，缺眼，无视觉，弱胎，死胎
- 呼吸系统疾病与腹泻

维生素 B 缺乏
（反刍动物与马很少发生维生素 B 缺乏，但发生在鸡与猪）。
<u>生物素</u>
- 猪：足部溃疡，产仔少
- 鸡：羽毛蓬乱，腿畸形，脚、喙与眼周围有痂样鳞屑
<u>胆碱</u>
- 猪：行为失调，肩部异常
<u>烟酸</u>
- 猪：腹泻，体重减轻，被毛粗刚
<u>泛酸</u>
- 猪：鹅步（正步步态），血性腹泻
- 鸡：足掌增厚，羽毛粗乱、秃毛，眼睑粘在一起，喙缘有结痂
<u>核黄素</u>
- 猪：生长发育不好，不育，无食欲，皮肤粗糙或产死胎
- 鸡：卷爪，麻痹症
<u>硫胺素（维生素 B_1）</u>
- 饲喂谷物或青贮料的反刍动物：转圈，失明

维生素 C 缺乏
- 一般不发生维生素 C 缺乏，豚鼠例外

维生素 D 缺乏
- 接触阳光或啃食牧草的放牧动物极少发生
- 鸡：骨质疏松，生软壳蛋

维生素 E 缺乏
- 肌肉僵直，弱胎，死胎
- 胎衣不下比例高（正常比率约少于 5%左右）
- 鸡的步态蹒跚
- 生长快的猪，突然死亡

维生素 K 缺乏
- 极少发生，啃食草木樨的动物偶有发生，引起血液凝固不良，出血过多

维生素 A 缺乏维生素 A 缺乏症是**家畜中最常见的维生素缺乏病**。这种维生素对骨骼、繁殖、疾病防护和视力等都很重要。一般来说，幼嫩青绿饲料或黄色、桔色饲料，如水果与蔬菜中都有维生素 A。枯黄的饲料维生素较少，经过长期贮存的，尤其在热天，会丧失维生素 A。

症状/诊断：维生素 A 缺乏的动物常患眼疾，出现夜盲，或有眼泪、视觉浑浊甚至完全失明。可能不育与腹泻，出现呼吸道问题、蹄畸形、皮毛干燥。母畜缺乏维生素 A，出生的仔畜可能无眼、盲瞎、畸形、弱胎、死胎。患维生素 A 缺乏症的猪可能头向一侧偏斜。牛可能出现步态蹒跚与昏眩。

维生素 A 缺乏症的治疗：长期治疗是喂给<u>新鲜嫩绿</u>饲料或有正常黄、绿色泽的水果、蔬菜。例如熟透了的水果和蔬菜可以用来喂牲畜。对严重患畜注射一次，按 100 磅（45 公斤）体重注射 2000 国际单位维生素 A，可作为短期治疗办法。

维生素 B 缺乏

维生素 B 缺乏症极少在草食动物中发生，因为草食动物消化道中的微生物能产生这种维生素。维生素 B 注射液或许对刺激厌食动物食欲有效，但是，潜在的病因必须查明并对症治疗。吃青贮料的反刍动物可能缺乏硫胺素，而引起转圈与失明，应给这些动物注射硫胺素。猪与鸡可能发生维生素 B 缺乏，尤其在喂缺乏维生素 B 的<u>单一饲料</u>的情况下更易发生。如果饲料品种多，似乎很少发生。治疗与预防本病可在饲料或饮水里添加维生素 B 的源饲料或药物。

维生素 E 缺乏

多数天然饲料里都有维生素 E。但是，陈旧的干草、秸秆和谷类粮食会缺乏维生素 E。食物长期储藏会失去维生素 E。硒（一种元素）与维生素 E 的作用密切相关，两者常放在一起讨论。

症状/诊断：幼畜、未断奶动物缺乏维生素 E，其肌肉有白色区，且不能发挥正常功能，肌肉僵直，不能站立。有时幼畜的心肌不能正常工作，致幼畜出生后体弱或突然死亡。

维生素 E 缺乏症的治疗：短期疗法是，在几天内每天注射一种维生素 E 和硒的合剂，剂量按瓶签说明。此外，长期治疗法是喂给富含维生素 E 的饲料，优质绿色饲草是维生素 E 很好的源饲料。

备忘：*维生素注射绝不是解决和改变长期劣质饲料问题的办法!*

25.5.5 矿物质过剩
动物食入某种矿物质的量太多而发病，称矿物质过剩。最常见的是**食盐**问题。

"食盐中毒"或"食盐的毒性"

食盐中毒是由于缺水

如果有足够的饮水，动物能够食入含盐的食物而无问题。即使混合饲料内含盐太高，正常动物因为能饮入足量的水来对付食入的食盐量而无害。**"食盐中毒"发生在家畜食入食盐而无足量的饮水供用**，问题的实质不是盐过量而是水不足。

食盐中毒由于强迫喂了食盐

按当地习惯，在一些地区动物的饲料里是没有食盐的，也不给动物"自由选择"食盐，而每月抓一把食盐置于动物口中，食盐是强迫喂给的。这样做就产生问题，尤其对役畜或无足量水可饮的家畜。

症状

全身症状包括失去食欲和行为异常。

猪的食盐中毒

猪的食盐中毒表现失明与耳聋，作奇怪的坐式，倒地后头部上翘。最终侧卧，发抖、振颤、痉挛、腿作浮游动作，直至死亡。

食盐中毒猪震颤与痉挛

牛食盐中毒

牛会发生呕吐、腹泻与频频排尿，步态蹒跚或后腿拖行，役畜在强迫喂盐后会虚脱与不能工作。

食盐中毒的诊断

诊断依据症状和动物的食盐食入史，且无足量饮水，或在过去的几天有过强迫喂食盐的记录。

食盐过量/食盐中毒的治疗

给患畜新鲜饮水。但是，不要一次给予足量，这样反会使症状恶化，应采用多次少量。例如，每半小时喂牛 1000 毫升水，直到无渴感为止。症状严重的动物，尽管给予治疗，还是不免死亡。

预防食盐过量（以及其他矿物质过量）

总是有新鲜、清洁的饮水供动物"自由选择"。即随时有饮水供动物饮用，或一天数次地让动物饮够。向畜主解释强迫喂食盐和限制饮水的危害；解释人不会拿食盐单独吃、吃咸了会口渴的道理，家畜也是如此。

第二十六章 附录 26.0 APPENDIX
用于控制外寄生虫的杀虫剂
INSECTICIDE USE FOR CONTROL OF EXTERNAL PARASITES

使用杀虫剂的好范例：控制壁虱

使用杀蜱螨剂和其他杀虫药的几种主要方法

1. **喷雾**：将杀虫剂混在水里，使用专用工具喷洒在动物身上。

2. **粉尘/粉袋**：一些杀虫药是以粉尘形式直接应用，或装入布袋在动物体表擦拭。

3. **背擦袋**：将粉剂或液剂杀虫剂与油混合，将袋浸湿，悬挂在动物进出口处，让动物自擦。

4. **直接敷用**：用布片、海绵或刷子，将杀虫剂直接在皮肤上有寄生虫寄生的部位涂敷。

5. **倾倒法**：用小量杀虫剂倾倒在动物背上。药液被吸收入血液，能杀灭在体表各部位和取食的外寄生虫。

6. **浸浴法**：将杀虫药制成药浴液，让动物药浴，或在药液里浸浴。此法需要有一个特制的供浸浴动物的浴槽。

7. **注射法**：有像伊维菌素那样的注射剂，能杀灭几乎全部内外寄生虫。

26.1 杀虫剂的喷雾法 SPRAYING OF PESTICIDES

喷雾法是通过喷雾器将杀虫剂溶液变成细滴或呈雾状。

优点：最好用于马，因为浸浴会对马造成伤害。喷雾比浸浴在操作上要温和些，对贵重家畜、妊娠后期母牛、大乳房母牛，以及弱畜较恰当。喷雾设备的成本低于浸浴槽，用药量也少。当少量动物需要治疗时，喷雾法较合算。

缺点：喷雾法对每头动物都需要时间，难以用于大群牲畜和羊群。此外，在喷雾操作中，很容易遗漏喷洒部位。需要的药液，每头体型大的牛或马要达到全身打湿，几乎要 10 立升，即 10 公斤左右的药液。

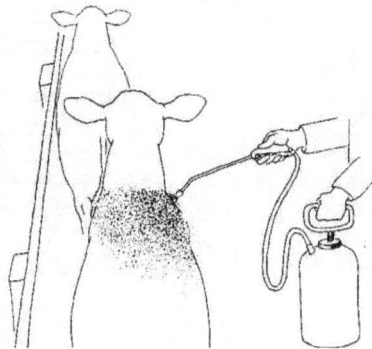

26.2 粉尘/粉袋 DUST / DUST BAGS

有些杀虫剂是药粉，可以直接使用，或装入袋内供动物擦拭。

26.3 杀虫剂的直接应用 DIRECT APPLICATION

此法包括用布片、海绵或毛刷，直接将杀虫剂涂敷在有寄生虫寄生的患处。

优点： 有时必须把杀虫剂直接用于患处--寄生虫栖息处。例如，两宿主或三宿主蜱（壁虱）易于积聚在耳部或阴囊、乳房、尾部，以及外阴户周围，动物往往不易触及和擦掉此处的蜱。这些蜱常是蜱传病的携带者。有时即使浸浴或喷雾，也不能奏效。直接涂敷杀蜱螨剂，除将蜱杀死外，还可保护动物不再受侵袭。

注： 杀蜱螨剂混在油或动物油脂的制剂能杀死蜱，而且防止再遭侵袭的时间比混在水里的制剂也长。

缺点： 操作过程需要的时间长。同时，在用药于耳或皮肤前，最好将长毛剪去（使用圆头剪刀），以使杀蜱螨剂直接接触蜱。

直接涂敷杀虫剂

26.4 背擦袋 BACKRUBBERS

将一些粉状或液状杀虫剂与油混合，置于擦背袋内供动物擦拭，详见 116 页，第八章。

26.5 耳标 EAR TAGS

一些耳标内有杀虫剂，可以缓慢地将化学药品释放入动物体内。

26.6 使用杀虫剂的"倾倒法" "POUR-ON" PESTICIDES

"倾倒"指将小量专用于倾倒法杀蜱螨的制剂，浇泼在动物背上的操作过程。这种杀蜱螨剂此后被吸收入动物体内杀灭隐藏在像耳内、尾根、外阴或腿内侧的蜱（壁虱）。记牢：仔细按说明书操作，还要验明药品是否用于"倾倒"。还要确认对你要治的动物是否安全，多数"倾倒"药物是专为牛配制的。

缺点：

· 动物必须单独地固定，才便于"倾倒"操作。

· 这种倾倒剂较其他杀蜱螨药物贵。

优点：

· 不需要再买喷雾器，或制作浸浴槽。

· 杀蜱螨剂便于携带，而不需要驱赶动物到浸浴池去。

· 不需要用水来混合倾倒剂。

"倾倒"药物操作图

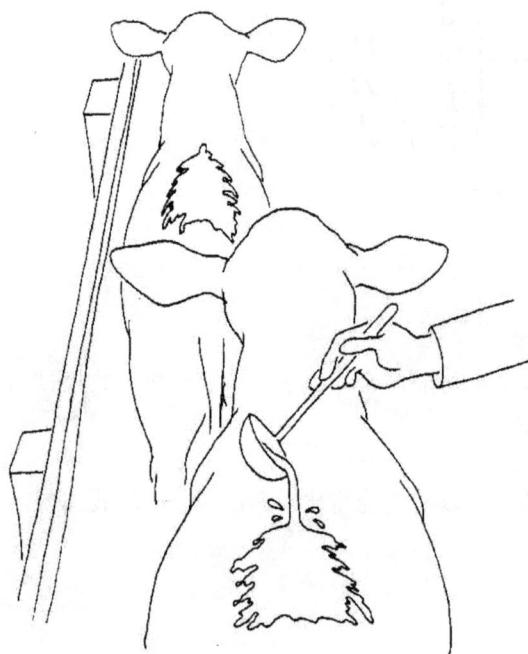

26.7 浸浴 DIPPING

当大群动物，特别是牛、绵羊、马骆、羊驼等需要治疗时，浸浴非常有效。但是，起始成本高，因必须建造浸浴池。

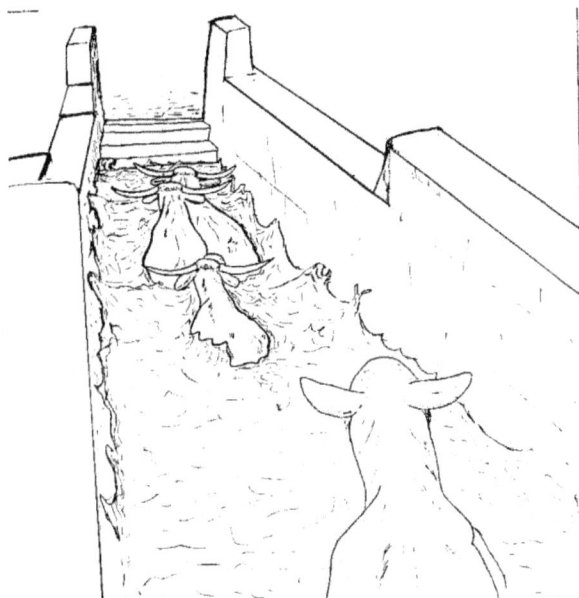

26.7.1 结构良好的药浴池

· 所选位置确保当排水时，饮用水不受到污染。

· 使动物不要来回涉入药池。

· 浴池有盖顶防止雨水稀释与减少蒸发（炎热、多风或干旱地区，每周蒸发量多达 500 立升）。

· 长度与深度应使动物完全浸入，宽度只容每次一个动物自如地通过。典型的建造得好的浸浴池其容量在 9000 到 14000 立升。

· 沿整个浸浴池两边要有适当空间供管理者站立行走，来处理危急挣扎中的动物，应随时备用绳子和三米长的竹杆。

· 浴池的进口处应有一个硬地面的（供清洁用）集合圈。

· 应有 8 米长的浴足的坡道，在坡道底、顺其长度应建有许多浅而窄的槽，便于分开动物蹄叉。这种坡道每用后应予清洁。

· 从集合圈到浴池制成安全、防滑的"出发"点。

· 出池也有一条坡道，宽度能容一头动物通过。这种坡道能使动物背部的药液流回浴池，如有必要还能在这个通道上作个别处理。

供小群动物药浴的修改浴槽： 供小群应用，用一种修改了的方法进行药浴，其用药量也少些。这种浴槽建得稍浅一些，容量在 2250 立升左右，药液的上限仅浸浴到动物的两肋。动物站立在槽中时，要略加固定，用桶浇淋动物全身，以达到全身治疗。这种方法在非洲东部用得很成功。

26.7.2 供牛与水牛用的浸浴槽

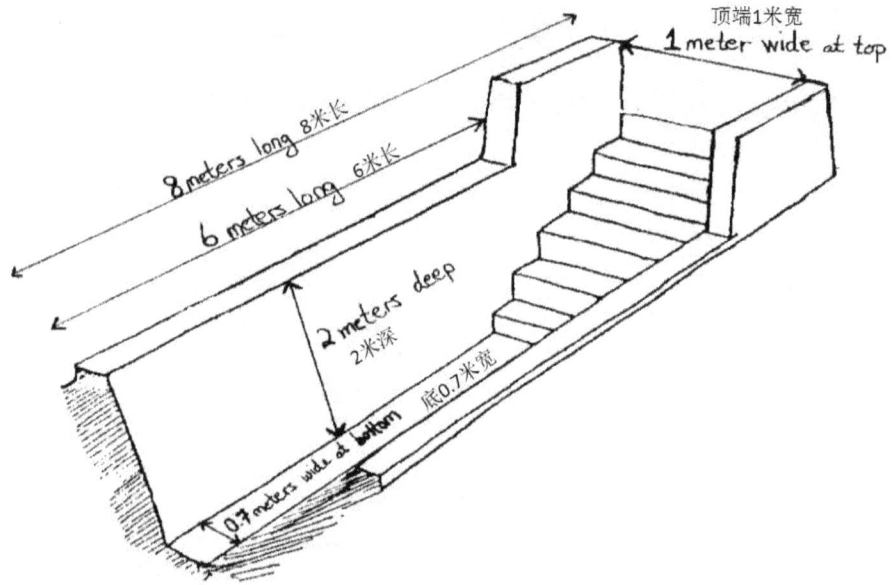

26.7.3 供绵羊与山羊用的浸浴桶

同样原则建造用于绵羊或山羊的浸浴槽，只是小一点。另一种代用方法是将油桶锯成两半，制作一个支撑固定架，以固定这个半桶。用手将动物放在桶内浸浴。至于用于牛的浸浴，则需要精心设计与综合考虑构筑了。绵羊与山羊比牛与马对杀蜱螨剂更敏感一些。要验明槽或桶的确实容积，例如，把一个 200 立升容量的桶锯成两半，通常能容纳 100 立升溶液。在配制浸浴液前一定要计算杀虫液的准确浓度。

200 立升

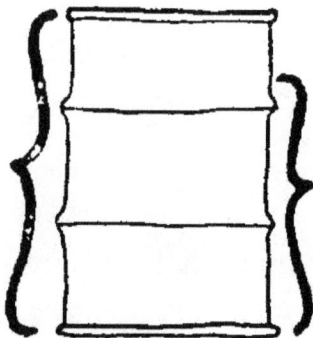

170 立升

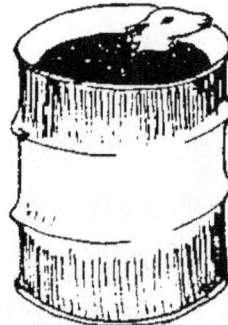

26.7.4 供绵羊与山羊用的常规小型浸浴池

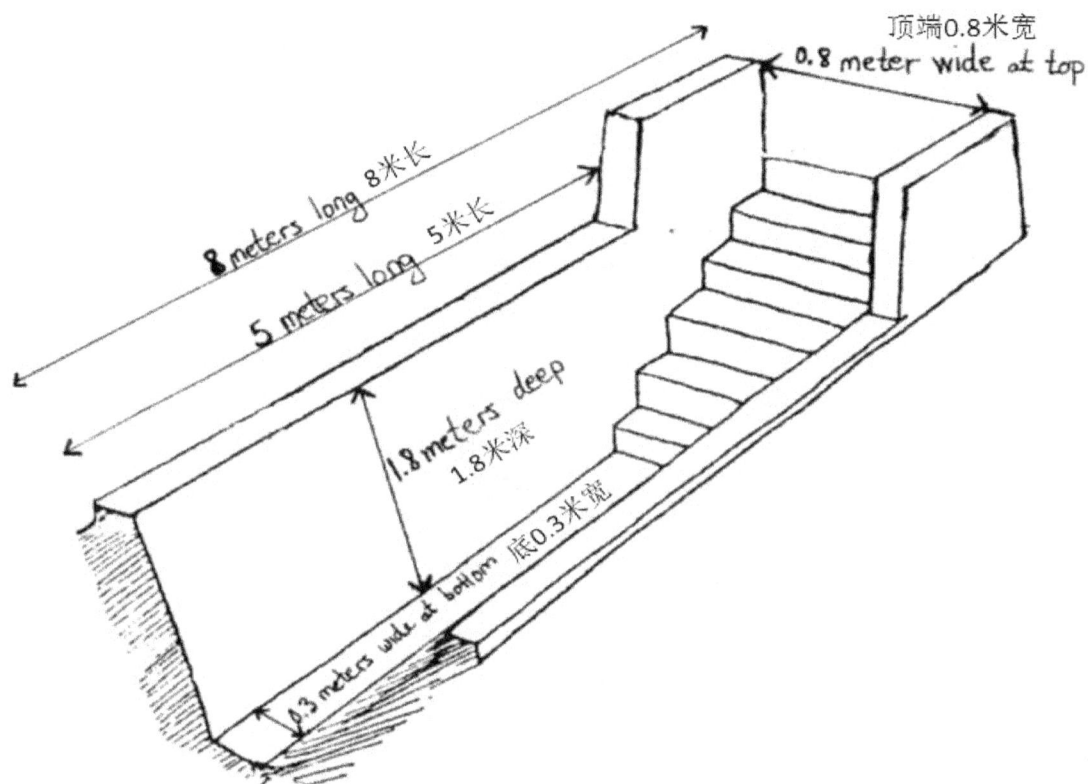

顶端0.8米宽
0.8 meter wide at top

8 meters long 8米长

5 meters long 5米长

1.8 meters deep
1.8米深

0.3 meters wide at bottom 底0.3米宽

26.7.5 *浸浴池的管理*

> 如果混合不当，浸浴液会造成中毒！

配制正确浓度的药液极为重要，理由有二：

- 如果杀虫剂太多于应配的水量，药液有毒性会引起动物中毒。

- 如果杀虫剂不足，而水量太多，药液不能杀灭壁虱，则全部浸浴操作过程是时间、经济和能力的浪费。

该怎么办？

1. 验明浸浴池的大概的容积。
牢记：容积 = 长×宽×高。

因为浴槽的形状不规则，这样做容易些：

· 假定平均宽度是 0-85 米（1 米+0.7 米）

· 假定出口坡道占容积的一半，2 米

例：容积 = 长 × 宽 × 高。
容积=6.0 米×0.85 米×2 米=10.2 米³（浸浴槽的体积）

$$\frac{2.0 \text{ 米} \times 0.85 \text{ 米} \times 2 \text{ 米} = 1.7 \text{ 米}^3 \text{（坡道区的体积）}}{2}$$

11.9 米³

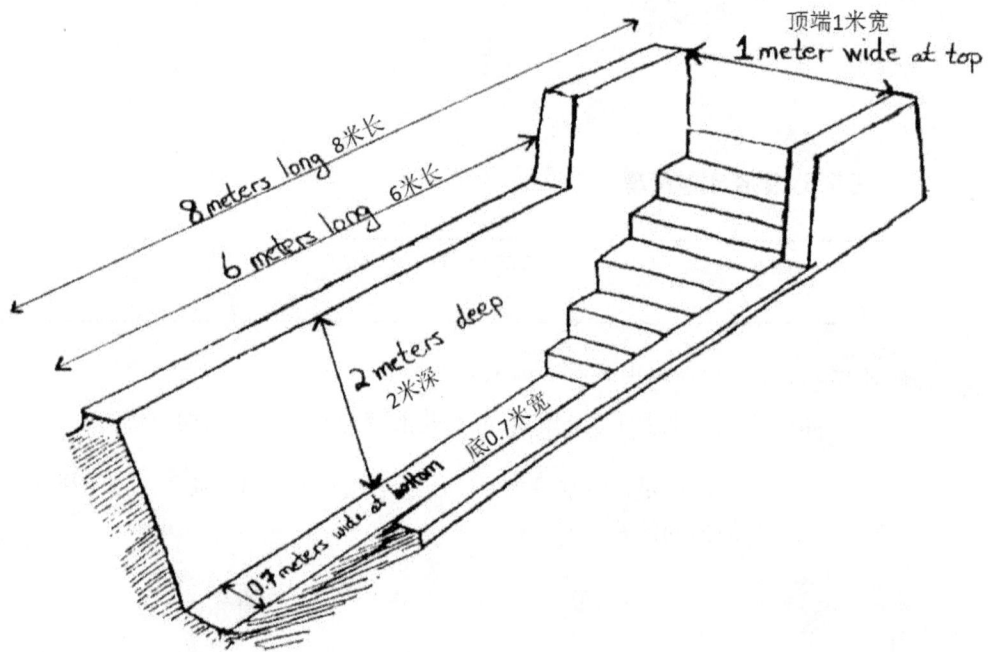

8 meters long 8米长
6 meters long 6米长
2 meters deep 2米深
0.7 meters wide at bottom 底0.7米宽
顶端1米宽 1 meter wide at top

2. 在浴槽的侧壁上，每 5000 立升作出永久性的容积水平标志，或作在一根有刻度的标杆上。最后的 5000 立升到正常的浸浴水平标志，更要准确地标出，应当 500 到 1000 立升作一标志。在有洪水问题的地区，在正常的浸浴水平至溢出水平作 500 立升的标志。

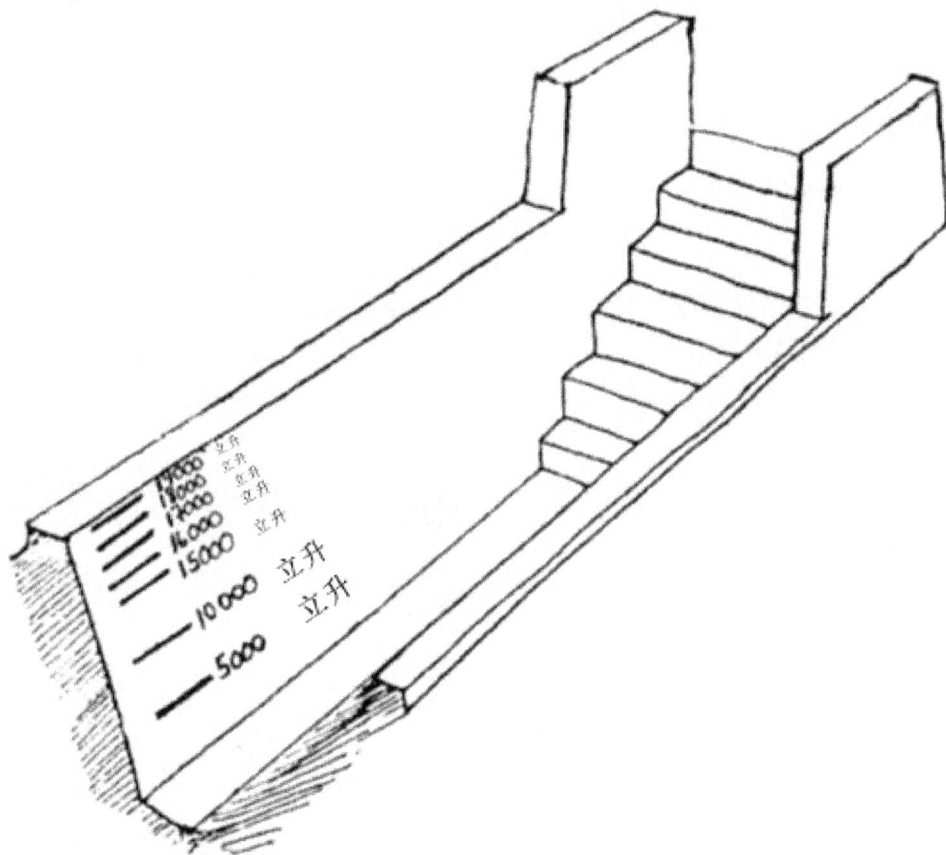

3. 清洁槽内沉渣。

4. 浸浴药物要选择在你们地区已知的有效、价廉、对环境无害的药物，并配制其合适浓度。

5. 配药与使用方法按说明书进行。

6. 浴槽内的水量要<u>适当</u>

7. 加进正确的药量，均匀地撒在浴池的水面上，并搅拌，直到药与水充分混合。

不要用动物去搅拌池内的浸浴液

8. 作好记录，如浸浴日期、动物数量、补加的药物浓度、数量、日期、彻底排空和再次充药的日期、每次所用的药物名称，以及观察到的和出现的其他重要问题，都需要一一记载。

26.7.6 *再充填浸浴槽*

因为杀蜱螨剂在脏水里的效果差，浸浴液要定期更换（排放或泵出），即在溶液变得较脏时再行充填。重新填充溶液的频率依浴槽的大小、土壤的类型、雨水，以及保持药液的清洁措施而定。粘土和/或暴雨地区药液失效较沙土和/或干旱气候条件下快一些。

大致原则是：

- 容积 9000 到 13000 立升的浴液应在 20000 到 25000 头牛浴后，应该将药液排完与重填。
- 容积 13000 到 18000 立升的浴液应在 30000 到 35000 头牛浴后，应该将药液排完与重填。

26.7.7 浸浴液重填以头计算系统

有时必须部分地补充因使用和蒸发而失去的浸浴液。如何计算加水量和加药量呢？方法是"按头计算法"。根据是每头牛失去的水量是 2.83 立升。根据以下资料计算：

- 自上次补充或完全更换药液后，药浴处理了的牛头数。

- "补充液比率"按标签上列出的浸浴浓度要求。

- 公式是：

$$\frac{2.83 \text{ 立升} \times \text{已浸浴牛的头数}}{\text{标签上的补充比值}} = \text{需要添加的（浸浴浓度药液的）立升数}$$

26.7.8 在药浴时好的管理原则

- **早晨，无雨**：热天最好在上午的早晨浸浴，尽可能不在雨天进行。

- **不渴时进行**：将动物缓慢地趋赶到集合圈，让它们充分饮水。否则，动物会以药液解渴。

- **安静轻柔**：减少药浴中的应急反应，接触牲畜时应动作尽量安静温和一点，让逐头畜以单列进入脚浴通道，再以自己的速度进入药浴池。

- **浸湿头部**：许多动物已学会进入药浴池，但不主动浸浴其头部。需要有一人穿着保护衣站在槽边用一种拐杖或叉子轻轻地将其头部浸入药液以下。

- **同时治疗**：最佳控制蜱的办法，应该是同一牧场或在同一块草地上放牧的动物都必须同时治疗。

- **妊娠的、体弱的动物进行喷雾**：不健康或体弱的动物进行喷雾而不药浴。同样，产前一个月内的妊畜进行喷雾而不药浴，避免子宫破裂和/或流产。

杀蜱螨处理的间期期限

- 为了更好地控制蜱（壁虱），必须打断蜱的繁殖周期。在雌蜱吸血或产卵前，必须用杀蜱剂杀蜱。

- 如果是单宿主蜱（方头蜱属）两次治疗的间期最好是 12 天为最好的控制，或 21 天为较好的控制效果。

- 如果主要的侵袭蜱种是两宿主或三宿主蜱，两次处理间期应该是 7 天。如果侵袭程度严重，最好作四次处理，第一次和第二次间期 3 天，二次和三次 4 天，三次和四次 3 天（间期为 3 天，4 天和 3 天）。处理还需将药液直接用于耳内侧，以及阴囊、乳房、尾、肛门与外阴周围。

第二十七章 内寄生虫附录 **27.0 INTERNAL PARASITE APPENDIX**
再论内寄生虫的治疗与控制
A Detailed Approach to Treatment & Control of Internal Parasites

27.1 几条定义 SOME DEFINITIONS
终末宿主
* 成年寄生虫赖以寄生生活和繁殖的生物体，称叫终末宿主。

中间宿主
* 未成熟寄生虫赖以生长发育的生物体，称中间宿主。这些寄生虫通常不引起中间宿主严重发病，但绦虫例外。

幼虫
* 各种寄生虫的未成熟型也称为幼虫。幼虫在宿主体内移动而造成宿主内部器官损害。

27.2 寄生虫如何侵害动物 HOW PARASITES AFFECT THE BODY
内寄生虫的危害包括引起贫血、腹泻与生长不良。这些能危害各年龄段的动物，但对幼畜的损害尤为严重。

27.3 内寄生虫与抵抗力 INTERNAL PARASITES AND RESISTANCE
动物虽有寄生虫的危害，但仍能保持健康状态，是因为身体有对寄生虫的抵抗力。动物的抵抗力随年龄、营养状况、一般健康状态，以及因早先接触寄生虫而发展起来的抗体水平而不同。

27.4 内寄生虫的种类 TYPES OF INTERNAL PARASITES

一般名称	种类	在宿主体内的寄生部位
大圆虫（蛔虫）	线虫	小肠
小圆虫	线虫	胃和小肠
肺虫（小圆虫）	线虫	肺
肝片形吸虫	吸虫	肝
瘤胃吸虫	吸虫	瘤胃
绦虫	绦虫	小肠 [1]；器官和组织 [2]
球虫	原虫	小肠和大肠
焦虫	原虫	血液
锥虫	原虫	血液

[1] 在终末宿主体内

[2] 在中间宿主体内

27.5 大圆虫（蛔虫）与小圆虫—概述 LARGE AND SMALL ROUNDWORMS – GENERALITIES
大圆虫和小圆虫刺激和损害胃和小肠内壁，造成养分吸收不良和不能健康生长。一些圆虫当其幼虫移行全身，会损害肝脏和肺脏。大圆虫可能堵塞肠管。肺虫（一种小圆虫）刺激动物呼吸道，引起咳嗽，增加了肺感染的危险和引起不健康的体况外观。所有这些对幼畜的危害尤为严重。

27.5.1 小肠内的大圆虫（蛔虫）

马、猪、鸡、青年牛和水牛、狗以及猫，都可能有大圆虫寄生在小肠。绵羊与山羊没有大圆虫。

大圆虫（*蛔虫*）的生活史

1. 成虫在小肠里产卵，卵通过粪便排出体外。虫卵在周围环境里几周后发育到更为成熟的阶段，才能侵袭其他动物。在某种条件下，虫卵可在自然环境里存活数年。

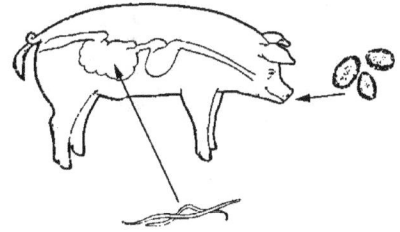

2. 虫卵被其他动物吞食后，如果是在虫卵的侵袭阶段，就会在小肠里孵化成幼虫。

3. 幼虫穿出肠壁进入血液，然后到各种器官，如肝、肺，并损害所通过的每一器官。

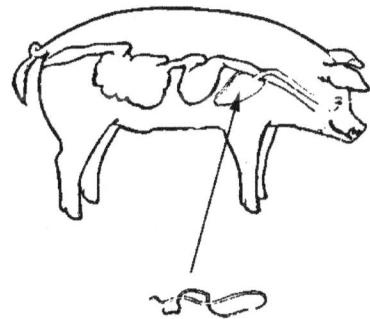

4. 最后，幼虫移行到肺，引起咳嗽又被吞咽下去，在小肠里发育成成虫。

生活周期需要 1—3 个月。

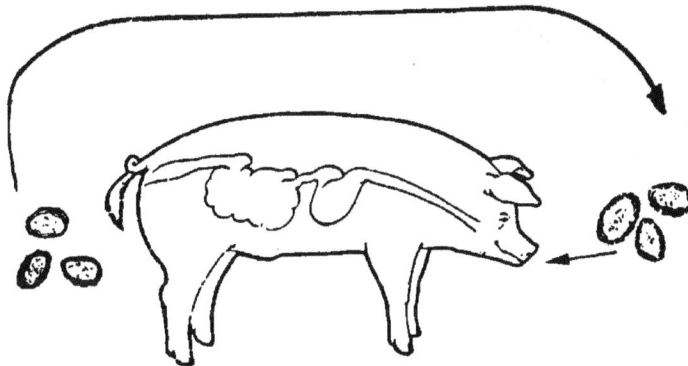

症状

- 绝大多数青年动物都会受到侵袭。受到侵袭的动物生长不好，表现健康不佳、咳嗽，有时还可能出现腹泻和便秘，甚至肠道完全被堵塞。

诊断

· 诊断通常根据症状和近期未接受驱虫治疗的病史，且已知大圆虫是当地存在的问题。

· *尸体解剖*：可能在死畜的肝脏上看到白斑。这些白斑是幼虫在肝脏移行期间留下的斑痕。

· *实验室检查*：用显微镜可以看到粪内有大圆虫卵。但是，有时因幼虫在移行期而引起动物发病，以致在粪便内检查不到虫卵。

治疗

· 治疗费用最低的应是哌嗪（*驱蛔灵*）了，通常都有供应。其他药物对小圆虫效果好，但对大圆虫效果不好，且价格高。按常规，根据具体情况每3—6个月定期给动物驱虫。

控制

· 虫卵在潮湿、凉爽环境下能生存数月到数年。阳光直接照射和消毒剂能杀灭虫卵。凡受到寄生虫威胁的动物都要定期地驱虫。新引进的动物在混群前应该驱虫。此外，还应对孕畜进行驱虫，以减轻寄生虫对幼仔的侵袭。

· 防制大圆虫对仔猪的侵袭，妊娠母猪产前一个月，应予驱虫。

具体侵袭动物的大圆虫（蛔虫）

水牛和牛的大圆虫（蛔虫）

牛新蛔虫（Neoascaris vitulorum）是牛与水牛的犊牛体内的大圆虫（长约25厘米）。成年水牛和牛对牛新蛔虫有抵抗力。但6月龄前的犊牛会因这种大圆虫而发病，犊牛可在出生前受到侵袭。

注：有些人认为不让动物吃"初奶"可以防止犊牛感染大圆虫。事实上，这样做不但不能防止感染，而且是危险作法，因为初奶能防止多种幼畜疾病。

治疗

- 根据标签说明的剂量，给犊牛服驱蛔灵。四周后重复治疗一次。

控制

- 对幼畜、患畜常规驱虫才能防制本病。

绵羊和山羊的大圆虫（蛔虫）

绵羊和山羊体内一般不会有大圆虫。

猪体内的大圆虫（蛔虫）

猪蛔虫（Ascaris suum）是青年猪和成年猪体内小肠中常见的大圆虫。其幼虫损坏肝脏和肺脏，使肺容易受到感染。不像牛与水牛，猪蛔虫不感染出生前的幼猪。

治疗

- 哌嗪（驱蛔灵）是价格最低的治疗药物。剂量按标签说明，不必等到猪粪检阳性时才进行驱虫。全猪群（青年猪和成年猪）都要每 6 个月驱一次虫。妊娠母猪产前一个月内用驱蛔灵驱虫。**记住：防重于治！**

控制

- 猪蛔虫卵在潮湿环境下可存活数年，但在阳光直晒下数周内死亡。产仔栏应该清洁、闲置，和得到阳光曝晒数周后才关养母猪。幼猪及其母猪应与其他猪分开，并置于清洁、干燥的环境中。再次重申，妊娠母猪应在产前一月内驱虫。

马的大圆虫（蛔虫）

马副蛔虫（Parascaris equorum）是马的大圆虫。其生活史与猪蛔虫相似。马副蛔虫仅引起幼驹发病，有时引起幼驹腹绞痛或肠梗阻。

治疗

- 驱蛔灵是最廉价的治疗药物，剂量按标签说明。其他治疗圆虫的药物也可应用。

控制

- 母马及其幼驹在清洁的圈内饲养。在幼驹出生后的第一年内（从一月龄起）对幼驹进行抗圆虫的药物治疗。

禽体内的大圆虫（蛔虫）

鸡蛔虫（<u>Ascaridia galli</u>）是多种家禽体内的大圆虫。虫体小于其他常见的大圆虫。幼禽的抵抗力较低。与健康禽相比，因疾病或营养缺乏的家禽易受鸡蛔虫的侵袭而生病。

治疗

- 根据寄生虫病的严重程度，各类鸡都应每 6 个月驱蛔一次。剂量按标签说明。

控制/预防

- 良好的卫生和常规驱虫能控制本病。

狗的大圆虫（蛔虫）

犬弓形蛔虫（<u>Toxacara canis</u>）是犬的大圆虫，具有**公共卫生**的重要性。其生活史与牛和水牛的大圆虫相似。小狗受害最严重，可以在出生前被侵袭。儿童与小狗接触，能感染<u>犬弓形蛔</u><u>虫</u>，使肝、脑、肺和眼睛受到损害。

治疗

- 驱蛔灵（哌嗪）仍是最廉价的有效药物。其他药物（如噻苯哒唑、噻眯啶、甲苯哒唑）皆有疗效。剂量按标签说明。

控制

- 为了防止由粪内排出虫卵（可感染人），小狗及其母狗在小狗两周龄时都给予驱虫，此后每三周驱一次虫，直到小狗 3 月龄时止。根据患病的严重程度，继续按常规驱虫治疗（即每 3—6 个月驱虫一次）。

27.5.2 胃与肠内的小圆虫

有多种小圆虫可以寄生在胃与肠内。

胃与肠内小圆虫（线虫）的生活史:

1. 成虫寄生在胃与肠内，并产卵。
2. 虫卵由粪内排出，在温暖气候条件下孵化。
3. 动物食入被幼虫污染的饲料和饮水时，或幼畜吮吸了脏乳头，幼虫被食入。较多动物在拥挤、肮脏、潮湿的环境下更易感染圆虫。
4. 幼虫在动物肠内发育成成虫，并开始产卵。

症状：

绝大多数线虫（圆虫）吸血，致被侵袭动物发生"贫血"（即血液稀薄、水样）。贫血动物眼睑内侧变得苍白，正常者为粉红色。贫血可引起下颌部积液，有时称做"水嗉子，或"下颌水肿"或"大头病"。线虫也引起腹泻或食欲不佳，尤其是幼畜。

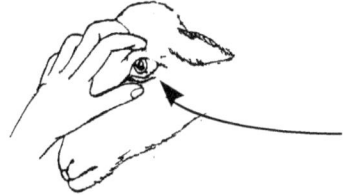

| 水嗉子 | 腹泻 | 眼睑内侧苍白（贫血） |

诊断：

· *症状：* 诊断通常基于症状，特别有贫血和腹泻；近期未接受抗虫治疗史；知悉小圆虫在肮脏、潮湿又未实行草场轮牧的饲养条件下，是极常见的问题。对疗效的反应，将会证实诊断。

· *尸体剖检：* 小圆虫可在死畜的消化道内发现，尤其在网筛上将胃内容物冲洗时。

· *实验室检查：* 用显微镜检查可在粪便里发现有小圆虫的虫卵。

治疗：

● 你会发现有多种药物可以治疗小圆虫。选择你们当地最廉价而有效的药物。一般来说，动物每 6 个月应驱虫一次，驱虫间期也可根据当地条件而定。往往在一年中的某时间段寄生虫最严重（例如温带地区的春季），该时期驱虫次数应该多一点。同一药物反复使用，可能引起虫体的抗药性。如果发生这种情况，另换药物。

控制：

小圆虫可用以下方法控制：

良好的卫生环境
● 饲料入饲槽，且无动物在饲槽内排粪的可能性。
● 饮水入水槽。且无动物在水槽内排粪的可能性。
● 定期清洁圈舍，定期空置、干燥、阳光直晒。

草场轮牧
● 每数月将动物转移到新的牧场或圈舍去，让牧场休牧或空置至少 3 个月。
● 注：最好在动物驱内寄生虫的当天转移到新的牧场或圈舍去。

草场轮牧

· 动物在一块草场放牧一个时期（例如一个月），再驱赶到第二块草场，而让第一块草场"休牧"。再依次驱赶到第三、第四块草场去，让已放牧的草场"休息"。在休牧期间，寄生虫暴在阳光和干燥条件下而死亡。等轮牧回来时，动物就不再受到寄生虫威胁了。

常见小圆虫举例

胃内

血矛线虫（大胃虫或捻转血矛线虫），红色或呈条状红色，1—3 厘米长，在死畜的胃内极易发现。几乎会发生在所有反刍动物。

奥斯特线虫（中等大小或棕色胃虫），1 厘米长、棕色。

毛圆线虫（小胃虫），是胃内最小的圆虫（约 0.5 厘米长）。

小肠内

古柏线虫，长度不足 1 厘米，难于发现。

钩口线虫和仰口线虫（钩虫）。

钩口线虫见于人和肉食动物。仰口线虫见于反刍动物。这两种线虫容易辨别，因为有钩形头部。幼虫通过皮肤或口侵入动物。成虫寄生于肠内，能很快致动物严重贫血。

细颈线虫（长颈虫），看起来像钩虫，但比钩虫更能引起动物食欲缺乏和严重腹泻。

> **大肠里的圆虫**
>
> 鞭虫，常见于盲肠，由于其长尾部，极易辨认。一般不造成严重危害。
>
> 夏柏特线虫（长嘴虫）体长约 2 厘米，嘴很大。破坏肠壁，引起带血腹泻。
>
> 结节线虫（结节虫），色白，长约 2 厘米。其幼虫致大肠和小肠壁形成小脓肿。这些小脓肿可能破裂，引起严重感染和腹泻。

27.5.3 肺虫

肺虫是幼畜中最常见的疾病，在肺的细支气管内发育，并破坏肺组织，致动物生长发育不好，其损害可引起肺炎。以下是各种肺虫的学名，及其所侵袭的动物：

网尾线虫属（**Dictyocaulus**）（牛、绵羊、山羊）

原圆线虫属（**Protostrongylus**）（绵羊与山羊）

缪勒线虫属（**Meullerius**）（绵羊与山羊）

后圆线虫属（**Metastrongylus**）（猪）

猫线虫属（**Aelurostrongylus**）（猫）

肺虫的生活史：

1. 尽管生活史随虫种不同而有差别，但一般是成虫寄生在肺内，并产卵。

2. 虫卵从肺内咳出，而又被动物吞咽。

3. 有几种肺虫，虫卵在肠内孵化成幼虫后，随粪便排出体外，污染地面或饲草。幼虫在动物体外还需经过不同的发育阶段。另有几种肺虫，其虫卵由粪便排出后孵化成幼虫，再被中间宿主，如蚯蚓、蛞蝓或蜗牛吞食。

4. 放牧动物食入环境里的幼虫（一些圆虫的幼虫），或食入中间宿主而被感染（另一些虫种的幼虫）。

5. 幼虫由肠道移行到肺。

症状：

· 肺虫可引起咳嗽，呼吸困难和增重不好。肺虫也使动物对其他微生物（如细菌或病毒）更敏感，而引起肺炎。

诊断：

· *症状*：肺虫的诊断可根据综合临床症状和该地区有肺虫问题，以及对治疗的反应。

· *尸体剖检*：死畜肺内可找到肺虫，虫体白色，长可达 8 厘米。

· *实验室诊断*：用显微镜，如果粪标本采用特殊处理技术（如"贝尔曼"法—硫酸镁甘油飘浮法），可找到虫卵。

治疗：

· 常用的治圆虫药物，如四咪唑、噻苯哒唑、阿苯达唑、对肺虫都有效（参阅标签说明）。选择容易买得到、价格低，且在你们地区有效的药物，依说明书办法使用。

控制：

· 至少每 6 个月治疗肺虫一次，频率依该病在当地的严重程度而定。在一些国家已有抗肺虫疫苗供应。有关资料可从农业部门获得。成年动物可以不用治疗，会自然康复。

27.6 吸虫 （吸虫纲）FLUKES (TREMATODES)

27.6.1 肝片形吸虫（片形吸虫属）

肝片吸虫在许多国家是家畜的严重疾患。有两种常见的肝片吸虫，科学名是"肝片吸虫"（**Fasciola hepatica**）与"大片吸虫"（**Fasciola gigantica**）。肝片形吸虫在有某些淡水螺（椎实螺）和潮湿条件下，如水稻区，可以成为家畜的问题。即使动物不在稻田里放牧，但喂了有肝片吸虫卵囊，称"囊蚴"的稻草，也致感染。肝片形吸虫破坏肝组织，并能引起肝胆管阻塞。

肝片形吸虫的生活史

1. 肝片吸虫在胆管内产卵，虫卵进入小肠，随粪便排出体外。
2. 在潮湿环境下，虫卵孵化成幼虫，称"毛蚴"。
3. 这些毛蚴钻进中间宿主，称椎实螺的体内并发育成幼虫的另一阶段，称"尾蚴"。
4. 尾蚴钻出螺体附着在杂草或稻草的叶片上，并形成一种保护壳，成为一粒灰尘大小的"囊蚴"。
5. 动物食草同时食入了囊蚴，在小肠内囊蚴脱去外壳成为幼肝片吸虫，移行到肝脏在那里成为成虫。整个生活周期约 2 个月。

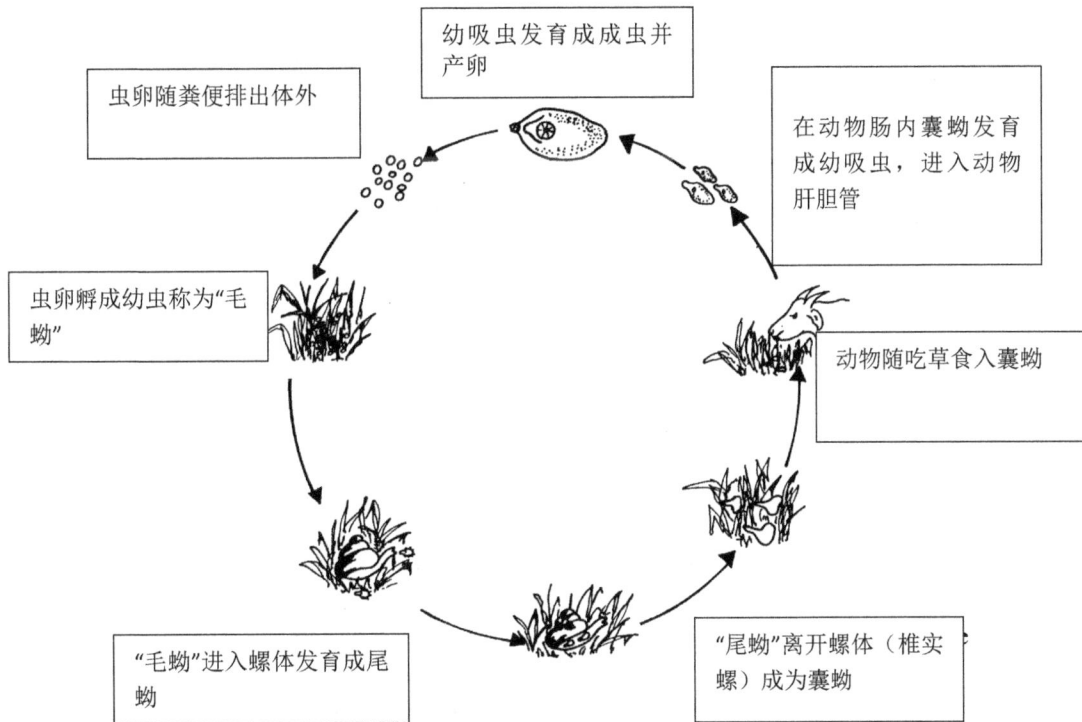

- 幼吸虫发育成成虫并产卵
- 虫卵随粪便排出体外
- 在动物肠内囊蚴发育成幼吸虫，进入动物肝胆管
- 虫卵孵成幼虫称为"毛蚴"
- 动物随吃草食入囊蚴
- "毛蚴"进入螺体发育成尾蚴
- "尾蚴"离开螺体（椎实螺）成为囊蚴

肝片吸虫的生活史

肝片吸虫的症状：

- 症状包括失去食欲、腹泻、体况下降与贫血。如果贫血严重，会在下颌积液。严重肝片吸虫侵染会损害肝脏，能引起"黄疸"。这时体组织变黄，也是动物频临死亡的体征。如果饲料不足，如在干旱季节，症状会更趋恶化。

肝片吸虫的诊断：

- *症状*：诊断以全身症状为基础，和知道当地又有肝片形吸虫病，以及对治疗的反应。

- *尸体解剖*：死畜的肝胆管内可发现肝片形吸虫。虫体扁平如树叶，长约 5 厘米。肝片吸虫还损坏肝组织，使之质地变硬。检查死畜的肝脏，是验证你们地区有无肝片形吸虫问题的最好的方法之一。

- *实验室诊断*：检查粪标本，找出肝片形吸虫虫卵非常有用；但有肝片吸虫病的患畜，其检查结果仍可能是阴性（既无虫卵发现）。

肝片吸虫的治疗：

- 治疗肝片吸虫有数种疗效很好的药物。利用标签说明来验证此药是否对肝片吸虫有效，选用价格低，且已知在当地有效的药物。

- **注意**：老的肝片吸虫药物，如四氯化碳、六氯乙烷，价格低但疗效不理想，且有副作用，尤其对弱畜和孕畜。作者们推荐使用新药，如五氯柳胺(oxyclozanide)、阿苯达唑(albendazole)。还有一些新药，不仅对成虫，也对未成熟的幼虫有效，既在未引起肝脏损害前就能杀灭肝片吸虫。

- 如果动物无食欲，以刺激食欲药物治疗，如 B 族维生素，可帮助动物较快康复。

控制：

以下三种方法能帮助控制肝片吸虫：

1. 用肝片吸虫药物治疗动物，每年至少三次。次数多少还可参照当地情况和感染严重程度。

2. 消灭淡水螺（即中间宿主），要注意不危害其他动物、污染饮水或有损环境。鸭子可帮助消灭或减少淡水螺的数量。

3. 如果饲喂稻草，要使之彻底干燥，因干燥能杀灭一些囊蚴。如可能饲喂树木源饲料，因为此饲料不像稻草易被囊蚴污染。

27.6.2 瘤胃片形吸虫（同端吸盘虫，Paramphistomum）

瘤胃吸虫，其学名是"同端吸盘虫"，在有某些种类的淡水螺和潮湿地区，如水稻区，会有这类问题。即使动物不在稻田里放牧，采食了有瘤胃吸虫卵囊（称后囊蚴）污染的稻草而被感染。

生活史：

- 与肝片吸虫的生活史相似，只是囊蚴在肠内发育成幼吸虫不移行去肝脏，而去瘤胃。

症状：

- 瘤胃吸虫可引起腹泻和体况下降，尤其是幼畜。

诊断：

- *症状*：根据全身症状和已知当地有瘤胃吸虫问题，以及对治疗的反应。
- *尸检*：瘤胃吸虫的成虫附着在瘤胃胃壁，极易发现，状如红色水稻米粒。

- *实验室诊断*：检查粪标本，如发现瘤胃吸虫虫卵，对诊断有帮助，但是，感染牛也可能出现阴性结果（即无虫卵发现）。

治疗/控制：

- 杀死瘤胃吸虫蚴虫有助于停止腹泻；杀死瘤胃吸虫成虫有助于减少虫卵对牧场和稻田的污染。
- 灭绦灵（氯硝柳胺）可治疗瘤胃吸虫蚴虫。五氯柳胺(oxyclozanide)、阿苯达唑(albendazole)能杀灭瘤胃吸虫成虫。

27.7 绦虫 TAPEWORMS（CESTODES）

绦虫是寄生在动物小肠里的一种寄生虫，长、扁、白色。绦虫的虫体呈节片状，头部有一吸附口器，吸附于肠壁。

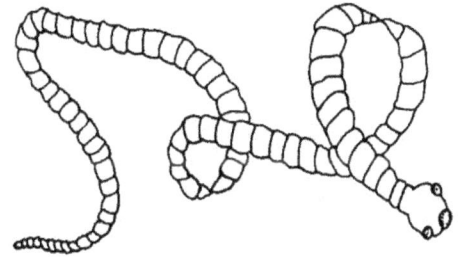

绦虫需要两种不同的宿主才能完成其生活史。未成熟绦虫在"中间宿主"体内形成包囊，能致动物与人发病。成年绦虫寄生在"终末宿主"体内，通常不致终宿主严重发病。

一般生活史：见 338-340 页。

1. 终宿主动物食入受到感染的中间宿主的肉而食入包囊。在肠内，包囊（未成熟绦虫）离开其外壳，并发育成成虫。成虫由许多节片组成，每个节片都含有虫卵。节片断裂后，由粪便排出体外，并释出虫卵。

2. 中间宿主食入虫卵，并在其体内孵化成幼虫。幼虫在中间宿主体内周身移行，并形成包囊。

诊断：

- *症状*：在终宿主体内，除了可能出现腹泻外，极少出现临床症状。但是，终宿主粪内排出的节片，状似米粒仍可见到。
- 在中间宿主体内，包囊依其寄生部位不同引起不同症状。除非用特殊实验室检测手段，难于作出诊断。
- *实验室诊断*：如果将终宿主排出的节片进行压片检查，在显微镜下可以见到绦虫虫卵。受到感染的中间宿主，检查其体内的包囊，则需要特殊的检测手段。

治疗：

- 在家畜，治疗包囊通常难于进行。在人，有些包囊可用外科手术摘除或以特殊药物治疗。
- 处理成年绦虫的问题可以打断绦虫的生活史。

控制：

- · 一般来讲，防止终宿主食入中间宿主的生肉，就能打断绝大多数绦虫的生活史。
- · 人入厕，并食用煮熟的猪肉，就能打断猪与人之间的绦虫生物链。

绦虫的具体示例—及其终宿主和中间宿主

> **人类**
>
> 作为**终宿主**，因食入猪肉绦虫（Taenia solium）和牛肉绦虫（Taenia saginata）而感到消化系统不适。
>
> 作为**中间宿主**，人会因猪肉绦虫和细粒棘球绦虫(Echinococcus granulosus)的包囊而严重发病。
>
> **牛与水牛**
>
> 作为**终宿主**，牛与水牛通常不感染成年绦虫。
>
> 作为**中间宿主**，牛会因棘球绦虫(Echinococcus)而发病，肉内因有无钩绦虫(Taenia saginat)包囊而毁损肉质。
>
> **绵羊与山羊**
>
> 作为**终宿主**，未成年绵羊与山羊能感染莫尼茨绦虫(Moniezia)。成年绵羊与山羊感染成年绦虫不多见。
>
> 作为**中间宿主**，绵羊和山羊患带属绦虫(Taenia)、细粒棘球绦虫(Echinococcus)包囊，会引起"**转圈病**"或"**脑包虫病**"。
>
> **猪**
>
> 作为**终宿主**，猪通常不感染成年绦虫。
>
> 作为**中间宿主**，猪有细粒棘球包囊虫(Echinococcus granulosus)和猪肉绦虫包囊虫（Taenia solium），会毁损猪肉而猪本身不发病。
>
> **犬**
>
> 作为**终宿主**，犬可能感染复孔绦虫(Dipylidium)、细粒棘球绦虫(Echinococcus)和带属绦虫(Taenia)。
>
> 作为**中间宿主**，犬可能有猪肉绦虫(Taenia solium)和细粒棘球绦虫(Echinococcus)：但犬本身不表现症状。
>
> **家禽：**
>
> 作为**终宿主**，禽类因戴文绦虫属(davainea)和其他绦虫而出现腹泻和缺少食欲。
>
> 作为**中间宿主**，不重要。
>
> **马**
>
> 作为**终宿主**，可能感染成虫裸头绦虫(Anoplocephala)，如果寄生数量多能引起腹泻与体重减轻。
>
> 作为**中间宿主**，不重要。

27.7.1 "脑包虫"或"转圈病"（多头绦虫(Taenia multiceps) 或豆状绦虫(T. pisiformis)）

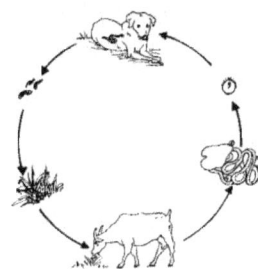

生活史

1. 绦虫成虫寄生于狗、狼、豺和狐的肠内。虫卵由粪排出体外，绵羊和山羊放牧时食入。

2. 在绵羊和山羊肠道内，卵孵化成幼虫，幼虫在动物体内移行，并形成包囊。在脑内形成的包囊，引起"脑包虫病"。

症状：

绵羊或山羊脑内形成<u>多头蚴</u>或<u>豆状蚴</u>包囊后，可出现转圈、头歪向一侧、失去食欲、表现极度倦怠、嘶鸣或行为异常。患畜慢慢恶化，最后死亡。

诊断：

诊断根据全身症状，尸检能发现脑内有包囊。

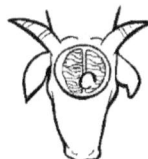

治疗：一般来说，脑包虫病无疗法，患畜应予屠宰。但是，一些兽医以及牧民能在患畜颅骨找到柔软、肿胀的部位，以针穿刺来缓解压力，这样有时对症状有所缓解。

控制：

转圈病可从两个方面控制：

1. 以治绦虫药物，治疗该区域内的全部家犬。

2. 不让狗吃生肉，屠宰后的下脚料焚烧。

27.7.2 莫尼茨绦虫（Monezia）

莫尼茨绦虫寄生于反刍动物的小肠。

牛与水牛：<i>莫尼茨绦虫</i>通常不引起牛与水牛发病。因此，不建议对牛与水牛治疗绦虫病。但是，如果牛与水牛粪内有绦虫节片，说明可能也有小圆虫感染，需要进行治疗。

绵羊与山羊： *莫尼茨绦虫*能引起未成年绵羊和山羊的一些消化道问题，但在成年羊中极少发生。成年绵羊与山羊粪中，极少见有绦虫节片，除非患了小圆虫病而致动物体弱。

生活史：
1. 成年绦虫寄生在宿主（绵羊、山羊、牛与水牛）的小肠内。
2. 含虫卵的绦虫节片离开成虫，由粪便排出。
3. 螨类食入虫卵，孵化、发育成"似囊尾蚴"（Cysticercoids）。
4. 宿主食入螨类。似囊尾蚴逸出螨类，在宿主小肠内发育成成虫。

症状：
未成年绵羊与山羊消瘦，并营养不良，可能表现贫血体征。

诊断：
粪内可见绦虫节片。可见的贫血体征，如牙龈苍白。

治疗：
有绦虫的未成年绵羊与山羊应该*同时治疗*绦虫与小圆虫。牛、水牛、成年绵羊与山羊只需治小圆虫。

控制：
常规治疗小圆虫。实行圈饲或放牧轮换。给予驱虫药的当天，就将动物赶往轮换的新圈或草场去。新圈在清洁、干燥并日晒数日后动物才进圈。

27.7.3 有钩绦虫（链状带绦虫(Taenia solium)）引起的猪肉绦虫--囊尾蚴病

这种绦虫引起公共卫生问题。成虫寄生在人的肠道致消化紊乱与某种程度的腹泻。最常见的是<u>猪肉绦虫</u>在人体组织里形成囊肿，依囊肿的部位（如在脑内）引发严重疾病。<u>猪肉绦虫</u>在猪肉里形成包囊，从而损害肉质。猪肉绦虫的包囊形式，称为**囊尾蚴病**。

生活史：
1. 患绦虫病的人由粪内排出绦虫节片，从而释出虫卵。

2. 猪吃了受到绦虫感染的人粪，而感染。虫卵在猪的肠道内发育成幼虫。幼虫移行到猪体的各部位肌肉里，并形成包囊。

肉类囊肿

3. 吃了未充分煮熟的猪肉的人，或食入了绦虫卵而被感染（由于不卫生或吃了被虫卵污染了的东西）。

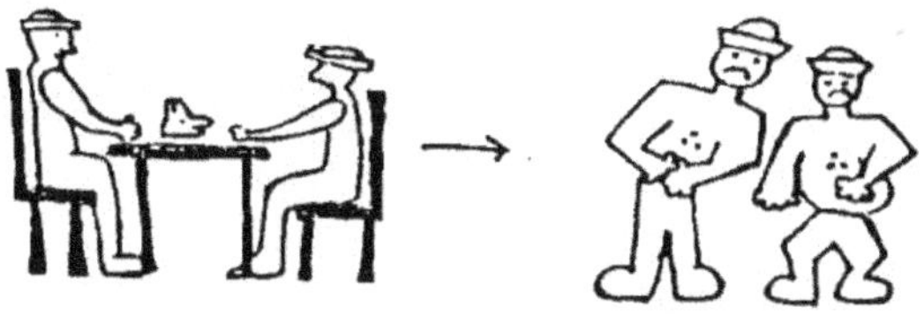

控制：

囊尾蚴病可用两种方法控制：

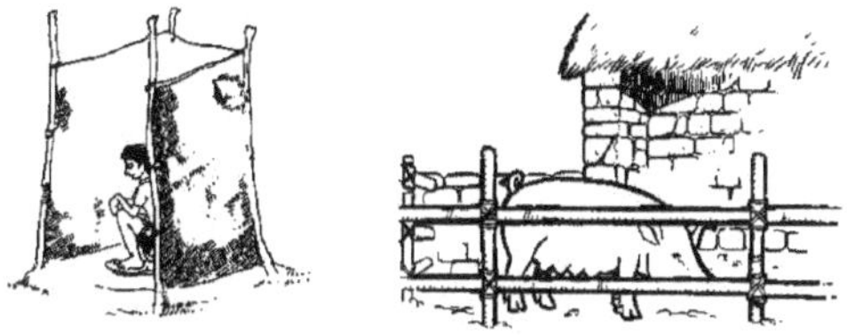

1. 不让猪吃人粪。难点是需要人用厕所和/或不让猪敞放。

2. 一切猪肉都要煮熟后才食用。卵囊死亡是在温度 53℃ （摄氏）或 120℉（华氏）以上，时间持续 1 分钟以上。煮前将肉切成小块，才能保证猪肉充分煮熟。

27.7.4 细粒棘球绦虫（Echinococcus granulosus）引起的棘球囊绦虫—棘球蚴病：

细粒棘球绦虫是犬的一种绦虫，能引起（中间宿主）人、山羊、猪、水牛和牛的囊肿。本病引起的囊肿，称之为"棘球蚴病"。

生活史：

1. 成虫寄生于犬的小肠内，并产卵，卵通过粪便排出。

2. 山羊、猪、水牛或人（中间宿主）食入了被污染了的食物或牧草，虫卵孵化成幼虫移行到动物体或人体的各部位，在那里形成大包囊称"棘球蚴包囊"。也称"**棘球蚴病**"。在某些地方成为严重的公共卫生问题。

3. 狗吃了污染包囊的生肉，在狗的肠道内包囊释放出幼虫，发育成成虫绦虫。

治疗：

对家畜无可行性治疗方法。在人，棘球蚴包囊可借助外科手术切除，此外还可用一些其他药物。

控制：

本病的传播环节可以从以下两种方法来阻断。

1．定期给犬驱绦虫。治疗次数依绦虫病的严重程度而定。

2．绝不要给狗喂生肉，屠宰动物的下水，进行焚毁。

27.8 球虫 COCCIDIA

球虫是重要病因，尤其是对未成年家畜。严重受到侵害的动物是绵羊、山羊、牛、水牛、猪、兔与家禽。一般来说，每种动物都有专一的球虫，绵羊和山羊除外，因两者感染的是同一种球虫。球虫损害大肠与小肠内壁。拥挤和卫生状况差的条件下，最容易感染球虫。

生活史：

1．成年球虫寄生在小肠，并产卵（卵囊），卵随粪排出。

2．如果湿度和温度适当，卵囊就发育，并成为具有侵袭性卵囊。

3．侵袭性卵囊被动物食入，则在肠道内发育成成虫。

症状：

· 最常见的症状是腹泻，往往带有血液，以及体重减轻。如果有病动物没有因腹泻而死亡，则可产生对所感染球虫的免疫力。但是，如果动物不再接触到球虫，免疫力会逐渐消失。在兔，球虫攻击肝脏，会引起迅速死亡。

诊断：

- *症状*：球虫病的诊断以全身症状为基础，结合该地区存在球虫病的情况，以及对治疗的反应。

- *尸体解剖*：肠内壁充血、出血。在兔，肝脏有可见的白色结节。

- *实验室诊断*：在显微镜下可发现粪中的球虫卵囊。但是，即使已被球虫感染，有时仍会有阴性的粪检结果。

治疗：

- 有数种药物可治球虫病，如"磺胺类药物"，以及安普罗铵。使用不太贵的产品，且已知当地有供应并有效的药物。认真按说明书使用。

- 被球虫病致弱的动物，要有一个清洁、干燥、并有防护性围栏的圈，以及得到清洁的饮水和新鲜的饲料，以促使迅速康复。

控制：

- 虫卵能在肮脏、潮湿的环境里，存活相当长的时间。因此，好的卫生条件对控制球虫病极为重要。
- *圈舍*：未成年动物的圈舍应保持清洁和干燥，不应该过于拥挤。定期地给圈舍清洁消毒，还要任其闲置数天（最好有阳光直晒）。有时还需要用强力消毒剂，甚至用温度极高的火来消毒有球虫卵囊的圈舍。
- *牧场*：实现轮牧，不使草场载畜过多，往往能控制食草动物的球虫病。通常干燥和阳光对杀灭球虫卵囊是有利的。
- 还有一些产品，如安普罗铵、莫能菌素拌入饲料或混入饮水可防止球虫病。莫能菌素拌入饲料喂鸡，可防球虫病（**但是，对马极具毒性**）。

锥虫病：见 275 页。

焦虫病：见 泌尿系统 /红水病， 见 页 245

第二十八章 安全有效地使用药物
28.0 Using Medicines Safely and Effectively

28.1 光靠药物还不够 MEDICINE BY ITSELF IS NOT ENOUGH

只靠药物的单独作用来抗病是不够的，还必须有身体协同作用。身体提供体力和支持来战胜疾病和帮助身体组织恢复。这种力量来自**清洁的饮水、新鲜的空气、能量**（来自饲料），以及**干燥**和**良好的防护环境**，所有这些称之为"支持疗法"。病畜必须得到支持疗法，以减少痛苦和增多康复的机会。

28.2 人医药物和兽医药物 HUMAN MEDICINES VERSUS VETERINARY MEDICINES

人用药物对于动物通常是安全的，但是，反过来就不正确了。

兽用药物绝不要用于人。

例如，从为人的药房买来的青霉素可以给动物注射。但是，人不能用标签上注明的"供兽用"的青霉素。

28.3 选用正确的药物 SELECTING THE RIGHT MEDICINE

参见第四章，**61**页。

根据以下各点选择治疗方案：
·诊断
·需要治疗动物的数量
·可提供药物的情况
·药物的价格
·动物本身的价值
·动物存活与恢复生产力的可能性
·畜主或兽防员正确使用药物的能力
·畜主的支付能力
·畜主的选择

兽防员必须向畜主说明治疗的选择，包括价钱、操作、以及康复的可能性。这样当畜主考虑了病情和动物价值后，可以选择最佳治疗方案。

往往不可能给予最佳和最彻底的治疗。例如，最佳疗法可能需要每天注射，但如果畜主离得太远就不可行（除非近处有人懂得如何注射），也许还要选用别种药物；或许畜主无力支付全部治疗费用。在具体情况下，兽防员必须帮助畜主作出最佳决策。

兽防员有时甚至还要承受压力。一些农户希望打针，即使不必要！**一些药物，如抗菌素，当过量使用或无必要地使用会失去效益！**再说，药物是要花钱买的，有时还要受供应的限制。

28.3.1 保持记录和写处方

用一记录本，记载关于受检动物以及所给予治疗的资料极为重要。这些资料可用来与其他兽防员或兽医交流你的工作和当地常见病。

此外，写"处方"很重要，可说明用药恰当的方法、时间，和所施给的恰当动物。同样，差畜主去购药，有处方才能买回所需药物。

处方资料与笔记资料：

1. 畜主姓名。
2. 日期。
3. 药物名称。
4. 所治动物（年龄、品种等）。
5. 病况（记载主要症状、体温、呼吸等）。
6. 剂量（给药数量）。
7. 用药次数。
8. 必须给药的天数。
9. 给药途径与方法。
10. 注意事项。
11. 供自己用的记述：记录动物是否康复以及其他评述，如药费、其他费等。

对于畜主，即使他们能读、能写，你还得就以下内容作些说明。如果你怀疑他们是否明白，就让他复述给你听：剂量（给多少药），给药次数和给药频率，以及如何给药，并解释注意事项（如有注意事项）。

28.4 药物的保管和贮存 CARE AND STORAGE OF MEDICINES

将药物放在儿童与动物不能触及的安全地方。

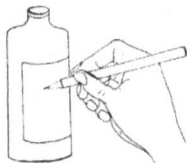

装药的容器上必须贴有药名标签，浓度和失效期。如果字迹已褪色或擦掉或洗掉，应重新写上。**不用**无标签的药。

药品贮存于清洁、干燥、干净的地方。
阳光直晒或过热都会损害药效。

除非另有说明，不要让药物结冰。有些药结冰会损害药效。

坚持按标签上的说明，来如何使用和如何贮存。多数标签上都有使用说明。

28.5 药物的废弃 DISPOSAL OF MEDICINES

药物、疫苗、注射器、针头以及其他对人畜有害的材料，都必须焚烧、深埋，或放在人、畜不易触及和发现的地方。

好的兽防员**绝不会**将针头、剃毛刀片或其他锐器用后弃置于地面，尤其是在有人赤脚的地方。

不要留下医疗废料！你留下的垃圾是做事不检点的表现，给人以坏印象，且对社区具有危害性。**应该随身携带一个装医疗垃圾的容器！**一个有盖的容器装杂物垃圾，如针头、刀片和锐性物品。**兽防员应该带走这些垃圾，回去作安全处理**。如果有人受到这些东西伤害，则是兽防员的过失！

28.6 药物——名称、剂型与浓度（含量）MEDICINES - NAMES, FORMS & STRENGTHS

同一药物：
有不同的商品名！
有不同的剂型！
有不同的含量或浓度！

28.6.1 同一药物---不同名称

通用名与商品名

药物的名称多有混淆不清，因为同种药物往往有许多不同的名称。在同一标签上通常有两个名称：

· **通用名**：通用名指药物的化学名，在标签上通常用<u>小体字</u>书写。通用名为世界所公认。它是一种共同语言。通用名<u>左旋咪唑</u>（levamisole）就是一个例子。

· **商品名**：商品名（或商业名）是公司或制药厂取的名字，往往用*大体字*在标签上书写。各个公司对某种药品都有自己的的名字。例如通用名<u>左旋眯唑</u>有许多商品名，如 *Levasole*，*Citarin*，*Ripercol*，以及 *Tramisol*。依所生产的公司和所在国家而有所不同。

同一药物有不同的商品名

为什么重要？因为有时同一药品，用不同的商品名销售。本书一般都用**通用名**，商品名有时也使用。商品名用斜体，并冠以大写字母（英文）。例如通用名氧四环素，而最常用的商品名是*土霉素*。

28.6.2 同一药物---不同剂型
同种药物有不同剂型。例如，药物可能有粉剂、液剂、胶囊，以及丸剂等。

粉剂、液剂、胶囊、丸剂	用于口服
液剂	用于注射
液剂、油膏、油脂、粉剂	用于皮肤或伤口
油膏	用于眼内或乳头外

为什么要了解这些？ 有时一种药物的另一种剂型用起来方便，价格也不贵。例如，口服药不需要注射器和针头，也不需要找懂得注射技术的人来注射。

同种药物不同剂型

液济　　　　　　　粉剂　　　　　　　胶囊

28.6.3 同种药物---不同剂量

药物的含量（剂量）是某种一定量药物内的实际有效成份量。
1 立方厘米或 "cc" 是一种容量的计量方法。1cc 也等于千分之一立升，
即 1 毫升 "ml"。

> 1cc = 1 立方厘米 = 千分之一升 = 1 毫升

药物内有效成份的数量通常用毫克或 "mg" 表示。

因此，药物的含量通常表示如下：
"每毫升含多少毫克" 或 "mg/ml" 或 "mg/cc"。
例如：50mg/ml，指每毫升（cc）含 50 毫克有效药物成份。

为什么要了解这些？ 药物的含量不同，价格就不同，给动物的药量也不同。四环素的胶囊就有不同的含量。

50 mg 　　　　　　100 mg 　　　　　　250 mg

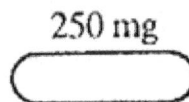

50 毫克　　　　　　100 毫克　　　　　　500 毫克

28.7 药物的标签---要认真阅读 MEDICINE LABELS - READ THEM CAREFULLY

选择了所用药物后，必须非常仔细阅读标签。因为动物的种类和体重大小不同，阅读兽用药物的标签尤其重要。同样，自己也要认真地写好药物标签，才能将药物交给畜主，让他们自己给家畜投药。

药物可能有益，但也可能造成危害。

如果使用不当，药物可能有害。为了防止出错，要带着以下问题认真地阅读标签：

· **通用名**是否正确？

· 药物对所**计划的应用**和对**具体动物**（例如：孕畜或幼畜）有无**危险**？

· 该药对**兽防员**有无**危险**（例如：杀虫剂，过敏）？

· 药物是否**过期**？（检查失效期）。

· 正确**剂量**应该是多少？（参见本书、标签，或包装内的说明书）。

· 施药的正确**方式**（注射、口服、外用、乳头内注射.）？

· 用药**次数**与间隔时间？

28.7.1 失效期
写在药物容器上可能有两项日期：

1. **生产日期**（**mfg**），是药物生产出来的日期，通常标明年与月（用西方日历）。例如 1/99（指 99 年 1 月）指药物是 1999 年月 1 月生产的。

2. **失效期**（**exp**），指药物最后一天的使用期。此后再使用，不会有效或有效性发生变化，也不再具有安全性了。

有些药品仅标明失效期。

28.7.2 标签上出现的其他术语

标签上可能有下列术语：

建议用量：

对具体动物的有效、安全剂量。

最大剂量：

指不管动物的体重，最大的使用剂量。

用法：

指如何用药。可能用到以下的缩略语（简称）：

IM=肌肉注射（注射入肌肉内）

SC 或 SQ=皮下注射（注射入皮下）

IV=静脉注射（注射入静脉内）

Orally，Per Os，PO=口服

Topically=外用（用于皮肤或伤口）

次数：

给药的次数与间期，可能用到以下缩略语：

SID=一天一次

BID=一天两次

TID=一天三次

QID=一天四次

"q"指"每"。例如，"q12hours"指"每 12 小时"

防护/注意/警示：

对具体情况的具体说明，例如：妊娠、泌乳或动物（幼畜、某些动物种类）。

停药期：

机体排出药物及其残留物所需时间。停药期也指从停药到屠宰或到乳用的间隔期。

> **停药时间举例**：
>
> 如乳用停药时间是 72 小时，指动物所产奶在停药后的前 72 小时饮用不安全，
> 因为奶里可能含有害的药物残留，72 小时后供人饮用才安全。
> 如果肉用停药期 1 周，则至少在停药 1 周后才屠宰。

种类：

一些药物仅用于某种动物。

活重或体重：

指动物的体重，常用缩略词"l. w."或"b. w."。在说明剂量时常用。

中毒剂量：

中毒剂量通常指能够安全地使用的最大剂量。如果超过中毒剂量，动物可能死亡。

28.8 用药方法：ADMINISTRATION OF MEDICINES

口服、注射等见第四章，治疗的原则，见 63-75 页。

28.9 药物的计算 MEASURING MEDICINES

<u>固体药物</u>与粉剂通常计算用：

- 毫克（mg）或克（gm）

  记住：1000mg=1gm；1000 毫克=1 克

- 'IU 或 u（国际单位）。这是青霉素常用的计量单位。

<u>液体药物</u>的计量用：

- 毫升（ml）或升（L）

  记住：1000ml=1L；1000 毫升=1 升

如果没有天秤来计量药物，可找一些当地常用的容器和茶匙。告诉畜主在无特殊设备的条件下，如何用容器或茶匙来计量药物。

例如：

- 一些茶匙能容 5 毫升液体。
- 一些汤匙能容 15 毫升液体。
- 一些烟盒能容 25 克硫酸镁

28.10 药物剂量的计算 CALCULATING DOSES OF MEDICINES

药物**剂量**的计算，指用**多少药**、**多少次**、连用**多少天**，以下步骤可计算用药量。

第一步

决定动物**体重**，见 36-41 页。

第二步

找出药物**剂量**，如剂量 **mg/kg**（每公斤多少毫克）。则转入第三步，如果每公斤体重用多少毫升 **ml/kg**（每公斤多少毫升），则跳到第四步。

第三步

按剂量计算动物的用**药量：**

剂量（**mg/kg**）×体重（**kg** 公斤）=所需总毫克药量。

例如：如果剂量是每公斤体重 20 毫克，山羊体重是 20 公斤，于是：

20（mg/kg）×20kg=400mg 所需药量。

这就是说，20 公斤重的山羊需要 400 毫克的药量。

如果药物是粉剂（固体），你的计算就完成了。只要给予 400 毫克药物（通常混于饲料或饮水内，按指定的次数和剂量给山羊投药。

如果药物是液体，除了计算用药量外，还要计算给**多少容积**的药液，这就需要知道该溶液所含药物的浓度了。

计算**容积**就要用到以下资料了：

- 所需药物的**重量**（毫克）
- 药物的**含量**。通常在瓶签上有，并以每毫升含多少毫克表示（mg/mL）。将含量作为公式中的一个因数，只要将分数颠倒一下就行了。如瓶签上的土霉素含量是每毫升含 100 毫克（100mg/1mL），计算所需容积时颠倒成 1mL/100mg，见如下公式：

所需容积（毫升）=所需总毫克量×毫升/毫克

例如：20 公斤体重的山羊，如前例，需要 400 毫克药物。如果液体药物的含量是 100mg/mL，所需药量是：

400mg×1mL/100mg=4mL（4 毫升所需药量）

因此，给山羊 4 毫升或 4cc 药液就行了。

第四步

如果剂量是以每公斤体重给多少毫升计算（mL/kg），只需要用动物的体重来计算所需药量就行了。可用以下公式：

所需剂量（毫升/公斤）×体重（公斤）=所需药量（毫升）

例如：剂量是每公斤 2 毫升，30 公斤体重的猪所需药量是：

2 mL /kg×30kg=60 mL 或 60cc（60 毫升所需药量）

因此，给猪 60 毫升或 60cc 药液就行了。

注：如果是注射液，应该分次或至少 3 个不同部位，对猪体进行注射。任何一个部位不应多于 20cc 药物。

28.10.1 剂量计算的实例

1. *粉状驱虫剂容器上的标签*

保护消费者：已服用药物的动物，7 日内不得屠宰肉用，奶畜 24 小时内所产奶不得供人饮用。

给药途径：牛、绵羊和山羊灌服；猪混于饲料；家禽混于饮水。

生产日期：94 年 5 月。

失效期：生产日期后的 48 个月。

建议剂量：每公斤活重 45 毫克（45mg/kg1．w.），供牛、绵羊、山羊和猪用。

用于家禽：10 克药粉溶于 4 升饮水内，供 100 只鸡饮用。

牛与绵羊的最大剂量：牛 15 克；绵羊和山羊 2 克。

动物种类：牛、绵羊、山羊、猪、家禽。

标签上资料的应用：
30 公斤体重的山羊的用药量：
45mg/kg×30kg=1350mg=1.35gm（1.35 克）

50 公斤体重的山羊的用药量：
45mg/kg×50kg=2250mg=2.25gm（2.25 克）

但是，山羊的最大剂量是 2 克！所以，只能给 50 公斤体重的山羊 2 克药物。

2. *四环素注射液*
标签或教科书上的剂量：每公斤体重 4 毫克肌肉注射。
需要注射药剂的水牛体重：400 公斤。

计算：4mg/kg×400kg=1600mg；400 公斤体重的水牛用药量是 1600 毫克。
但是，这种四环素是液体，因此需要用下列计算方法，即用药物含量方法来计算。

四环素的含量（按瓶签）：50 毫克/毫升（50mg/ml）。
计算：1600mg×1ml/50mg=32ml，供 1 头 400 公斤体重水牛的药量。

因此，给 400 公斤体重的水牛肌肉注射 32 毫升四环素。

29.0 常用药物及其剂量 29.0 COMMON MEDICINES AND THEIR DOSES

前言 INTRODUCTION

恰当使用药物并给予正确剂量是非常重要的。同样重要的是认真做治疗记录。应记录的内容包括**所治动物的明确记录、主要症状**、临床观察（体温、脉搏和呼吸等）、药物名称、药物剂量、给药频率、药物成本和关于动物是否恢复的评论等，**要回顾这些内容，参阅第 344 页。**

29.1 注射液 INJECTIONS

29.1.1 抗菌素注射液 ANTIBIOTICS

- 抗菌素的功能是杀灭导致各种疾病的细菌**或阻止其生长**。然而，抗菌素仅对某些类型的细菌有效。 兽防员**的**责任就是针对某一疾病问题选择正确**的抗菌素**。

- 如果抗菌素使用不当，细菌抗药性就会变得越来越强大，直到抗菌素不再对该特定细菌起作用。这就是所谓的"抗菌素抗药性"，同时这也是一个日益严重的世界性问题。过去的一些抗菌素对某些疾病很有效但如今已失效。

- 通常，不要给成年食草动物喂抗菌素，因为抗菌素也会杀死胃里的有益微生物。可使用抗菌素注射液代替。但如果没有人可以进行注射，则可能需要给成年食草动物（如牛、水牛等）喂抗菌素

- 治疗病毒引起的疾病，请勿使用抗菌素。疾病开始时为**病毒**，而后由细菌引发问题的情况除外。例如，口蹄疫（病毒）可能会造成动物脚部出现伤口。之后，这些伤口感染（细菌）。虽然青霉素对口蹄疫病毒没有作用，但是有助于杀灭引起伤口感染的细菌。

- **本书**给出了 6 组不同的抗菌素。各组抗菌素在体内的作用不同，且针对不同的微生物产生不同作用。每种类型的抗菌素在体内停留的时间不同。必须遵守正确的"**停药期**"，**否**则人在食用经过抗菌素治疗的动物的肉或奶时，就有可能受到抗菌素的伤害，见第 348 页。五组抗菌素为：
    青霉素和头孢菌素组、
    四环素组、
    氨基苷组、
    磺胺类药物组和
    氯霉素和其他组。

青霉素和头孢菌素组 PENICILLINS AND CEPHALOSPORINS

这一组包括**青霉素、阿莫西林、氨苄青霉素、头孢氨苄、头孢噻呋等。**对于多种家畜感染**病，青霉素仍然是一种非常有效的抗菌素。**对于各种化脓性感染特别有效。青霉素也十分安全可靠。青霉素过量不会造成动物死亡，但是如果使用过少，则会导致**抗菌素耐药性。**

有些动物对青霉素产生过敏反应，**可能会使皮肤红肿、发痒。**其他动物可能出现干扰正常呼吸的过敏反应，**此类动物可能会快速死亡，见第 85 页。**此类反应可用**肾上腺素**治疗。如果动物个体有过青霉素过敏反应，则不要再给予该动物个体任何类型的青霉素。(同样，对于任何曾引发过敏反应的药物——**无论是以任何形式**，此药物都不应再应用于该特定动物个体，**否**则可能会造成动物死亡。)

正如以下各表所示，青霉素对牲畜各类型感染非常有效，特别是在动物个体伤口较深时，可预防破伤风。如果**所感染细菌的种类未知，青霉素类和头孢类抗菌素**往往是首选。当这两类抗菌素**与氨基苷**类抗菌素药物结合应用时，**治疗效果特别好。但**这两类抗菌素不应与四环素类、磺胺类药物或氯霉素联合使用。青霉素类价格很低，但头孢菌素类却非常**昂贵。**

氨基苷组　AMINOGLYCOSIDE GROUP

这一组包括链霉素、庆大霉素、卡那霉素和新霉素等。氨基苷类药物通过干扰细菌内部化学机制来杀灭细菌。此类药物对一些常见的细菌非常有效，但因此药物对听力和肾脏有毒**性副作用，使用**时必须谨慎。一般情况下，如果经肠道给药，药物停留在肠道内；如果注射，药物停留在内部组织中。通常适用于治疗动物幼崽的腹泻。注射氨基苷类抗菌素的停药期很长。氨基苷类抗菌素不应与四环素类、磺胺类药物或氯霉素混合使用。

四环素组 TETRACYCLINE GROUP

这一组包括四环素、土霉素和金霉素等。它们能抑制细菌，使细菌无法正常生长。这些药剂对肝脏、呼吸道和皮肤组织**有良好的效果。**四环素类药物可以口服、注射或外用于 (体表) 眼部。*因为四环素类抗菌素可引起马的异常反应，并可致死，所以请勿将此类药物用于马。*四环素类药物价格低廉，且容易获得。勿与任何其他抗菌素混合使用。

磺胺类药物组 SULFA GROUP

这一组包括多种名称以"**磺胺"开头**的抗菌素，如磺胺甲嘧啶和磺胺二甲嘧啶。此类抗菌素自 20 世纪 30 年代早期已存在。磺胺类药物可以口服、注射或外用于伤口处理。勿与任何其他抗菌素同时给药。

决定用何种抗菌素——几张实用表

● 大量的多种疾病和抗菌素抗药性问题使选择正确的抗菌素成为一个难题。**尽管如此，如下**原则应有助于选择有效的抗菌素。如果第一选择应用**了 3-5 天后没有效果，**就换用列表中的另一个，**最好是不同类的抗菌素。例如，**若**青霉素不起作用，最好**选取另一组的抗菌素。

（《药物及其用法》·（CVM） 出版物）

（注：青霉和头孢=青霉素和头孢菌素组，四环素=四环素组，氨基苷=氨基苷组，磺胺=磺胺类药物组，氯霉素=氯霉素，泌尿生殖=影响生殖或泌尿系统的状况）

马与驴的抗菌剂表　　　Horses and Donkeys

状况（问题）	第一选择	第二选择
肺炎	青霉和头孢、氨基苷	磺胺
腹泻	青霉和头孢、氨基苷（口服）	磺胺
泌尿生殖	青霉和头孢	氨基苷
其他软组织	青霉和头孢	磺胺

牛与水牛的抗菌剂表 Cattle and Buffalo

状况（问题）	第一选择	第二选择
肺炎	青霉和头孢、四环素	磺胺、氨基苷
腹泻	氨基苷（口服）	磺胺
泌尿生殖	青霉和头孢	氨基苷、磺胺
乳腺炎	青霉和头孢	四环素、磺胺
其他软组织	青霉和头孢	四环素

猪的抗菌剂表 Swine

状况（问题）	第一选择	第二选择
肺炎	青霉和头孢	四环素
腹泻	氨基苷（口服）	磺胺、泰乐菌素
泌尿生殖	青霉和头孢	四环素
皮肤	青霉和头孢	氨基

绵羊与山羊抗菌剂表 Sheep and Goats

状况（问题）	第一选择	第二选择
肺炎	四环素	磺胺、泰乐菌素
腹泻	氨基苷	磺胺
泌尿生殖	四环素	青霉和头孢、氨基苷、磺胺
乳腺炎	青霉和头孢	氨基苷
其他软组织	青霉和头孢	四环素

犬与猫抗菌剂表　Dogs and Cats

状况（问题）	第一选择	第二选择
肺炎	青霉和头孢、磺胺	氨基苷、四环素
腹泻	青霉和头孢、氨基苷（口服）	磺胺、氯霉素
泌尿生殖	青霉和头孢	磺胺
其他软组织	青霉和头孢	磺胺
皮肤	氯霉素	红霉素、磺胺

青霉素和头孢菌素的使用　USING PENICILLINS AND CEPHAOLSPORINS

*不同类型的青霉素注射剂：*有些种类的青霉素起效快，但作用时间时间**短**。这些被称为*短效*或*中效青霉素*。其他种类的青霉素起效较慢（几乎一整天），但其**持续**时间可达**数日**，这些被称为*长效*青霉素。

*小结：*青霉素是针对大部分皮肤、肌肉和子宫感染的首选药物，对破伤风尤其有效。**绝不要用普鲁卡因青霉素或苄星青霉素进行静脉注射**，这两中抗生素必须**使用肌注或皮下注射**。青霉素可能为粉末状，装于小药瓶内（玻璃瓶），使用时应加入蒸馏水或**煮开**过的水（冷却的）；也可能为预混合的直接可用的液体。粉末与水混合后，**7 日内就会失去效力**，故应弃用。

青霉素 G（苄星青霉素）Penicillin G (benzathine)

适应症状：见前文"**青霉素和头孢菌素组**"

剂量与用药途径：

　　　　马-10,000-40,000 国际单位/公斤，肌注，每 2-3 天

　　　　牛-40,000 国际单位/公斤，肌注，每 2-3 天

　　　　猪-40,000 国际单位/公斤，肌注，每 2-3 天

　　　　羊-15,000 国际单位/公斤，肌注，每 4-5 天

　　　　犬-40,000 国际单位/公斤，肌注，每 5 天

　　　　猫-40,000 国际单位/公斤，肌注，每 5 天

　　　　兔-40,000 国际单位/公斤，肌注，每隔 1 天

停药期：注： 有效剂量大大超过标签剂量，因此标签停药期必须长于标签要求期限。

牛-肌注用药，肉 21 天，奶 13 天，皮下注射用药，肉 42 天

注意事项：此为长效青霉素制剂，要特别注意较长的**用药间隔**。

青霉素 G（普鲁卡因青霉素）Penicillin G (procaine)

适应症状：见前文"**青霉素和头孢菌素组**"

剂量与用药途径：

　　　　马-20,000-50,000 国际单位/公斤，肌注，每天 2-3 次

　　　　牛-20,000-54,000 国际单位/公斤，肌注，皮下注射，每天 1-2 次

　　　　猪-20,000-54,000 国际单位/公斤，肌注，皮下注射，每天 1-2 次

　　　　羊-6-16 毫克/公斤，肌注，每日 1-2 次

　　　　美洲驼-40,000 国际单位/公斤，皮下注射，每日 1 次

　　　　犬-20,000 国际单位/公斤，肌注，皮下注射，每天 1-2 次

　　　　猫-20,000 国际单位/公斤，肌注，皮下注射，每天 1-2 次

　　　　兔-50,000-100,000 国际单位/公斤，肌注，每天 2 次

停药期：注： 有效剂量大大超过标签剂量，因此停药期必须长于标签指定期限。

牛-肌注用药，肉 21 天，皮下注射用药，肉 42 天

氨苄青霉素（氨西林，三水氨苄西林）Ampicillin

适应状症：见前文"**青霉素和头孢菌素组**"

剂量与用药途径：

　　　　马-11-22 毫克/公斤，肌注，静脉注射，每日 2-3 次

　　　　牛-5-12 毫克/公斤，肌注，每日一次

　　　　猪-5-12 毫克/公斤，肌注，每日一次

美洲驼-11 毫克/公斤，静脉注射，每日 3 次

犬-22 毫克/公斤，口服，每日 3 次；或

11-22 毫克/公斤，皮下注射，肌注，每日 3-4 次

猫-22 毫克/公斤，口服，每日 3 次；或

11-22 毫克/公斤，皮下注射，肌注，每日 3-4 次

雪貂-10 毫克/公斤，肌注，每日 2 次，或

20 毫克/公斤，皮下注射，每日 2 次，或

20 毫克/公斤，口服，每日 2 次

停药期：牛-肉 6 天，奶 2 天

头孢氨苄 Cephalexin

适应症状：见前文"青霉素和头孢菌素组"

剂量与使用途径：

马-10-30 毫克/公斤，口服，每日 3-4 次

山羊-30 毫克/公斤，皮下注射

犬-10-30 毫克/公斤，口服，每日 2-4 次

猫-10-30 毫克/公斤，口服，每日 2-4 次

兔-15 毫克/公斤，皮下注射，每日 2 次

豚鼠-15 毫克/公斤，肌注，每日 2 次

鸡-55-110 毫克/公斤，口服，每日 2 次

氯唑西林 Cloxicillin

适应症状：见前文"青霉素和头孢菌素组"

剂量与使用途径：

牛-500 毫克的苄星头孢匹林；或

200 毫克的头孢匹林钠乳房内输注渗入每各乳房。

注射 200 毫克的头孢匹林钠

犬-10-40 毫克/公斤，口服或肌注，每日 3-4 次

猫-10-40 毫克/公斤，口服或肌注，每日 3-4 次

停药期：

牛-苄星头孢匹林；肉 & 奶 30 天，

头孢匹林钠；肉 10 天，弃奶期 2 天（加拿大规定 2.5 天）。

注意事项：苄星青霉素渗液应只用于停乳期的奶牛。

青/链霉素合剂（普鲁卡因青霉素 G+双氢链霉素）Pen/Strep

适应症状：见前文"青霉素和头孢菌素组"

通常配方是每 2 毫升混合液含 400,000 国际单位的普鲁卡因青霉素 G + 0.5 克双氢链霉素。

剂量与使用途径：

马-10-12 毫升，肌注，每日 1-2 次

马驹-1 毫升/22 公斤，每日 1-3 次

牛-10-12 毫升，肌注，每日 1-2 次

小牛-1 毫升/22 公斤，每日 1-3 次

猪-1 毫升/22 公斤，每日 1-3 次

绵羊-1 毫升/22 公斤，每日 1-3 次

停药期：食用动物-肉 30 天，奶 3 天

氨基苷类药物的使用 USING AMINOGLYCOSIDES

庆大霉素 Gentamycin

适应症状：见前文"**氨基苷组**"。庆大霉素是一种常见而廉价**的氨基苷**，**通常**经口服给药用于治疗家畜腹泻，**注射**治疗一般性感染，在眼科制剂中用于治疗眼部感染，以及在耳用制剂中用于治疗犬与猫的耳部感染。请注意在给牛和猪注射时，停药期较长。口服给药时，不经肠道吸收。

剂量与**用药途径**：

马-2-4 毫克/公斤，肌注，皮下注射，**静脉注射**，每日 1 次

牛-2.2 毫克/公斤，肌注，**静脉注射**，每日 3 次

猪-5 毫克， 1-3 天龄仔猪肌注，或

　　　　1-3 天龄仔猪口服给药 5 毫克；或

　　　　每加仑(3.8升)饮用水 25 克，服用 3 天

美洲驼-2 毫克/公斤，肌注，每日 3 次

犬-2 毫克/公斤，皮下注射，肌注，每日 3 次

猫-2 毫克/公斤，皮下注射，肌注，每日 3 次

鸡-总剂量 0.2-1 毫克，皮下注射，每日 1 次

兔-4 毫克/公斤，肌注，每日 1 次

雪貂-5 毫克/公斤，肌注，每日 1 次

沙鼠-5 毫克/公斤，肌注，每日 1 次

豚鼠-5 毫克/公斤，肌注，每日 1 次

仓鼠-5 毫克/公斤，肌注，每日 1 次

停药期：

牛-肉 180-360 天，奶 5 天

猪-如果注射，肉 40 天；如果口服，肉 3-14 天

注意事项：长时间高剂量可能导致肾脏损害。勿与氨基**苷**组中其他药物联合使用。

四环素药物使用 USING TETRACYCLINES

由于可杀灭许多不同种类的细菌，此类药物也是广谱抗菌素。市面上所见此类药物有许多不同的名称，如***土霉素、氧四素和***盐酸*四环素 Hostacycline* 等。**市**场上，此类药物的浓度不同，如 50 毫克/毫升或 100 毫克/毫升。四环素药物通常起效快，但需要每天给药（每日）。有时也可买到*长效*四环素。某些种类可以静脉注射，其他则不能。因此，请仔细阅读标签！

注意事项：**勿用于马、驴或骡**，因为此药会破坏盲肠微生物。如可能，请勿让反刍动物口服。药物剂型按形态分类有片剂、粉末、液体、注射剂、大丸药等。口服四环素可用于犬和猫，没有任何问题。但此药不应用于反刍动物，除非无人可进行注射。

土霉素　Oxytetracycline

适应症状：见前文"四环素药物组"。

剂量与**用药途径**：

牛-4-11 毫克/公斤，肌注，**静脉注射**，每日；或

　　　　10-20 毫克/公斤，口服，每日 4 次

牛-长效注射（LA-200)

肌注一次 20 毫克/公斤

    猪-6-11 毫克/公斤，肌注，静脉注射，每日；或

        10-20 毫克/公斤，口服，每日 4 次；

    猪-长效注射（LA-200）

        每 2 天，20 毫克/公斤；

    绵羊-10-20 毫克/公斤，口服，每日 4 次；或

        6-11 毫克/公斤，肌注，静脉注射，每日 1 次；

    绵羊-长效注射（LA-200）

        每 3 天，20 毫克/公斤；

    山羊-10-20 毫克/公斤，口服，每日 4 次；或

        6-11 毫克/公斤，肌注，静脉注射，每日 1 次；

    山羊-长效注射（LA-200）

        每 3 天 20 毫克/公斤；

    美洲驼-11 毫克/公斤，静脉注射，每日一次；

    美洲驼-长效注射（LA-200）

        每 3 天 20 毫克/公斤；

    犬-7-12 毫克/公斤，肌注，静脉注射，每日 2 次；或

        22 毫克/公斤，口服，每日 3 次；

    猫-7-12 毫克/公斤，肌注，静脉注射，每日 2 次；或

        22 毫克/公斤，口服，每日 3 次。

<u>停药期</u>：牛口服-肉 5 天，奶 4 天

    牛肌注，静脉注射-肉 18 天，奶 3 天

    牛长效肌注-肉 28 天

    猪-肉 21 天

    绵羊-肉 21 天

<u>注意事项</u>：请勿用于马。勿用奶给药，或与任何其他抗菌素同时给药。此药可能会引起肠胃不适。如果注射量大，需分多个部位注射。

磺胺类药物的使用 USING SULFAS

    此类药物通常以口服药形式出售，但偶尔也有注射剂。尽管它们的作用与抗菌素类似，但似乎对瘤胃中的有益微生物的不利影响较少·因此这些药物经常被用作口服药来治疗反刍动物的感染性疾病。通常用于治疗腹泻、泌尿系统感染和一些类型的创伤及蹄部感染。

    给药同时必须喂大量的水。如果动物不喝水，就不要给予此类药物，否则可能会损害肾脏。

磺胺嘧啶+三甲氧苄氨嘧啶（畜必生 Sulfadiazine + Trimethoprim

<u>适应症状</u>：见前文"磺胺类药物组"。此药由磺胺甲恶唑和甲氧苄胺嘧啶组成。作用如**广谱抗菌素**且比氨苄青霉素便宜。

<u>剂量与用药途径</u>：

    马-30 毫克/公斤，口服，每日 2-3 次；或 15 毫克/公斤，静脉注射，每日 2 次

    牛-30 毫克/公斤，口服，每日 1 次

    猪-48 毫克/公斤，肌注，每日 1 次

    绵羊-75 毫克/公斤，口服，每日 1 次；或13-20 毫克/公斤 肌注，皮下注射，静脉注射，每日 1 次；   犬-15-30 毫克/公斤，口服，每日 1-2 次

猫-30 毫克/公斤，口服，每日 2 次

停药期：　　　牛-肉 3 天，奶 7 天

　　　　　　　猪-肉 10 天

　　　　　　　绵羊-肉 14 天

磺胺二甲基嘧啶 (Sulfamethazine or Sulfadimidine)

适应症：见前文"磺胺类药物组"。

剂量与用药途径：

　　　　牛-200 毫克/公斤，口服一日，然后

　　　　　　　100 毫克/公斤，每日一次

　　　　猪-200 毫克/公斤，口服一日，然后

　　　　　　　100 毫克/公斤，每日一次

　　　　绵羊-30 毫升的 12.5% 溶液口服一天，然后 15 毫升每日一次

　　　　狗-50 毫克/公斤，口服，每日 2 次

　　　　猫-50 毫克/公斤，口服，每日 2 次

　　　　兔-2 克/每升饮用水

　　　　鸡-1 克/每升饮用水

停药期：牛-肉 10 天，奶 4 天

　　　　猪-肉 14 天

29.1.2 抗组胺药（非尼拉敏、氯苯拉敏、异丙嗪）ANTIHISTAMINES

这些药物对某些中毒的情况有效，尤其是身体部位有肿胀的情况。对蚊虫叮咬也有效。抗组胺药只有在动物刚发病后很快给药才有效。在动物被咬伤或刺伤几天后，使用此药将可能无效。请参阅第 84 页第 5 章过敏。

按照标签上的剂量和指引使用。

如果一次注射无效，就没有必要再次使用。如果首次注射有效，然后应一天注射两次，直到动物好转.

29.1.3 抗炎症药物 ANTI-INFLAMMATORY DRUGS

　　　炎症是身体对微生物、化学或物理伤害的反应。炎症引起发热（发烧）、发红、疼痛、肿胀和功能丧失。蜜蜂蜇伤就是此过程的一个好例子。在大多数情况下，炎症是身体对抗攻击的一种

359

方式，**控制**损害和开始修复过程。在某些情况下炎症过程可能成为一个长期问题。在这些情况下给予抗炎药物可有助于减少炎症。这些药物分为"类固醇"和"非类固醇"**两个大组**。"类固醇"**与体内合成的可的松等激素**类似，通常可限制炎症。"非类固醇"是合成药物，如阿司匹林，可**阻止炎症症状**。各组都有自身的疗效和不良反应。"**类固醇**"**会降低身体**对传染性疾病的防御能力并引起食欲过旺、体重增加、水分消耗和排尿。"非类固醇"**可以刺激**，**并造成胃**肠道系统溃疡。下面的抗炎药列表包含最常见的动物抗炎药。

类固醇 Steroids

警告：
1.　　　类固醇不应用于妊娠期动物，除非必须保住母体。如果给药，特别是在妊娠最后几个月，极有可能在注射 **2-4 天后造成**动物流产（死亡和早产）。
2.　　　**如果**动物有伤口，在没有注射抗菌素时，不得给予类固醇治疗，否则动物可能死于感染。

地塞米松 Dexamethasone
适应症：**地塞米松是强力长效的**类固醇抗炎药。可用于治疗关节炎、跛足和肌肉损伤。
剂量与用药途径：

　　　　马-0.02-0.2 毫克/公斤，口服，肌注，静脉注射，每日 1 次
　　　　牛-5-10 毫克/公斤，肌注，静脉注射，每日 1 次
　　　　猪-1-10 毫克，肌注，静脉注射，每日 1 次
　　　　犬-0.25-1.25 毫克，口服，每日 1 次，持续 3-5 天；或
　　　　　　　0.5-1 毫克，肌注，静脉注射，每日 1 次，持续 3-5 天
　　　　猫-0.125-0.5，口服，肌注，静脉注射，每日 1 次，持续 3-5 天
　　　　兔-2.6-4 毫克/公斤，肌注，根据需要

停药期：未知
注意事项：见如上警告。

去氢氢化可的松 Prednisolone
适应症：**去氢氢化可的松是中效**类固醇，可用于治疗关节炎、 **跛足和肌肉**损伤。作用几乎等同于强的松。
剂量与用药**途径**：

　　　　马-0.25-1.0 毫克/公斤，肌注，每日 1 次
　　　　牛-0.2-1.0 毫克/公斤，肌注，每日 1 次
　　　　猪-0.2-1.0 毫克/公斤，肌注，每日 1 次
　　　　犬-0.5 毫克/公斤，口服，每 1-2 天
　　　　猫-1.2 毫克/公斤，口服，每 1-2 天

停药期：未知
注意事项：见如上警告。

非类固醇 Non-Steroids
阿司匹林—见本章第 29.2.5 节口服药。
氟尼辛 (Banamine, Finadyne)

适应症状：**氟尼辛**是非常强效的（阿司**匹林**类）抗炎药，主要用于治疗马和牛的跛足、绞痛和幼崽腹泻。

剂量与途径：

> 马-1.1 毫克/公斤，口服，肌注，静脉注射，每日 1-3 次
>
> 牛-2.2 毫克/公斤，静脉注射，如需要注射共 3 剂，注射间隔 12 小时
>
> 猪-2.2 毫克/公斤，深度肌注，注射间隔 12 小时
>
> > 如需要共注射 3 剂（根据澳大利亚说明书）
>
> 美洲驼-0.5-1 毫克/公斤，静脉注射，每日 1-2 次
>
> 犬-0.5-1.0 毫克/公斤，静脉注射，仅注射一两次。

停药期：牛-肉 14 天，奶 4 天

警告：请勿用于猫。妊娠期动物用药需谨慎。长期高剂量服用**会造成胃**肠溃疡。此药对缓解疼痛效果很好，以至于被指掩盖了腹**痛的**严重性，并因此耽搁手术等更有效的疗法。请不要与任何一类抗炎药联合使用。

保泰松（布他酮、苯丁唑酮）见本章第 29.2.5 节口服药。

29.1.4 利尿剂（呋喃苯胺酸、速尿灵、DIURETICS

利尿剂可使身体产生更多的尿液，进而**排除**额外的、不必要的水分（水肿）。有时艰难生产后，注射利尿剂可以帮助消除外阴周围的肿胀。注射利尿剂后，可减轻乳头和乳房的肿胀和疼痛。

警告：当动物不能排尿时，**决对不可**给这些动物使用利尿剂。**利尿**剂价格昂贵且非常危险。利尿剂**常常被**滥用。

剂量：**利尿**剂种类**不同**，剂量也不同。请阅读标签。

29.1.5 补剂/支持剂（维生素和矿物质 SUPPLEMENTS/SUPPORTIVES (VITAMINS & MINERALS)

由于**缺乏价格**实惠的高质量饲料，以及寄生虫感染，在发展中**国家**营养不足较常见。缺乏维生素和矿物质尤其常见。这些情况的最佳治疗方法是提供健康饮食——**而不是使用昂贵的注射剂**。但是，在某些情况下，也**可用注射**剂帮助动物快速恢复食欲和健康。关于健康饮食的更多详细信息，见第 106 页。

右旋**糖**酐铁 Iron Dextran

适应症状：右旋糖酐铁最常用于仔猪。也可能用于因受伤或严重寄生虫感染而失血过多的动物。

警告：仔细计算剂量并远离儿童。

剂量与用药途径：

> 马-500-1,000 毫克，肌注（分成 2-3 个注射位置），每 7 天
>
> 猪-100-200 毫克，肌注，1-4 天龄；或 50-100 毫克，肌注，每 7 天
>
> 犬-10-20 毫克，肌注，一次
>
> 猫-50 毫克，肌注，一次

停药期：无要求

维生素 A 与 D 注射液 Vitamin A & D Injection

适应症状：饲料质量差时，动物就可能缺乏维生素 A 与 D 。使用浓度和说明，各国之间可能不同。列出的剂量是对美国的产品适用，每毫升含 500,000 国际单位维生素 A 和 75,000 国际单位维生素 D3 。

注意事项：注射痛感强烈，确保适当保定动物。

剂量与用药途径：

> 牛-成年 2-4 毫升，肌注
>> 一岁幼崽 1-2 毫升，肌注
>> 牛犊 0.5-1.0 毫升，肌注
>
> 猪-成年 1-2 毫升，肌注
>> 生长期 0.5-1.0 毫升，肌注
>> 仔猪 0.25-0.5 毫升，肌注
>
> 绵羊 成年 1-2 毫升，肌注
>> 育肥羔羊 0.5-1.0 毫升，肌注
>> 羔羊 0.25-0.5 毫升，肌注

注：也可口服给药。按照标签上的说明，勿超标签剂量，如给药时间过长，这些维生素具有毒性。

停药期：肉 60 天

维生素 B 复合注射液 Vitamin B-complex

适应症状：维生素 B 复合剂是几种相关的维生素 B 种类及其他维生素的混合物。浓度和说明，各国之间可能不同。列出的剂量为指导剂量。

注意事项：光线、日光和热能破坏此类维生素，注意防护。如果溅在皮肤或衣物上，可能造成染色。注射痛感强烈，确保适当保定动物。

剂量与用药途径：仔细阅读标签。

停药期：无要求

钙注射液 Calcium Injection

需用于生病的高产动物（如乳热症，见第 270 页。） 除高产奶牛外，极少应用。长期营养不良动物应口服治疗。 如需用于乳热症，务必注意仔细按药品标签使用。静脉注射钙不可过快。而应该缓慢滴注。

29.1.6 解毒剂 ANTIDOTES
阿托品（硫酸阿托品） ATROPINE

适应症状：阿托品用作有机磷杀虫剂中毒的解毒剂，见第 83 页。列出的剂量为指导剂量。阿托品的剂量和频率需要足够，才足以控制有机磷中毒的症状**警告**：高剂量能引起兴奋、口干、呕吐、便秘、癫痫发作、心率过快和休克。

剂量与用药途径：

> 马-0.22 毫克/公斤，肌注，皮下注射
> 牛-0.5 毫克/公斤，肌注，皮下注射
> 猪-0.22 毫克/公斤，肌注，皮下注射
> 绵羊-0.5 毫克/公斤，肌注，皮下注射

山羊-0.5 毫克/公斤，肌注，皮下注射

犬-0.2-2.0 毫克/公斤，肌注，皮下注射

猫-0.2-2.0 毫克/公斤，肌注，皮下注射

停药期：未知

肾上腺素 (Adrenaline)

适应症状：肾上腺素作为一种急救药物用于治疗极端的过敏反应（过敏反应）。这些突然的、严重的和危及生命的过敏反应可由昆虫叮咬、疫苗接种反应或接触青霉素引起。

注意事项：肾上腺素能导致恐惧、兴奋、呕吐、心率加快和**心率**不齐。肾上腺素的作用只会持续几分钟，但通常不需重复给药。

剂量与用药途径：使用 1∶1000 溶液 （1 毫克/毫升）

马-每 45 公斤体重 0.3-0.5 毫升，肌注，皮下注射

牛-每 45 公斤体重 0.5-1.0 毫升，肌注，皮下注射

猪-每 45 公斤体重 0.5-1.0 毫升，肌注，皮下注射

绵羊-每 45 公斤体重 0.5-1.0 毫升，肌注，皮下注射

山羊-每 45 公斤体重 0.5-1.0 毫升，肌注，皮下注射

犬-每 10 公斤体重 0.1-0.2 毫升，静脉注射，肌注，皮下注射

猫-0.1 毫升，静脉注射，皮下注射

（使用 1∶10000 溶液，由于含量为 0.1 毫克/毫升，应按以上列举量的 10 倍给药）

29.1.7 注射用镇静剂、安定剂、止痛剂和麻醉剂 INJECTABLE SEDATIVES, TRANQUILIZERS, ANALGESIC and ANESTNETIC.

安定剂和镇静剂帮助动物暂时变得更平静，对噪声、移动和疼痛的反应减弱。

止痛剂缓解疼痛。

麻醉剂可分为两类：局部和全身。

-**局部麻醉剂注入所需区域周围或注入**支配所需区域的神经。局部麻醉剂阻止神经产生痛觉。

-**全身麻醉剂作用于大脑**。在全身麻醉下的动物就好像睡着了，**达到无法被唤醒的程度**。全身麻醉的动物即使在进行疼痛的手术时也不会移动。**全身麻醉剂通常用于**进行大手术。此类药物也具有潜在风险，只应由兽医或接受过某些特殊训练的兽**防员来**给药。

安定剂与镇静剂的使用

1. 使难控制的动物安静下来接受检查、运输或打石膏或上夹板。
2. 可以与局部麻醉剂一同给药以进行缝合。

警告：

1. **如果**动物情绪低落或病得很重，安定剂对动物的影响可能比平常大。如果肝脏功能**不好**，动物需要更长的时间才能苏醒。低剂量给药可减少影响。
2. **如果**动物高度兴奋，给予安定剂后，动物可能会变得更兴奋，也可能安定剂无任**何作用**

3. 这些药物存在潜在风险，只应由接受过某些特殊训练的兽防员来给药。

赛拉嗪（Xylazine）

<u>适应症状</u>：见上文。

<u>警告</u>：**如作用于**马后腿周围，请勿单独使用此药。

如动物有心脏问题，请勿使用。

请勿用于妊娠晚期奶牛、绵羊或山羊，因为其可能会导致流产。

请勿用于猫。

<u>剂量</u>与**用药途径**：肌注后10-15分钟产生镇静作用，**持续** 1-2 小时；

镇痛持续时间 15-30 分钟。

      马-站立镇静 0.88-1.1 **毫克/公斤，肌注**。

      马驹-0.88-1.1 **毫克/公斤，肌注**

      奶牛-0.11-0.22 **毫克/公斤，肌注**。

          注：**此剂量可使乳牛躺下。如果要求**

          站立镇定，需低剂量给药。**妊娠晚期，请勿给药**。

      绵羊-0.1-0.2 **毫克/公斤，肌注**。

          注：**绵羊不如牛对赛拉嗪敏感**。

      山羊-0.1-0.15 **毫克/公斤，肌注**。

          注：**山羊比牛对赛拉嗪更敏感**。

      猪-2.2 **毫克/公斤，肌注**。

          注：**对猪的镇定效果不可靠**。

      美洲驼-0.1-0.25 **毫克/公斤，皮下注射，在氯胺酮之前或单独**

      豚鼠-5 **毫克/公斤，肌注，在同一注射器内与 20-40 毫克/公斤的氯胺酮混合**。

          持续 15-35 分钟。

      兔-4.0-5.0 **毫克/公斤，肌注**。

马来酸乙酰丙嗪（Acepromazine Maleate）

注射后 15-20 分钟起效，持续 2 小时。

      马-0.044-0.088 **毫克/公斤，肌注**

      奶牛-0.01-0.02 **毫克/公斤，肌注**。

      山羊和绵羊-**如果体重不到 50 公斤，0.1-0.2 毫克/公斤**

               如果体重超过 50 公斤，0.05-0.10 毫克/公斤

      猪-0.11-0.44 **毫克/公斤，肌注，最多 15 毫克**。

      犬-0.062-0.25 **毫克/公斤，肌注或皮下注射**。

可 1.1-2.2 **毫克/公斤，口服给药**。

      猫-0.062-0.25 **毫克/公斤，肌注或皮下注射**。

可 1.1-2.2 **毫克/公斤，口服给药**。

止痛剂的使用（安乃近，扑热息痛）

这些是针对动物剧痛的有效注射剂。有助于患有口蹄疫的动物在口**和蹄部疼痛情况下**进食和移动。有助于动物在事故后，或有腿部骨折等严重损伤时，感觉好些并更好地进食。一些镇痛药也用于退烧。

<u>剂量</u>：**具体说明，见标签**

<u>警告</u>：**阿司匹林和其他非类固醇消炎药可能导致胃溃疡，尤其是对于幼崽动物**。

安乃近（ANALGIN）

剂量：肌注给药。具体说明，见标签

阿斯匹林 (Aspirin)

见本章第 29.2.5 节口服药。

安乃近 (Dypyrone)

见第 63 页。退热请根据标签使用。

扑热息痛 (Paracetamol)

剂量：肌注给药。具体说明，见标签

保泰松 (Phenylbutazone)

见口服药

氟尼辛 (Flunixin Meglumine)

适应症状：适合用于缓解腹痛，退热和帮助抵消一些细菌毒性。

马-1.1 毫克/公斤，肌注，每 12 个小时

警告：肌注时可能造成严重肌肉感染。如果马的注射部位感染，请使用青霉素。

由于此药可能引起胃部溃疡，对于幼马只可使用一剂或两剂。

奶牛-1.1 毫克/公斤，肌注。每隔一天给药。

注：可能会造成牛犊胃溃疡。

美洲驼-1.1 毫克/公斤，肌注，每日一次

局部麻醉剂（利多卡因、奴佛卡因、利诺卡因和布卡因）的使用 Using Local Anesthetics

可用于所有动物的皮下注射。这些药物使注射区无法感觉到疼痛。

伤口需要缝合时，用于皮下注射。

此类局部麻醉剂的常见规格为约 2% 的溶液。

如果超过此浓度，则需用蒸馏水稀释至约 2% 。

剂量与说明：见第 217 和 218 页。

使用全身麻醉剂

只有兽医或受过特别训练的兽防员才能使用此类药物。

29.1.9 激素（荷尔蒙）HORMONES

雌激素 (Estrogens)

合成雌激素用于使动物发情。用于患有慢性子宫感染（子宫积脓）的动物以及其它从未发情的动物。

注射后约 3 天会发情。然后最好等到下一次自然发情再配种（3 周后）。

警告：雌激素注射引起流产，并可能导致卵巢囊肿。

在某些国家，使用雌激素是违法的。

剂量：阅读标签。

催产素 (Oxytocin)

它会导致子宫收缩并可催奶。

用于治疗胎盘滞留。见第 153 页。

用于治疗猪难产。见第 138 页。

剂量：阅读标签。

前列腺素 (Prostaglandin)

此药用于使雌性动物发情。前列腺素比雌激素更安全，因此在一些国家前者为合法药物而后者却不合法。但其价格通常较昂贵。

警告：这种药物也会导致妊娠雌性动物流产。因此必须小心使用。

剂量：阅读标签。

29.1.9 抗原虫剂 ANTIPROTOZOALS（BERENIL、BABESAN）

这些药物用于**焦虫病和其他原虫病**。

剂量：请仔细阅读标签，因为每一种药物是不同。此外，此类药物价格昂贵。

29.2 口服药 ORAL MEDICINES

　　一些口服药需要将不同成分结合在一起。而其他的不需要。以下药品很简单，可以在当地市面上买到。

缩写：

1. 　动物：　药物应用于哪种动物。
2. 　剂量：　**特定**动物给药量多少，给药频率如何。
3. 　**方法**：　**如何准备**药物，如加水、浸泡以及加入到食物中等。

29.2.1 臌胀气 BLOAT / TYMPANY MEDICINES

当地草药合剂 (*Timpol*)

检查本地市场。在南亚，其中有些很有效，可以在传统的草药店买到。

Timpol

a.	动物：	水牛、奶牛、公牛、山羊、绵羊。
B.	剂量：	100 克，每隔 2-4 小时，直到恢复
c.	方法：	与水混合，灌药。

芥子油 Mustard Oil

a.	动物：	奶牛、公牛、水牛、绵羊、山羊
b.	剂量：	牛/水牛 0.5 升-1.0 升，绵羊/山羊 ¼ 升，每 2-4 个小时直到恢复
c.	方法：	灌药或插胃管。

矿物油 Mineral Oil

在臌胀情况下有效清空消化系统。请参阅以下 29.2.3 节缓泻药。

硫酸镁 Magnesium Sulfate

在臌胀情况下有效清空消化系统。请参阅 29.2.3 节缓泻药。

29.2.2 腹泻 DIARRHEA MEDICINES

口服补液见第 Oral Rehydration Solution　268 页。

- a.　动物：　　因腹泻等脱水的动物
- b.　剂量：　　每次少量，频繁给药，每 ½ 小时左右
- c.　**方法**：　灌药。

高岭土 Kaolin

- a.　动物：　　腹泻。使粪便更浓稠。
- b.　剂量：　　50 克 （牛、水牛），每日 2 次，直到恢复。
  1 克 （绵羊/山羊），每日 2 次，直到恢复。
- c.　**方法**：　用水混合，灌药。

29.2.3 缓泻药 LAXATIVES

硫酸镁（泻盐）Magnesium Sulfate (Epsom Salts)

将**泻**盐溶解在温水中然后灌药，或使用胃管。动物必须有充足的饮用水，否则泻盐将无法有效发挥作用。

- a.　动物：　　所有的动物（妊娠最后 2 个月的除外）。
- b.　剂量：　　牛/水牛 200-300 克。
  绵羊/山羊 25-50 克。
- c.　频率：　　仅一次或共两次。
- d.　**方法**：　用温水混合和口服给药。硫酸镁不加水不起作用。

矿物油 Mineral Oil

适应症：矿物油也被称为白矿脂、液体矿脂、液状石蜡和白矿油。它是一种无味、无臭、透明、无色和油性的液体，不溶于水。最常用于马，可治疗便秘、粪便嵌塞，也被用作其他物种动物**的泻**药。有些人也用它来软化粪便和用腹泻的形式清除肠道毒素。

警告：为防止矿物油进入肺部进而引起肺炎，必须用胃管给药。

- a.　动物：　　**所有**动物
- b.　剂量：　　马、牛、水牛 1-4 升
  绵羊、山羊、猪　　100-500 毫升。
- c.　频率：　　仅一次或共两次。
- d.　**方法**：　**通**过胃管

29.2.4 中毒的治疗 TREATMENT OF POISONING

活性炭 Activated Charcoal

见第 81 页。

新亚甲蓝 New Methylene Blue
用于硝酸盐中毒的治疗。见第 82 页。

硫代硫酸钠 Sodium Thiosulfate
用于氰化物中毒的治疗。见第 81 页。

29.2.5 疼痛 PAIN TREATMENT

阿司匹林 Aspirin
<u>适应症状</u>：阿司匹林可以用于治疗炎症和肿胀、发热和疼痛。
警告：

- 阿司匹林可引起胃部不适和溃疡，**最好与食物一起**给药。若给很高剂量，可造成疾病和死亡。用于猫应慎重。请勿用于妊娠期动物。**远离儿童！**
- 请勿用于脱水的动物。
- 请勿用于流血或休克**的**动物。
- 请勿用于即将接受手术的动物。
- **如果**动物粪便中有黑便或血液，请中断治疗。

剂量：

马-15-100 毫克/公斤，口服，每日 2-3 次
牛-15-100 毫克/公斤，口服，每日 2-3 次
猪-10 毫克/公斤，口服，每日 4 次
犬-10 毫克/公斤，口服，每日 2 次，用于发烧；或
　　　25-35 毫克/公斤，口服，每日 3 次，**用于疼痛和关节肿胀**
猫-6 毫克/公斤，口服，每 2-3 天，用于发烧；或
10 毫克/公斤，口服，每 2 天 （48 小时）用于止痛 （给药过频会中毒）

保泰松（布他酮、苯丁唑酮） Phenylbutazone
<u>适应症状</u>：保泰松是一种强效药物，类似阿司匹林，已成功应用多年。可治疗炎症、发热和疼痛。对治疗腹绞痛引起的疼痛无效。需经数天治疗方可见完整药效。
<u>警告</u>：长时间高剂量用药**可引起食欲不振和口腔溃疡**。剂量过大可导致死亡。请勿用于猫。
剂量与用药途径：

马-2.4-4 毫克/公斤，口服，每日 1-2 次
牛-4-8 毫克/公斤，口服；
猪-4-8 毫克/公斤，口服，每日 1 次
美洲驼-2-4 毫克/公斤，口服，每日 1 次
犬-14 毫克/公斤，口服，每日 3 次，最大剂量 800 毫克/日

<u>停药期</u>：牛-肉 14 天，奶 5 天

29.2.6 口服抗菌药物 ORAL ANTIBIOTICS
磺胺嘧啶+三甲氧苄氨嘧啶（磺胺增效剂）Sulfadiazine ＋ Trimethoprim (Tribissen)
<u>适应症状</u>：见前文"磺胺类药物组"。此药由磺胺甲恶唑和甲氧苄胺嘧啶组成。作用如*广谱*抗菌素且比氨苄青霉素便宜。

剂量与用药途径：

马-30 毫克/公斤，口服，每日 2-3 次

牛-30 毫克/公斤，口服，每日 1 次

绵羊-75 毫克/公斤，口服，每日 1 次

犬-15-30 毫克/公斤，口服，每日 1-2 次

猫-30 毫克/公斤，口服，每日 2 次

停药期：牛-肉 3 天，奶 7 天

猪-肉 10 天

绵羊-肉 14 天

磺胺二甲基嘧啶 Sulfamethazine or Sulfadimidine（Sulfamez）

适应症状：见前文"磺胺类药物组"。

剂量与用药途径：

牛-200 毫克/公斤，口服一日，然后
100 毫克/公斤，每日一次

猪-200 毫克/公斤，口服一日，然后
100 毫克/公斤，每日一次

绵羊-30 毫升的 12.5% 溶液口服一天，然后 15 毫升每日 1 次

狗-50 毫克/公斤，口服，每日 2 次

猫-50 毫克/公斤，口服，每日 2 次

兔-2 克/每升饮用水

鸡-1 克/每升饮用水

停药期：牛-肉 10 天，奶 4 天

猪-肉 14 天

土霉素 Oxytetracycline

适应症状：见前文"四环素药物组"。

剂量与用药途径：

牛-10-20 毫克/公斤，口服，每日 4 次

猪-10-20 毫克/公斤，口服，每日 4 次

绵羊-10-20 毫克/公斤，口服，每日 4 次

山羊-10-20 毫克/公斤，口服，每日 4 次

犬-22 毫克/公斤，口服，每日 3 次

猫-22 毫克/公斤，口服，每日 3 次

停药期：牛口服-肉 5 天，奶 4 天

猪-肉 21 天

绵羊-肉 21 天

注意事项：请勿用于马。勿用奶给药，或与任何其他抗菌素同时给药。此药可能**会引起肠胃不适**。如果注射量大，需分多个部位注射。

呋喃妥因 Nitrofurans
用作抗菌素和减缓球虫的繁殖。市面上所见的药物剂型**有液体、粉末、药膏或药丸**。用于非特异性腹泻与原虫血性腹泻。

- a.　　动物：　**患腹泻的非反刍动物**。
- b.　　剂量：　　呋喃唑酮，定量 2 克/公斤，持续 2-4 周。
  　　　　　　　呋喃西林 10 毫克/公斤，口服 3 天。
- c.　　频率：　　（呋喃西林）**每天一次**
- d.　　方法：　　与饲料混合（呋喃唑酮）或灌药。

禽用抗腹泻药
市面上出售的此类药品（通常为磺胺类药剂或安普罗铵）有多种形式，用于治疗鸡的腹泻。按标签剂量使用或查阅特定病情的注意事项。

29.2.7 妊娠毒血症的治疗 PREGNANCY TOXEMIA TREATMENT
丙二醇 Propylene Glycol
牛- 250-500 毫升，口服，每日一次治疗 5-10 天。
绵羊-60-120 毫升，每日两次治疗 5-10 天。

29.2.8 口服利尿剂 ORAL DIURETICS
当地草本药物合剂（*Stonil*）
有时可以买到。功效确实未知。

Stonil
- a.　　动物：　**大型和小型**动物。
- b.　　剂量：　50 克　（牛/水牛）
  　　　　　　15 克　（绵羊/山羊）
- c.　　频率：　一天 2 次。
- d.　　方法：　与水混合灌药

29.2.9 健胃药　STOMACH STIMULANTS
本地产的片剂、粉剂 & 合剂　Locally made mixtures（Himalayan Batisa / Herminsa）
在市面上都能买到。有些有效，有些无效。

Himalayan Batisa / Herminsa：
- a.　　动物：　反刍动物
- b.　　剂量：　牛/水牛 50 克
  　　　　　　绵羊/山羊 5 克
- c.　　频率：每 6-12 小时。
- d.　　方法：　与水混合灌药。

维生素 B 片剂 Vitamin B tablets
售卖较多。有时有效，有时无效。根据标签使用。

29.2.10 驱内寄生虫药物（驱虫剂）INTERNAL PARASITE MEDICINES / ANTIHELMINTHICS

有些人在配种后并不立即喂食此类药品（妊娠期头 2 个月）；妊娠最后一个月也不用。然而，此类药物中很多都是安全的，不会造成问题。

球虫 COCCIDIA TREATMENT
安普罗铵 Amprolium (*Amprol*、*Corid*)
适应症状：安普罗铵用于治疗球虫病。

警告：大剂量或长期使用可造成神经损伤。使用硫胺素能抵消安普罗铵的效力。用于幼犬，**用药请勿超过 12 天**。

剂量与用药途径：

> 牛-5-10 毫克/公斤/天，口服 5 天
>
> 猪-25-65 毫克/公斤，口服，每天 1-2 次，持续 3-4 天，或

100 毫克/公斤/天，放在食物或水中

> 绵羊-55 毫克/公斤，口服，每天，持续 19 天
>
> 山羊-55 毫克/公斤，口服，每天，持续 19 天
>
> 美洲驼-5 毫克/公斤，口服 3 周
>
> 犬-每天 100-200 毫克/公斤，口服，每天，持续 7-10 天

停药期：牛：24 小时

广谱驱虫剂（驱线虫与吸虫有效）BROAD SPECTRUM ANTHELMTHICS (worms & flukes)
此类药剂非常有效，但价格高。

阿苯哒唑 Albendazole (Valbazen, Albomar)
便于携带（药片很轻），容易喂食。非常有效，每年应喂食两到三次。可以与树叶、面包或其他食物一起喂食。

适应症状：阿苯哒唑可杀灭肝吸虫、绦虫、胃、肠道和肺内的寄生虫。**可用作**马、狗和猫的一般驱虫药。

警告：请勿用于妊娠头 45 天的或交配后 45 天的牛。

剂量与用药途径：

> 马-50 毫克/公斤，口服 2 天
>
> 牛-10 毫克/公斤，口服
>
> 猪-5-10 毫克/公斤，口服
>
> 绵羊-7.5-15 毫克/公斤，口服，用于成年动物肝吸虫
>
>> 3 毫克/公斤，口服，持续 35 天用于预防肝吸虫
>
> 山羊-7.5-15 毫克/公斤，口服，用于成年动物肝吸虫
>
>> 3 毫克/公斤，口服 35 天，用于预防肝吸虫
>
> 美洲驼-6.5 毫克/公斤，口服
>
> 犬-25-50 毫克/公斤，口服 5 天
>
> 猫-30 毫克/公斤，口服 6 天

停药期：

> 牛-肉 27 天，请勿用于产奶奶牛

伊维菌素 Ivermectin
适应症状：此药为糊状，投入口中，动物可以食用。价格昂贵但几乎可以杀灭所有的体内和体外寄生虫。具备安全性。相比其他抗寄生虫药，该药被批准用于更多种类的动物。唯一的缺点是成本高。

<u>警告</u>：由于可能会导致致命的反应，用于柯利牧羊犬（Collie）时，剂量不得超过 0.006 **毫克/公斤。请勿用于已经患心丝虫病的犬类。**

<u>剂量与用药途径</u>：

马- 0.2 毫克/公斤，口服

牛- 0.2 毫克/公斤，口服或皮下注射

0.5 毫克/公斤，浇泼（仅使用用于浇泼的制剂）

猪- 0.3 毫克/公斤，皮下注射或肌注

绵羊- 0.2 毫克/公斤，口服

山羊- 0.2 毫克/公斤，皮下注射

美洲驼-0.2 毫克/公斤，口服或注射

非洲水牛-0.2 毫克/公斤，皮下注射

骆驼- 0.2 毫克/公斤，皮下注射

犬- 0.006 毫克/公斤，每月口服，用于预防心丝虫。

0.05 毫克/公斤，口服，用于去除心丝虫微丝蚴。

0.2 毫克/公斤，口服或注射，用于治疗肠道蠕虫

猫- 0.2 毫克/公斤，注射，用于治疗耳螨

0.3 毫克/公斤，口服或注射，用于治疗肠道蠕虫

豚鼠- 0.2-0.3 毫克/公斤，皮下注射

兔- 0.2-0.4，口服，肌注，皮下注射

<u>停药期</u>：

牛-肉 49 天。请勿用于产奶奶牛。

绵羊-肉 11 天。

猪-肉 18 天。

四咪唑与五氯柳胺 Tetramisole, Oxyclosanide（*Nilzan*） （Vallchira）

<u>适应症状</u>：用于治疗牛、水牛、绵羊和山羊的蠕虫和吸虫病。此药非常有效，但难以携带。根据地区，每年两或三次通过灌药使用。

<u>警告</u>：

<u>剂量与用药途径</u>：

牛，水牛

低于 50 公斤	16.5 毫升
50-100 公斤	33 毫升
150-200 公斤	66 毫升
300 公斤及以上	100 毫升

绵羊和山羊

低于 15 公斤	5 毫升
15-30 公斤	10 毫升
30-45 公斤	15 毫升
45 公斤及以上	20 毫升

<u>停药期</u>：阅读标签

广谱驱虫剂（对多种不同寄生蠕虫有效）BROAD SPECTRUM (For worms mostly)
芬苯哒唑 Fenbendazole（*Panacur、Fencur*）

<u>适应症状</u>：对所有类型的胃肠道圆虫（线虫），**蠕虫幼虫和成虫有效，可消除绵羊绦虫**。因为其安全性和有效性，芬苯哒唑是最流行的驱虫剂之一。该药有多种形式，包括口服膏剂和粉末。

<u>警告</u>：**犬、猫和猪必**须每日服药，连服三天才有效。

剂量与途径：

马-5 毫克/公斤，口服；或 10 毫克/公斤，口服，用于治疗马蛔虫，

　或 50 毫克/公斤，口服，用于治疗<u>韦氏类圆线虫。</u>

牛-5 毫克/公斤，口服；或 10 毫克/公斤，口服，用于治疗<u>莫尼茨绦虫</u>和<u>奥斯特线虫。</u>

猪-3 毫克/公斤，口服，连服 3 天；或 5-10 毫克/公斤，口服

绵羊-5 毫克/公斤，口服 3 天

骆驼-4.5-15 毫克/公斤，口服

美洲驼-10-15 毫克/公斤，口服

山羊-5 毫克/公斤，口服 3 天

犬-50 毫克/公斤，口服，每天，持续 3 天

猫-50 毫克/公斤，口服，每天，持续 5 天

兔-10 毫克/公斤，口服，每 14 天，2 剂

停药期：

牛-肉 14 天，奶 4 天

绵羊-肉 14 天

山羊-肉 14 天，奶 1 天

左旋咪唑 Levamisole

适应症状：**左旋咪**唑实际上已使用多年，是标准抗蠕虫药物之一。它是一种广谱药物，通常口服给药，但特殊配方可用于注射或浇泼。

警告：**不要与氯霉素同时使用。**中毒剂量可能产生类似于有机磷农药中毒的症状；腹泻、流涎、震颤和口吐白沫。阿托品对治疗此药物过量有所助益。

剂量与**用药途径**：

马-8 毫克/公斤，口服

牛-8 毫克/公斤，口服

　　　10 毫克/公斤，使用特殊浇泼制剂

　　　6 毫克/公斤，皮下注射

猪-8 毫克/公斤，加入水或饲料中

绵羊-8 毫克/公斤，口服

山羊-8 毫克/公斤，口服

美洲驼-5-8 毫克/公斤，口服

骆驼-5-8 毫克/公斤，口服

犬-10 毫克/公斤，口服，每日，连服 10 天，用于治疗心丝虫微丝蚴；或

　　　7-12 毫克/公斤，口服，每日，连服 3-7 天，用于治疗肺线虫

猫-20-40 毫克/公斤，口服，每隔几天，使用 6 个疗程

停药期：

牛-肉 9 天，请勿用于产奶奶牛

绵羊-肉 3 天

猪-肉 9 天

甲苯哒唑 Mebendazole（Benzicare, Equiverm, Telmin）

适应症状：甲苯咪唑最常用于马、犬、猫、绵羊和猪。用于治疗肺线虫和其他蠕虫。非常有效。

剂量与**用药途径**：

马-10-15 毫克/公斤，口服；或

　　　15-20 毫克/公斤，口服 5 天，用于治疗肺线虫

牛-15 毫克/公斤，口服　　　绵羊-15 毫克/公斤，口服

美洲驼-22 毫克/公斤，口服 3 天

骆驼-22 毫克/公斤，口服

犬-22 毫克/公斤，口服 3 天

猫-22 毫克/公斤，口服 3 天

雪貂-50 毫克/公斤，口服 2 天，每天两次

停药：绵羊-肉 7 天

注意事项：甲苯咪唑须每日给药，连续 3 天，才能对猪、狗和猫起作用。

噻苯哒唑 Thiabendazole

适应症状：此药对多种不同蠕虫都很有效，包括肺线虫。

剂量与用药途径：

马-50-100 毫克/公斤，口服

牛-50-100 毫克/公斤，口服

猪-50-75 毫克/公斤，口服

绵羊-50-100 毫克/公斤，口服

山羊-66 毫克/公斤，口服

美洲驼-50-100 毫克/公斤，口服，每天，服用 1-3 天

骆驼-66 毫克/公斤，口服

犬-50 毫克/公斤，口服，每天，持续 3 天

兔-100-200 毫克/公斤，口服

停药期：牛-肉 3 天，奶 4 天

绵羊-肉 30 天　　　　山羊-肉 30 天

窄谱驱虫药（仅杀吸虫）　NARROW SPECTRUM (Kills Only Flukes)

六氯乙烷 Hexachloroethane（*Hexathane*）(Vallachira)

适应症状：此药味道虽苦，但价格便宜且对反刍动物吸虫病有效。灌注给药，但往往会粘在**喂药瓶**里。根据地区的需要，每年使用 2 或 3 次。

警告：

剂量与用药途径：

牛，水牛

给药剂量为每只动物 15-100 克，按 10 克/50 公斤体重的比例。

绵羊，山羊

每个动物喂 8-15 克，按 2 克/10 公斤体重的比例。

停药期：阅读标签

六氯酚 Hexachlorophene（*Distodin, Flukin*）(Vallachira)

适应症状：此药为 100 毫克片剂或 1000 毫克（1 克）大药丸。价格低且对于反刍动物吸虫病有效。整片喂食，或压碎并以灌注形式喂食。根据地区的需要，每年使用 2 或 3 次。

警告：

剂量与用药途径：通常剂量是 10-15 毫克/公斤体重。

牛，水牛　（使用大丸），根据动物大小给药 1-2 丸

牛犊- ½ 丸

绵羊，山羊　（使用小片），根据动物大小给药 1-2 片

羊羔- ½ 丸

停药期：阅读标签

五氯柳氨 Oxyclosanide

适应症状：五氯柳胺杀灭牛和羊的肝吸虫成虫。

警告：仔细计算剂量，因为中毒剂量仅为推荐剂量的 **4** 倍。

剂量与**用药途径**：

       牛-10-15 毫克/公斤，口服

       绵羊-10-15 毫克/公斤，口服

停药期：牛-肉 14 天，奶 0 天

窄谱驱虫药（仅杀某些圆虫）NARROW SPECTRUM（Kills Only Certain Worms）

灭绦灵（氯柳硝胺）Niclosamide

适应症：氯柳硝胺杀灭犬、猫和绵羊的绦虫。

剂量与**用药途径**：

       绵羊-52 毫克/公斤，口服

       犬-150 毫克/公斤，口服

       猫-150 毫克/公斤，口服

       兔-100 毫克/公斤，口服，2 剂，间隔一周

驱蛔灵（哌嗪）Piperazine

适应症状：哌嗪是对大小型动物非常有效的驱**蛔虫**（**大圆虫**）药，并已使用多年。不是广谱药。由于牛、绵羊和山羊的寄生虫**抗药性**，**在一些地区不建议使用于**这些物种。剂量根据哌嗪**的含量来计算**。

警告：**中毒**剂量可能引起震颤、癫痫和虚弱。请勿用于患有肝脏或肾脏疾病的动物。

剂量与**用药途径**：

       水牛牛犊-25-300 毫克/公斤，四个星期后重复给药

       马-88-110 毫克/公斤，含哌嗪量，口服

       猪-110 毫克/公斤，含哌嗪量，口服

       犬-45-65 毫克/公斤，含哌嗪量，口服

       猫-45-65 毫克/公斤，含哌嗪量，口服

       沙鼠-2-3 克/升饮用水，持续一周

       豚鼠-2-5 克/升饮用水，持续一周

       仓鼠-10 克/每升饮用水

       兔-200 毫克/公斤，口服

       鸡-250 毫克/公斤，口服，或

         1 克/升饮用水，持续三天

29.3 用于皮肤的外用药 EXTERNAL MEDICINE FOR SKIN USE

肥皂 Soap

● 用于清洗伤口和洗手。

杀蛆油脂 Maggocide Cream

● 用于所有动物的预防**感染**和蛆虫**侵扰**。

● 清洗伤口后，在伤口周围涂抹少量杀蛆油脂。

龙胆紫（紫药水）Gentian Violet
● 对于所有的动物，使用 2% 的溶液作为消毒剂。**清洗伤口后，按照要求涂抹在**伤口周围。每日使用，直到伤口愈合。对伤口干燥有好处。

碘酊 Iodine
● 用作新伤口的消毒剂。能造成刺激。

聚维酮碘 Povodine Iodine
● 一种消毒剂，用 0.5%-2% 的剂量清洁伤口

硫磺粉 Sulfur Powder
● 用于所有动物的疥癣，与动物油脂、植物油或矿油脂（凡士林）混合。1 份硫和 10 份动物油脂、植物油或凡士林。擦受影响区域，每周一次，持续 3-6 周。（应先清理伤口）。

苯甲酸苄脂 Benzyl Benzoate
● 用于兔耳疥癣：伤口积垢，耳内有血和脓。把 $^1/_2$ 茶匙放入耳内并轻轻按摩。每周涂一次，应用 4 周。

抗菌素油膏 Antibiotic Ointment
● 用于所有动物外伤；清洁伤口后使用，每日 2-3 次。

马拉硫磷粉 Malathion Powder
● 用于所有动物的体外寄生虫。将粉末与灰混合：10 份灰加 1 份马拉硫磷（粉末）。擦在毛发和皮肤上，如需要，全身使用。每周一次，应用 3-6 周。

松节油 Turpentine
● 针对蛆虫。根据需要量使用（严重烧灼感）。

樟脑丸 Camphor Balls / Mothballs
● 压碎并用水混合治蛆虫。

高锰酸钾 Potassium Permanganate
● 止血（使用晶体）。
● 1：1000 用于清洗伤口

过氧化氢（双氧水）Hydrogen Peroxide
● 用于清洁耳朵和伤口。使用低浓度。

29.4 用于特殊目的的药物 SPECIAL PURPOSE MEDICINES
眼药水 Eye Wash
● 硼酸与凉开水以 1：100 比例混合。

眼药膏 Eye Ointment

- **因**为眼睛格外敏感，只有特殊药物可用于眼睛。适用于眼睛的药品通常标注着，"用于眼睛"或"眼科的"。（眼科即指"眼睛"）。

- 四环素组。用于所有动物。专用于眼睛和眼外伤。按需给药：清洗眼睛后，每日涂两次。

- **青霉素眼**药膏：用于眼部感染。清洗眼睛后使用 7-10 天。

眼滴剂 Eye Drops

- 也**用于眼部感染**。给药必须比眼药膏更频繁，每日约 **5-10 次**。对于牲畜不实用。<u>绝对不要在马眼部使用含类固醇的眼药膏。</u>

耳药膏 Ear Ointment

- 有些药膏专门用于耳朵。此类药膏标注有**"耳部（耳朵）软膏"，或"用于耳朵"字样**。清洗后涂于耳内。

乳腺内用药（乳房内输注）Intra-Mammary

- 用于乳腺疾病（乳腺炎）。用于乳头，每天 1 管，使用 3-5 天。**具体说明见标签。为正确使用**，请参阅第 157 页。
- （*Pendistrin*、*Mastalone* 等）。**不要给妊娠期奶牛使用类固醇!先查看**药管说明。

子宫内用药 Intra-Uterine

- 磺胺二甲基嘧啶**-用于所有**动物。在清除滞留的胎盘或死胎后，用于清洗子宫并尽可**能置**入子宫深处。
  10 克用于牛/水牛
  2.5 克用于绵羊/山羊
- 四环素丸**-用于所有**动物。冲洗子宫后使用 1-2 片。
- 呋喃西林**-根据**标签使用

29.5 疫苗　VACCINES

关于传染性疾病、抵抗力、免疫力和疾病预防及控制的完整讨论，请参阅第 **6 章，第 87** 页。疫苗的正确**使用方法**也在第 6 章。

世界各地使用不同的方法生产疫苗。　因此每种疫苗都必须根据其具体说明谨慎使用。本书不包含此类细节。更确切的说，您需要就您**所在区域的可用疫苗**寻求建议。根据政府兽医人员和您所在地区的疫苗生产商的说明，使用可用疫苗。

29.5.1 疫苗使用的一般原则 GENERAL GUIDELINES FOR VACCINE USE

- 对许多疫苗来说，必须认真维护其低温运输系统，否则疫苗将会失效，见第 91 页。
- **停药期通常为 21 天，但有些需要 60 天**。阅读标签。

- **切不可**对用于疫苗接种的注射器和针头进行化学消毒。化学残留物可能使疫苗失效。
- **妊娠期**动物的疫苗接种需在预产期前 2-4 周。
- **疫苗接种**对象仅限于健康动物。
- **使用前**请通读标签说明。

29.5.2 本书论及的疾病有可能使用到的疫苗 LISTING OF POSSIBLE VACCINES FOR DISEASES COVERED IN THIS BOOK

本书论及的疾病使用到的疫苗列举如下。**并非所有这些疫苗在您所在地区都**可买到。

禽类疫苗 Vaccines for Birds

慢性呼吸道疾病（鸡败血性霉形体）

球虫病（艾美耳球虫）

禽霍乱（多杀性巴氏杆菌）

禽痘病毒（痘病毒）

传染性法氏囊病（甘保罗病）

鸡新城疫（禽肺脑炎）

牛疫苗（供牛与水牛用）Vaccines for Cattle and Buffalo

炭疽（炭疽杆菌、脾热、脾脱疽、炭疽）

黑腿病，肿疽（鸣疽梭状芽胞杆菌/肖氏梭菌）

布氏杆菌病（流产布氏杆菌、牛布氏杆菌病、传染性流产）

口蹄疫

出血性败血病（船运热、败血性巴氏杆菌），

多杀性巴氏杆菌）

钩端螺旋体病（波蒙那钩端螺旋体等）。

狂犬病（狂犬病病毒）

牛瘟（牛疫）

破伤风（牙关紧闭症，破伤风杆菌）

疣（乳头状瘤病毒）

犬用疫苗（专用于犬）Vaccines for Dogs

犬瘟热病毒

钩端螺旋体病（犬型钩端螺旋体等）。

狂犬病

山羊疫苗 Vaccines for Goats

黑腿病，肿疽（大头病，鸣疽梭状芽胞杆菌/肖氏梭菌）

肠毒血症（过食病，髓样肾，荚膜梭状芽胞杆菌/魏氏梭菌）

痘（山羊和绵羊痘病毒）

口疮（传染性脓疱皮炎）

破伤风（牙关紧闭症，破伤风杆菌）

马的疫苗 Vaccines for Horses

炭疽（炭疽杆菌）

腺疫（畜棚热，马链球菌）

猫疫苗（供猫用）Vaccines for Cats

狂犬病

美洲驼疫苗（供美洲驼用）Vaccines for Llamas
肠毒血症　（荚膜梭状芽胞杆菌/**魏氏梭菌**）
狂犬病
口疮（传染性脓疱皮炎）
破伤风　（**破伤风杆菌**）

绵羊疫苗（供绵羊用）Vaccines for Sheep
炭疽　（炭疽杆菌）
黑腿病（鸣疽梭状芽胞杆菌/肖氏梭菌，大头病）
败血性巴氏杆菌（船运热、败血性巴氏杆菌和多杀性巴氏杆菌），
痘病毒
狂犬病
牛瘟
口疮（传染性脓疱皮炎）
破伤风　（**破伤风杆菌**）

猪的疫苗（专用于猪）Vaccines for Pigs
炭疽　（炭疽杆菌）
萎缩性鼻炎（**多杀巴氏杆菌**）
猪瘟（猪霍乱）
钩端螺旋体病（**犬型钩端螺旋体**等）。
破伤风　（**破伤风杆菌**）

29.6 防腐剂与消毒剂 ANTISEPTICS AND DISINFECTANTS

根据定义，**消毒剂**杀灭微生物。

根据定义，**防腐剂**减慢或终止微生物的生长，但不杀灭它们。

　　防腐剂和消毒剂用于清洗伤口和杀灭环境中的微生物。一些消毒剂刺激性很大，而且实际上在涂于伤口上时会损害活组织。因此根据是否具有刺激性对消毒剂进行分类非常重要。
　　常见的消毒剂**和防腐**剂，其用途及使用浓度列举如下。

常用消毒剂 Common Disinfectants

吖啶黄 Acriflavine
非刺激性消毒剂，用于清洗伤口，浓度为 1：1000。

酒精 Alcohol
酒精可用于皮肤或工具，但不应用于开放性伤口。工具、手术缝合线和脱脂棉在浓缩液中浸泡约 20 分钟（70% 酒精或饮用乙醇）。

双氯苯双胍己烷（氯己定,洗必泰) Chlorhexidine（Nolvasan, Virosan）
双氯苯双胍己烷是可用的最安全和最有效的防腐剂之一。对细菌、霉菌、酵母菌和病毒**有非常好的作用，起效迅速**。作为一种普通溶液和洗涤液，此药很容易买到。洗涤液含**表面活性剂**，使用后应冲洗掉。这种普通溶液用于冲洗和浸泡开放性伤口效果好。
　　　　手术准备-2.0-4.0%

开放伤口-0.05%

消毒-0.5-2.0%

开放性伤口不得使用高浓度溶液。

含氯漂白剂（次氯酸钠） Chlorine Bleach, Sodium Hypochlorite

含氯漂白剂容易买到，可杀灭病毒和细菌。全效含氯漂白剂可用于消毒或经稀释用于伤口，但其可破坏活组织。

开放伤口-0.125%（1/4 强度）

消毒-0.5%（全效）

请勿用于活组织，除非没有更好的替代药剂。处理溶液时要当心，因为其可漂白织物和其他材料。请勿与氨或任何其他清洁或消毒药剂混合，否则可产生有毒烟雾。

甲酚 Cresol

甲酚能有效地杀灭细菌，但对细菌孢子、病毒或真菌作用较小。主要用于对非生物表面消毒。

按照说明清洗和对非生物表面消毒。

甲酚气味强烈。请不要在人类食品周围使用或存储。甲酚具有毒性，应谨慎处理。

干燥 Dessication

意思是"干燥"，这是一种非常有效的灭菌方法，尤其是对未成熟寄生虫很有效。有些虫卵在潮湿的**粪便和黑暗的地方可以存活很**长时间（几年）。但是，如果移走粪便且该区域干燥的话，它们只能存活很短的时间。

福尔马林 Formalin

刺激性消毒剂，在市面上可以买到浓度为 40%的溶液。浓度 2% 的溶液可用于腐蹄病的蹄部泡洗。10% 溶液也用作组织防腐保存。也可以按如下方法混合用于清洗家禽饲养场：40% 的福尔马林 35 毫升；高锰酸钾 17.5 克用于 100 立方英尺。

龙胆紫 Gentian Violet

非刺激性消毒剂，0.5-2% 的溶液用于清洗伤口（每升水 5-20 克）。龙胆紫对于伤口干燥的效果非**常好。清洗好伤口后，按需涂抹。**

过氧化氢（双氧水）Hydrogen Peroxide

过氧化氢是一种容易买到的溶液，通常浓度为 3%。**倒在开放**伤口上易产生泡沫并发出嘶嘶声。过氧化氢冲洗脓疮效果好，对于动物组织具有毒性，只应用于最初的污染性伤口和脓疮的清洁和冲洗。重复使用可能延缓伤口愈合。

伤口和脓疮，请使用 3% **全效溶液。**

碘 Iodine

标准的"药房"**碘酊是 2% 的溶液，可**直接涂在小伤口和擦伤上。更强的 7% **碘有**时作为腐蚀剂用在兽药中，还用于处理新生家畜的脐带。

小伤口和擦伤-2% **碘**

脐带-7% 碘

不要混淆这两种不同碘溶液。7% 溶液具有腐蚀性，不应用于烧伤和深部伤口。两种溶液都要远离眼睛，并远离火源。

酚（石碳酸）Phenol

刺激性消毒剂，即使浓度为 0.2% **仍具有刺激性**。专用于环境清洁，比例为 1：32-1：150。

高锰酸钾 Potassium Permanganate

浓度为 1：100 时具有刺激性。但浓度为 1：1000 **或** 1：5000 时，无刺激性。更稀的溶液可用于清洗伤口；浓溶液可用于环境清洁。

沙威隆（Savlon）

非刺激性消毒剂，用于清洗伤口和消**毒器**具。以 1：200 的比例混合用于清洗伤口。以 1：100 的比例混合用于消毒仪器。请勿浸泡器具超过 30 分钟，否则会造成生锈和损坏。对于长期储存的**器具，** 使用如下混合剂：4 克硝酸钠；1 升水和 10 毫升的沙威隆.

紫外线（来自日光）Ultra Violet Rays

辐射用于癌症治疗。紫外线照射有助于杀灭环境中的微生物，特别是在干燥环境中。最好的环境消毒方式是日晒，再加上粪便清理等（例如轮牧）。

水（开水）Water (Boiled)

用于设备消毒；凉开水也可用于冲洗伤口。

常用防腐剂：COMMON ANTISEPTICS

明矾 Alum

非刺激性防腐剂用于清洗伤口（特别是用于口蹄疫的口部清洗）。漱口剂用很低浓度（1%）**的明矾**水制作。

硼砂 Borax

非刺激性防腐剂用于伤口热敷，浓度为 2-3%。

石灰 Lime

用于环境清洁；和动物尸体的防腐。

硼酸 Boric Acid

非刺激性防腐剂，用于清洗伤口。以 1：100 的浓度冲洗眼睛特别安全。可以以 1：40 比例加入凡士林中做成外用药膏。

29.7 杀虫剂的使用与使用方法 PESTICIDES TO USE AND WAYS TO USE THEM

这些是适用的杀虫剂的名称。关于您所在地区的最有效、最低廉的杀虫剂的详细信息，请联络最近所的技术指导员，确定正确的药之后，按照说明认真混合和应用。

害虫	喷雾剂	粉剂/粉剂袋	背部摩擦剂 面部摩擦剂	耳标	直接涂抹	浇泼	浸沾	注射
扁虱	蝇毒磷、马拉硫磷、**双甲脒**、杀虫畏、敌敌畏，苄氯菊酯	蝇毒磷（**耳牌**）马拉硫磷		氯氰菊酯、二嗪农、司替罗磷(Stirofos/tetradichlorvinphos)			蝇毒磷	
跳蚤	马拉硫磷、苄氯菊酯、杀虫威、胺甲萘（*西维因*）	马拉硫磷、苄氯菊酯、杀虫威、胺甲萘，*西维因*						
虱子	蝇毒磷、马拉硫磷、**甲氧滴滴涕**、**双甲脒**、杀虫畏、敌敌畏+、亚胺硫磷、苄氯菊酯	蝇毒磷[1]、马拉硫磷、**甲氧滴滴涕**、杀虫威、亚胺硫磷、苄氯菊酯	甲氧滴滴涕[2]	氯氰菊酯，			蝇毒磷	
螨类	**双甲脒**、亚胺硫磷、苄氯菊酯	马拉硫磷、马拉松			硫磺粉按 1:10 比例与植物油混合。二手机油	伊维菌素	蝇毒磷	伊维菌素

1 **粉剂袋**：例如，可以使用 1% 蝇毒磷粉。4 到 10 磅装入双层麻袋。将袋子挂在动物日常生活处，比如矿物或盐块附近和奶舍出口处。袋子应挂在 4 到 6 英寸高处，以便动物经过时可接触其背部。保护袋子免受天气影响。请勿将袋子挂在饲料、矿物或水槽上方。

2 背部摩擦油：例如，将 1 升 24% 乙基纤维素（EC）混合在 4 升油中。每 20 英尺的缆绳涂 4 升。

害虫						
黑蝇，蚊子	除虫菊素，敌敌畏，苄氯菊酯				苄氯菊酯	
角蝇	蝇毒磷，马拉硫磷，除虫菊素，甲氧滴滴涕，敌敌畏	蝇毒磷 1%，马拉硫磷 4 或 5%，甲氧滴滴涕，杀虫威，苄氯菊酯	蝇毒磷，马拉硫磷3	氯氰菊酯，二嗪农，许多其他	伊维菌素，倍硫磷	蝇毒磷
家蝇	除虫菊素，敌敌畏，苄氯菊酯			氯氰菊酯，二嗪农，许多其他	苄氯菊酯	
厩螫蝇	除虫菊素，敌敌畏，苄氯菊酯			氯氰菊酯，二嗪农，许多其他	苄氯菊酯	
马蝇	除虫菊素，敌敌畏，苄氯菊酯			氯氰菊酯，二嗪农，许多其他	苄氯菊酯	
采采蝇	制作陷阱的细节，请参阅当地技术指导					
蛆虫	重在预防。在伤口周围涂上杀虫剂，以预防蛆虫。治疗时，用局部疗法来杀灭蛆虫。将其剔除，并做好清洁。请参阅详细文本信息。118				伊维菌素，蝇毒磷，敌百虫，伐灭磷，倍硫磷	
纹皮蝇（牛皮蝇幼虫）	蝇毒磷				伊维菌素	

3 将 165 毫升 57% 乙基纤维素（EC）混合在 4 升柴油中。将背部按摩油浸泡在里面。

本书所用关键词 VOCABULARY

A

- Abdomen——腹部，身体的部分，含胃、肠、肾、肝等脏器。

- Abortion——流产，胎儿在子宫内死亡。

- Abscess——脓肿，局部积脓。

- Absorption——吸收，物质的吸收，或通过像皮肤、肠和胃，以及肾小管等的吸收。

- Acute——急性，突然且短暂，急性病发病突然，持续时间也短。

- Allergy（allergic reaction）——过敏反应，如奇痒、皮疹、荨麻疹，有时呼吸困难或发生休克，是动物在吸入、食入、注射或接触具体东西时所发生的。某些药物，如青霉素，可引起过敏反应。

- Analgesic——止痛剂，镇痛药物。

- Anatomy——解剖学，动物体结构的科学。

- Anemia——贫血，是一种因红血球减少血液变得稀薄的一种疾病。症状包括疲倦、皮肤苍白、缺少活力和下颌水肿。

- Anthelmintic——驱虫剂，一种能毁坏虫体的化学物质。

- Antibiotic——抗菌素，一种抑制细菌生长或杀灭细菌的化学物质。其对病毒无效。

- Antihistamine——抗组胺药，用以抗过敏的药物。

- Antiparasitic——抗寄生虫剂，对寄生虫起着破坏作用的药物。

- Antiseptic——防腐剂，抑制或延缓微生物生长的药物。

- Artery——动脉，将血液从心脏输出的血管。动脉有搏动。静脉，回流入心脏的血管，无搏动。

B

- Bacteria——细菌，单细胞微生物，只能用显微镜才能看到。一些细菌能致病，另一些细菌不致病。

- Bladder stones——膀胱结石，见肾结石。

- Bolus——药丸，为马、牛、绵羊和山羊制作的大药片或大药丸，

- Booster——加强免疫，重复免疫，以增强已免疫的效果。

- Brand name——商品名称，公司给其产品取的名称。商品名药品是在专用名称下出售的，往往比同种普通药名出售的药品贵得多。

- Breech delivery——臀位分娩，胎儿尾先露出的分娩。兽防员必须纠正胎位，以便后脚和尾一起娩出。

C

- Cancer——癌，细胞的一种极不正常的生长。可能局部扩散和或通过血液和淋巴向身体其他部位扩散。这个自然生长过程通常是致命的。

- Carbohydrates—碳水化合物，能量食物，如玉米、小麦、大米、木薯，土豆，以及瓜类。

- Centigrade（C.）——温度计（C），一种计量热与冷的有刻度的量具。

- Cervix——宫颈，阴道后面子宫的开口处或子宫的颈部。

- Chronic——慢性，长期或频繁地再发生。慢性病是拖的时间长的疾病。

- Circulation——循环，由心脏压出的血液在动脉和静脉里流动的过程。

- Colic——腹绞痛，由于肠管紧缩或痉挛引起的剧烈腹痛。

- Colostrum——初奶，母畜产后最初排出的奶。看起来如水样，但富含蛋白质，保护新生儿不受感染。

- Conjunctiva—结合膜，眼睑的内层，盖着眼球白色部分的一层薄而起保护作用的膜层。

- Constipatlon——便秘，粪便干、硬和肠蠕动不正常，难以正常排粪。

- Contagious disease——接触性传染病，从一动物向另一动物容易传播的疾病。

- Contractions——收缩，肌肉收紧与缩短。母畜分娩时，子宫强烈地收缩，以便将胎儿娩出子宫。

- Contraindication——禁忌，指某一情况或某一条件下，某一特定药物不应使用。（许多药物在妊娠条件下是忌用药物）。

- Cubic centimeter（cc）——米制中的一种容量单位，等于 1 毫升（ml）。

D

- Deficiency——缺乏，某种东西没有足够的数量；缺少。

- Dehydration——脱水，身体失去的水分多于应该吸收的水分情况，未成年动物缺水特别危险。

- Diarrhea——频繁排出稀粪，腹泻往往引起脱水。

- Diet——日粮，动物应该食入或不应该食入那份含有某些种类和数量的饲料。

- Discharge——排出物，排出或流出的液体、粘液、血，或脓汁。

- Disinfectant——消毒剂，能消除目标物体上的传染性微生物的化学药品，通常用于非活体。

- Dislocations——脱位，在关节处的骨头已脱出原来的位置。

- Drench——罐服，药物的液体混合物，倾倒在口腔后部给药。

- Drug——药物，任何一种化学药品，能够使用或服用于疾病或其他非正常情况、有助于诊断、治疗、预防，或缓解疼痛、控制病情或使病情好转的都称为药物。

E

· Ectoparasite——外寄生虫，寄生在宿主身体表面的寄生虫。

· Edema——水肿，皮下组织有过多的液体积聚。

· Endoparasite——内寄生虫，寄生在宿主体内的寄生虫。

· Embryo——未出生动物的最初阶段，那时在极为幼小阶段。

· Epidemic——流行病，在一社区或一乡村内，同时许多家畜发病。

· Expiration date——失效期，药品上标注的年月，说明从那时起不再有预期的效果了。过期药品要丢掉。

F

· Fahrenheit——华氏（F）温度汁，一种计量热与冷的量具。水在 32 结冰，在 212 沸腾。
· Fetus——胎儿，在子宫内发育中的幼畜。
· Fever——发烧，体温高于正常。
· First Aid——急救，对在病中或损伤中的动物进行紧急护理或治疗。
· Flukes——形吸虫，扁形虫体，感染肝、血液或身体其他部位，并引起不同
· Fracture——骨折，骨被折断
· Fungus——真菌，一种寄生性微生物，能致像钱癣那样的疾病。

G

· Generic name——普通名称，药物的科学名称，用以区别商标名（商品名），而商品名是不同生产公司所取自己产品的名称。

· Germs——细菌，非常小的有机体（微生物），能在体内生长，并能致传染病。

· Goiter——甲状腺肿，颈部的前下方肿胀（甲状腺增大）。因食物中缺碘引起。

· Gram（gm）——克，重量的米制单位，约 28 克为 1 英两（盎司），1000 克为 1 公斤。

· Gut thread or gut suture material——肠线或肠线缝合材料，一种特制的供缝合用的线。肠线能被缓慢地吸收（消失），因此，缝线不需要撤除。

H

· Heart（girth）——胸围，紧靠前肢后方，围绕胸部一周的尺寸，用来估算体重。

· Hemorrhage——严重的或危险的出血。

· Herb——草药，一种植物，特别是有医药或治疗价值的植物。

- Hernia——疝气，覆盖腹腔的肌肉发生裂孔或撕裂，从而肠管被挤出，并在皮下形成球样肿块。

- History——病历，有关动物资料的记载。包括，但不局限于品种，性别、年龄、曾患病、已免疫、畜舍、饲料和主要症状等方面。

- Hives——荨麻疹，硬、厚、高出皮肤表面的斑块，并奇痒。发生与消失突然或从一处转移到另一处。这是过敏反应的一种形式。

- Hormones——激素（荷尔蒙），身体内部的某些部位为行使特殊功能而产生的化学物质。例如，雌激素和孕酮是调节发情和妊娠的激素。

I

- Immunity——免疫力，针对某种具体微生物动物产生的自我保护作用。如白血球为保护身体不受损害，对入侵物质（抗原）进行攻击，并消灭传染性微生物。

- Immunizations——免疫（接种疫苗）真对具体病菌产生保护作用，如对狂犬病。

- Infection——传染，感染由细菌或其他病原有机体引起的疾病，感染可以是身体的局部（如足部感染），也可以是全身受到感染（如感染出败）。

- Infectious disease——传染病，由活体微生物引起，如细菌、病毒和寄生虫；有机物体通过皮肤创口、身体开口进入身体，造成损害。

- Inflammation——发炎，由损伤或组织死亡引起的局部保护性反应。其急性症状的特点：1.疼痛，2.发热，3.红，4.肿胀。

- Insecticide——杀虫剂，杀灭昆虫的有毒物。

- Intramammary——乳腺内。在乳房或乳腺内。

- Intestines——肠，肠或食物通过的管状部分。将食物最后成为废物由胃输送到直肠。

- Intramuscular（IM）' injection——肌肉内注射，将药物注射入肌肉内（通常注入颈部或腿部肌肉内）。

- Intravenous——静脉内。静脉内的。

J

- Jaundice——黄胆，眼睛和皮肤黄色，是肝、胆囊、胰或血液病的体征。

K

- Kidney——肾脏，产生尿液的腹腔内的大而呈豆状形的器官。
- Kidney stones——肾结石，肾脏内形成的小石块，经输尿管排入膀胱，再由尿道排出。这些小石块可堵塞输尿管或尿道，使排尿疼痛，甚至排不出。
- Kilogram（kg）——公斤（kg），1公斤，1公斤相当于2磅多。

L

- Larvae（larva）——幼虫，许多昆虫或寄生虫的虫卵发育而成的未成熟虫体形式，随发育至成虫而改变外形。

- Laxative——泻剂，用于便秘的药物，能够使粪便软化和排粪次数增多。

- Liter（L）——升（L）一种米制计量单位，1升相当于1夸脱，1升水重1公斤。

- Liver——肝脏，腹腔内的一个大器官，对消化很重要。

- Lubricant——滑润剂，油或肥皂，用以使表面容易滑动。

- Lymph nodes/glands——淋巴结/淋巴腺，位于皮下的小块状物，分布在身体的不同部位，包括颈、两腿内侧、胸部和腹部。这些腺体的功能，如象捕获病菌的陷阱。当受到感染时，就出现疼痛和肿胀。

M

- Malnutrition——营养不良，动物所需的养分不足而引起的健康问题。

- Mastitis——乳腺炎，乳房的一种感染，往往出现在产仔后的最初几周，引起乳房发热、肿胀和红肿。

- Microorganism——很小的有机体。具有重要意义的是细菌、真菌、病毒和原虫。要借助显微镜才能看得见。

- Microscope——带有镜头的一种仪器，能使细小的东西放大。

- Milligram（mg）——毫克（mg），米制的重量单位；是1克的千分之一。

- Milliliter（ml）——毫升（ml），米制的容量单位；是1升的千分之一。

- Minerals——矿物质，身体需要的简单金属或其他物质，如铁、钙、碘以及磷。

- Mucus——粘液，一种粘稠的、滑润的液体，能润湿和保护鼻、咽喉、胃、肠以及雌性动物的生殖道。

N

- Navel——脐带，脐，脐带的附着部位，在腹部的中间位置。

- Necropsy——尸体解剖，对死后躯体的检查（也称为死后剖检）。

- Nerves——神经，从大脑向身体各部分布的细丝或线传送感觉和运动的信息。

- Non-infectious diseases——非传染病。不在动物间互相扩散的疾病（如营养不良、膀胱癌、臌胀等）。

- Normal——正常的，通常的、自然的或一般地。表现正常无病。

- Nutritious—营养性的，营养性食物指含有动物需要用以生长、保持健康和战胜疾病的养分

O

- Obstruction——阻塞，被堵或塞满的情况。肠道堵塞属于医疗急救病例。

- Ointment——油膏，用于皮肤上的软膏。

- Ophtalmic——眼的，属于眼科的。

- Oral——口服的，由口食入的。 Oral rehydration solution（ORS）—口服补液，一种纠正脱水的饮料，可以用开水、糖、食盐以及碳酸钠来自制，也可用米粉来代替糖。

- Organ——器官，身体的一个部分。在一定程度上有自己的完整性，并行使某种功能。如肺行使呼吸功能。

- Otic——耳的，与耳有关的。

- Ounce——盎司（英两）重量计量单位，约等于 28 克，16 英两=1 磅。

P

- Paralysis——麻痹，动物失去移动身体的局部或全部的能力。

- Parasites——寄生虫，寄生在另一动物或人体体内或体表的虫类或细小动物，并引起伤害。如蚤、肠内虫体，以及原虫，都属于寄生虫。

- Parenteral——非肠胃的，不经过口腔而只用注射。

- Pasteurization——巴氏灭菌法，加热奶或其他液体到一定温度（60℃）约 30 分钟的方法。目的是杀灭有害细菌。

- Pelvis——骨盆，髋骨部诸骨。

- Pesticide——杀虫剂，能杀死如蜱、昆虫等有毒药物。

- Petroleum jelly（petrolatum, vaseline）——石油胶（凡士林），用来配制皮肤油膏的脂样胶冻。

- Placenta（after birth）——胎盘，暗黑色的子宫海绵状衬里，是胎儿连接母体的地方。胎盘通常在胎儿产出后数小时内排出。

- Prevention——预防，疾病发生前，为制止疾病采取的措施。

- Prolapse—脱出，身体的某一部分从正常的位置滑出体外，例如子宫或直肠脱出。

- Proteins——蛋白质，构建身体的食物，对正常生长和体力都是必需的。

- Protozoa——原虫，可致病的微生物（例如球虫）。

- Pulse——脉搏，动脉节律性扩张，用手指能够摸到，并与心跳一致。脉搏次数指每分钟动脉搏动的次数。

- Pupil——瞳孔，眼球虹膜的黑色中心或圆形开口。光亮时缩小，阴暗时增大。

- Pus——脓汁，发生感染后的液状产物，由细胞和体液组成。

R

- Rate——率，在一定时间内发生的次数。如脉搏次数。

- Rectum——直肠，大肠的末端，紧连体表开口。

- Resistance——抵抗力，防卫自身不受伤害或被杀灭的能力。某些细菌变得对某些抗菌素的作用具有抵抗力。

- Respiration——呼吸，呼吸系统含支气管、肺，以及其他器官，进行呼吸。呼吸率指动物一分钟内的呼吸次数。

S

- Sanitation——卫生，公众的清洁，含社区在疾病预防、促进卫生和保持公共场所无废弃物。

- Scrotum——阴囊，雄性动物腿间的袋形物，内有睾丸。

- Sedative——镇静剂，一种能降低兴奋程度的化学剂。

- Shock——休克，是一种严重虚弱或意识不清、冷、汗和脉搏细速的危险状态。可由脱水、出血、损伤、烧伤或严重疾病引起。

- Seroma——血肿，血清和血液在组织内积聚。

- Side effects——副作用，使用药物引起的疾病等问题。

- Sterilization——灭菌，（1）杀灭器械、瓶子，通过煮沸、烤箱等方法；（2）绝育，使雄性或雌性动物不能再生育。

- Stethoscope——听诊器，一种用来听取体内声音的设备，如听诊器。

- Subcutaneous（SQ or SC）——皮下，皮肤下面。

- Symptoms——症状，有关疾病的感觉与状况。

T

- Tablespoon——汤匙，一种计量调羹，能装 3 茶匙或 15 毫升。

- Teaspoon——茶匙，一种计量调羹，能装 5 毫升，3 茶匙等于 1 汤匙。

- Temperature——体温，活体的热度。

- Thermometer——体温表，一种测量身体温度的工具。

- Tick——蜱，像臭虫样的一种爬行昆虫，将头埋在皮下吸血。

- Topical——外用的，对皮肤来说，用于皮肤表面的药物。

- Toxemia——毒血症，体内某些毒物（毒索）引起的一种疾病，如妊娠毒血症。

- Toxic——毒性，有毒的。

- Toxicity——毒力，具有毒性的程度。

- Toxin——毒素，对其他活体动物具有高度毒性的物质。

- Transmit——传播，传递输送，能从一动物传播到另一动物。

- Tumor——肿瘤，一种不正常的组织块。有些肿瘤属于癌症。

U

- Ulcer——溃疡，皮肤上深浅不一的孔眼，出现的水泡可引起溃疡。深层溃疡能成为慢性，愈合需要的时间也较长。

- Umbilical cord——脐带，从胎儿的脐部，通过脐带连接母体子宫内的胎盘。

- Umbilical hernia——脐孔赫尔尼，脐部有大而突出的球形物，是由突破了腹肌由脐孔流出的肠管形成的。

- Umbilicus——脐，见脐带。

- Urethra——尿道，由膀胱出来，向阴道或阴茎延伸的管状物。

- Urinary tract——泌尿道，有关尿液形成和排出的泌尿系统，如肾脏、膀胱、输尿管，以及尿道。

- Urine——尿液，体内的液体废物，由肾脏产生。

- Uterus——子宫。

V

- Vaccinations——免疫，见前述免疫。

- Vagina——阴道，雌畜连接子宫颈的管道（子宫颈是子宫的门户），通向母畜体外。

- Vessel——管，血管是动脉和静脉，通过它们，血液得以全身循环。

- Virus——病毒，一类非常小的致病微生物。

- Vitamins——维生素，身体进行正常工作所需的保护性食物。

- Vomiting——呕吐，将胃内容物由口腔排出。

W

- Webs——鞭痕，高出皮肤表面的肿块或脊状物，通常由鞭打或过敏（荨麻疹）所致。

- Withdrawal period——停药期，药物残留体内到排出的时间，以便安全消费肉、乳、蛋。

- Womb（uterus）——子宫，母畜腹内的囊状物，胎儿在内生长、发育。

总索引 General Index
按汉语拼音字母音序列出的本书论及的内容

关于作者 About Authors

彼得 N. 奎森伯磊 Peter N. Quesenberry

邮件 E-mail: peterq@securenym.net

学士	1976	加利福尼亚大学，戴维斯分校
兽医	1978	加利福尼亚大学，戴维斯分校
预防兽医	1991	加利福尼亚大学，戴维斯分校

兽医学院毕业后，奎森伯磊医生加入了绮诺谷兽医组织，在哪里作了两年产奶业的兽医工作。之后，在 1980 年他和妻子玛丽到了尼泊尔，在哪里为农民进一步开展兽医门诊和健康工作，此外，他还为尼泊尔政府培训兽医技术人员，编写了培训课程和教科书。1990 年，奎森伯磊医生返回美国完成了硕士学位并于 1991 年再次来到亚洲。奎森伯磊医生现在任一个当地协会的顾问，生活在泰国北部的清莱。

彼得和妻子玛丽有三个孩子， 纳特（Nat）和瑟丽（Cheri）出生于尼泊尔，温恩（Wynn）出生在泰国。他的全家都活跃地参与了《动物健康手册》的工作，且衷心盼望这本书会对人们有积极的影响。

莫芸. 伯明翰 Maureen Birmingham

学士	1981	伊利诺斯大学，厄巴纳分校
兽医	1983	伊利诺斯大学，厄巴纳分校
公共卫生	1990	哈佛大学
预防医学研究		美国疾病防治中心，亚特兰大

伯明翰医生曾在纽约北部的乐园兽医机构（Paradise Veterinary Practice）工作了两年半时间，做大型动物的兽医。后来她到了海地，在约四年时间里，她参与了本地的 NGO 组织来发展畜牧业和农民和牲畜的健康事业。她还临时参与了国际农业合作组织来协助"非洲猪瘟除灭"工作。后来，伯明翰医生到了玻利维亚，在一年多时间里参与了本地 NGO 来培训兽防员。在这些经历后，她经过了公共卫生、病害流行的研究生培训，并预防医学实习。作为疾病流行学家，她曾在美国疾病防治中心工作,后来被派到瑞士日内瓦世界卫生组织（WHO），1993-2004 从事小儿麻痹症的根除和检测疫苗可防治的疾病工作。后来她在 WHO 负责东南亚地区新发病工作。现在（在本书印刷期间）伯明翰医生在亚根庭作为 WHO 代表。

莫芸和她的丈夫丹有三个孩子：艾瑞可（Erika）,爱薇琳（Evelyn）和邹（Zoe）。

参考资料 REFERENCES

Animal Health Improvement Program, **How to Make Livestock Healthy**, the UMN, Kathmandu, Nepal, 1989.

Bell, John C., Palmer, Stephen R., Payne, Jack M., **The Zoonoses**, Edward Arnold, A Division of Hodder and Stoughton, London, 1988.

Bruner, D.W., Gillespie, J.H., **Hagan's Infectious Diseases of Domestic Animals**, Comstock Publishing Associates, Cornell University Press, Ithaca NY, 1973.

Carlson, James, **Raising Healthy Cattle Under Primitive Conditions**, CVM, World Concern, Seattle, WA.

Craven, Alsion, **Animal Health**, Animal Health Improvement Program, UMN.

Dunn, Angus M., **Veterinary Helminthology**, William Heinemann Medical Books LTD, London, 1969.

Goodman, Earl, **Raising Healthy Pigs Under Primitive Conditions**, CVM, World Concern, 1990.

Grimley, Will; Lynn, Randy; Robinson, Beth, **Drugs and Their Usage,** CVM, World Concern, 1998.

Hart, B. and MItchell, G.L., **Aus.Vet.Journal,** 41,305.

Hendersen, Judy, **Auxiliary Health Workers Teaching Manual,** Karnali Technical School.

Laboratory Aids to Clinical Diagnosis, 36 Gordon Square, London, WCI

Leman, Glock, et al, **Diseases of Swine**, 5th Edition, The Iowa State University Press, Ames, Iowa, USA, Philippine Copyright, 1982.

Manual for Animal Health Auxiliary Personnel, Food and Agriculture Organization of the United Nations, 1983.

Manual of Veterinary Parasitological Laboratory Techniques, London, Her Majesty's Stationery Office

Merck Veterinary Manual, 4th and 6th Editions, Merck and Co., Inc., Rahway, NJ, USA, 1973, 1986

Oehme, Frederick W., Prier, James E., 1980, **Text book of Large Animal Surgery**, Williams and Wilkins, Baltimore, 1974.

Prasad, B., **Veterinary Pharmaceuticals**, Satish Kumar Jain, College Book Store, 1701, Nai Sarak, Delhi 10006

Quesenberry, P.N., **Raising Healthy Pigs in the Hills of Nepal**, the UMN.
Quesenberry, P.N.,**The JTA Handbook on Animal Health,** the UMN.

Roberts, Stephen J., **Veterinary Obstetrics and Genital Diseases**, Published by the author, Ithaca, New York, 1971.

Schwartz, L.Dwight, **Pennsylvania Poultry Health Handbook**, Pennsylvania State University, College of Agriculture, University Park, Pennsylvania.
Slowinski, Annette, Class notes on Animal Health, 1990.

Soulsby, E.J.L., **Helminths, Arthropods & Protozoa of Domesticated Animals**, Williams and Wilkins Company, Baltimore, 1976.

South Carolina **Agriculture Chemical Handbook** published by Clemson University.

University of Georgia Agriculture Extension Service: various publications on parasitology.
Vallachira, Aravindan, **Veterinarians Drug Index**, Third Edition, Jaypee Brothers Medical Publishers, New Delhi, India, 1995.
Werner, David, **Where There is No Doctor**, Hesperian Foundation, Palo Alto, CA, 1981.

有用的需要了解的资料（度量衡单位） Useful Measurements

容量，指空间或容积，用以计量液体。
1 茶匙=5 立方厘米（CCS）或 5 毫升（ml）
3 茶匙=1 汤匙
1 汤匙=15 cc/毫升
2 汤匙=30cc/毫升=1 液英两
8 液英两=1 茶杯=240 cc/毫升
2 茶杯=1 品替=480 cc/毫升
2 品替=1 夸脱=32 液英两
1 夸捨=近似值 1 升（1000 cc，毫升）（1 夸脱不到 1 立升）
4 夸脱=1 加仑=近 4000 cc，毫升

重量，指物质的重量
16 英两（oz）=1 磅（1b）
1 磅=454 克（gm）
1000 克=1 公斤（kilo，kg）
1 公斤=2.2 磅
1 英两=28 克
1 克（gm）=1000 毫克（mg）
1 格林（gr）=65 毫克

公制
1 毫升（ml）=1 立方厘米（cc）
1000 毫升=1 立升
1 克（gm）=1000 毫克（mg）
1 公斤（kilo，kg）=2.2 磅（1b）